辽宁省高水平特色专业群校企合作开发系列教材

# 林业生态工程

杨　兰　李岩岩　主编

中国林业出版社
China Forestry Publishing House

**图书在版编目（CIP）数据**

林业生态工程/杨兰，李岩岩主编 . —北京：中国林业出版社，2021.4
辽宁省高水平特色专业群校企合作开发系列教材
ISBN 978-7-5219-1089-6

Ⅰ.①林…　Ⅱ.①杨…②李…　Ⅲ.①林业–生态工程–高等职业教育–
教材　Ⅳ.①S718.5

中国版本图书馆 CIP 数据核字（2021）第 048005 号

策划编辑：高兴荣　范立鹏　肖基浒
责任编辑：郑雨馨
责任校对：苏　梅
封面设计：北京五色空间文化传播有限公司

出版发行　中国林业出版社
　　　　　（100009，北京市西城区刘海胡同 7 号，电话 83223120）
电子邮箱　jiaocaipublic@ 163. com
网　　址　https：//www. cfph. net
印　　刷　北京中科印刷有限公司
版　　次　2021 年 4 月第 1 版
印　　次　2021 年 4 月第 1 次印刷
开　　本　787mm×1092mm　1/16
印　　张　12. 25
字　　数　290 千字
定　　价　40. 00 元

# 《林业生态工程》编写人员

主　　编　杨　兰　李岩岩

副 主 编　张　辉

编写人员　(按姓氏拼音排序)

程晓琳(辽宁生态工程职业学院)

李岩岩(辽宁生态工程职业学院)

谢忠睿(辽宁生态工程职业学院)

杨　兰(辽宁生态工程职业学院)

张　辉(辽宁生态工程职业学院)

朱　琳(辽宁生态工程职业学院)

# 前　　言

  林业生态工程是林业技术专业的必修课。高职院校、中职院校一直没有一本适合该层次学生的专业教材，针对这一情况，辽宁生态工程职业学院编写了适合北方地区的《林业生态工程》。本教材在编写过程中根据林业专业对林业工作者生态文明意识、知识以及林业生态工程技术人员职业岗位需求，确定教材的知识、能力和素质目标；结合生态工程建设项目的特点以及学生可持续发展的要求，构建基于林业技术专业的教材内容。

  本教材包含 7 个项目，具体分工如下：单元 1 由杨兰编写；单元 2 由李岩岩编写；单元 3 由杨兰和李岩岩共同编写；单元 4 由杨兰编写；单元 5 由张辉和程晓琳共同编写；单元 6 由李岩岩和朱琳共同编写；单元 7 由谢忠睿编写；杨兰对全书进行统稿。

  本教材参考和引用了众多专家、学者的珍贵资料和研究成果，在此向有关作者致以诚挚的谢意！

  由于编者水平有限，书中难免有不妥或疏漏之处，敬请广大读者和专家给予批评指正。

编　者

2021 年 1 月

# 目  录

# 单元1  绪  论

## 1.1  林业生态工程的作用与地位

森林作为巨大的陆地生态系统的主体，在调节生物圈、大气圈、水圈、地圈动态平衡中具有重要作用。森林是自然界最丰富、最稳定和最完善的碳贮库、基因库、资源库、蓄水库和能源库，具有调节气候、涵养水源、保持水土、防风固沙、改良土壤、减少污染等多种功能，对改善生态环境，维持生态平衡，保护人类生存发展的基本环境起着决定性的、不可替代的作用。离开了森林的庇护，人类的生存与发展就会失去依托，因此，森林是陆地生态系统的主体。从人类活动对自然界的影响上来看，生态恶化源于毁林，生态改善始于兴林，古今中外莫不如此。保护和发展森林资源，是改善生态环境的必由之路。林业是经济和社会可持续发展的重要基础，也是生态建设根本的、长期的措施。在贯彻可持续发展战略中，要赋予林业以重要地位；在生态建设中，要赋予林业以首要地位；在西部大开发中，要赋予林业以基础地位。

### 1.1.1  林业生态工程建设是解决我国人口与资源矛盾的需要

我国人口庞大、生存空间有限，随着社会经济的发展，对资源与环境提出了巨大的挑战。从区域整体生态环境改善与良好生态环境维持需求出发，对世界不同地理区域生态环境的研究结论得出，一般一个国家或地区森林植被覆盖率的合理阈值应在30%左右，且分布均匀。如果达到这个水平，区域内的生态环境比较优越，森林植被能明显有效地调节气候、改善河川水文状况、维护农田生态平衡并形成适宜的人居环境。但对于我国来说，由于地理、气候的复杂性，受地形地质条件、气候、土壤、水资源的限制，不是所有国土都适宜森林植被生存，特别是我国北方地区水资源严重缺乏，因此森林、草原和绿洲不可能无限扩大。根据有关专家测算，今后50年我国森林覆盖率要达到并稳定在28%以上，须净增森林面积4696万 $hm^2$，由于要弥补超过100万 $m^3$ 的资源消耗，新成林面积须达到2.13亿 $hm^2$。为了积极应对全球气候变暖、增加森林碳汇能力，在2007年亚太经济合作组织（APEC）会议上，我国已经向国际社会承诺，到2010年全国森林覆盖率达到20%，该目标已经实现。截至2020年年底，我国森林覆盖率达23.04%，但这与我国人口的实际需要依然有着相当的差距，森林植被建设任重道远。

### 1.1.2  林业生态工程建设是解决我国重大环境问题的需要

中国是世界上水土流失最严重的国家之一。1999年全国第二次水土流失遥感调查成果显示：全国水土流失面积为 356 万 km²，占国土面积的 37%，每年新增水土流失面积达 1 万 km²。其中，水蚀面积达 165 万 km²，风蚀面积达 191 万 km²；水蚀、风蚀交错区水土流失面积达 26 万 km²。为了遏制日趋严重的水土流失对国土生态安全的威胁与经济社会发展的制约，需要进行大面积的、以水土保持为主要功能的林草植被建设。依据《全国水土保持规划(2015—2030 年)》和《全国水土流失动态监测规划(2018—2022 年)》，2018 年水利部组织开展了全国(未含香港、澳门特别行政区和台湾地区)水土流失动态监测。与第一次全国水利普查(2011 年)相比，全国水土流失面积减少了 21.23 万 km²，减幅 7.2%。此后，2019 年至 2021 年，全国水土流失面积继续逐年减少，减幅分别达到 0.95%、0.67%、0.69%。

荒漠化是全球共同面临的社会问题之一。中国是世界上荒漠化最严重的国家之一，根据 2013—2015 年第五次全国荒漠化和沙化监测，中国荒漠化土地面积为 26 115.93 万 km²，占国土总面积的 27.2%。全国有近 4 亿人生活在受荒漠化影响的地区。因此，中国要坚持以京津风沙源治理工程和三北防护林体系建设工程为重点，在天然草场实行休牧轮牧、舍饲圈养、退耕减牧、封育飞播，制止滥牧、滥垦、滥采、滥伐、滥用水资源，加快林草植被的恢复和建设。

中国的生物多样性正面临着严重威胁，全国有 15%~20% 的动植物物种濒临灭绝，高于世界 10%~15% 的平均水平，特别是许多生态脆弱区域、重要湿地和珍稀濒危野生动植物栖息地没有得到有效保护，导致我国野生动植物栖息地破坏、湿地干涸以及污染、自然保护区被蚕食等情况十分严重。中国的生物多样性在世界生物多样性中占有重要地位，保护好生物多样性不仅对我国社会经济持续发展、子孙后代健康成长有重要意义，而且对加强全球环境保护和促进人类社会进步有深远的影响。为此，中国在全国范围内实施野生动植物保护、湿地保护和自然保护区建设工程，到 2050 年，力争使全国自然保护区总数达到 2500 个左右，其中国家级自然保护区 350 个左右，自然保护区面积达到 1.728 亿 hm²，占国土总面积的 18%，使我国 85% 的国家重点保护野生动植物种群得到恢复，且数量逐年增加。

## 1.1.3　林业生态工程建设是解决我国社会问题的需要

农业、农民和农村即"三农"问题，是关系我国改革开放和现代化建设全局的重大问题，而"三农"问题的解决与林业的发展息息相关。在保护生态环境的同时，如何通过林业建设增加农民收入、解决农村人口就业、促进农村经济社会发展，是林业生态建设的重要任务。通过多年的努力，我国经济林产业迅速发展，2016 年各类经济林面积已达到 3588 万 hm²，经济林产品产量已突破 17 亿 t，并向优化品种、提高质量和精深加工转变。我们要坚持把林业建设与改善生态环境、发展地方经济、调整农业结构和农民脱贫致富奔小康紧密结合，在缺乏能源的农村地区，适当调整林种结构，扩大薪炭林的营造面积，实行林草、林药、林牧合理配置，乔、灌、草科学种植，造、育、管并举，调整产业结构，增加农民收入，这是赋予中国林业的长期重要任务。

改善生态环境，促进人与自然的协调与和谐，努力开创生产发展、生活富裕和生态良好的文明发展道路，既是中国实现可持续发展的重大使命，也是新时期林业建设的重大使命。在这个重要历史进程中，林业的地位和作用发生了根本性的变化，正处在一个十分关键的转折时期。无论是在加速农村自然面貌改变、提供更可靠的国土生态屏障、确保粮食与牧业安全，还是在为农村寻求新的致富门路和就业渠道、增加农民收入，或为乡镇企业提供充足的原料和新的加工领域、为农村开辟新的财源等方面，都需要保护好现有森林植被，扩大森林资源储备，提高森林资源质量。林业生态工程作为生态建设的重点，肩负着生态植被恢复和环境条件改善的重大使命，备受世人瞩目。

从三北防护林建设，到十大林业生态工程整体布局，再到六大重点林业工程全面展开，林业生态工程建设已经进入快速发展的新时期。依据 1998 年国务院制定的《全国生态环境建设规划》，我国林业生态工程建设的总体目标是，用大约 50 年的时间，建立起比较完善的生态环境预防监测和保护体系，大部分地区生态环境明显改善，基本实现中华大地山川秀美。其给出的近期目标是到 2010 年坚决控制住人为因素产生新的水土流失，遏制荒漠化的发展，生态环境特别恶劣的黄河、长江上中游水土流失重点地区以及严重荒漠化地区的治理初见成效；中期目标是从 2011—2030 年，在遏制生态环境恶化的势头之后，用大约 20 年的时间，力争使全国生态环境明显改观；远期目标是从 2031—2050 年，全国建立起基本适应可持续发展的良性生态系统，全国可治理的水土流失地区基本得到整治，宜林地全部绿化，林种、树种结构合理，森林覆盖率达到并稳定在 26% 以上；坡耕地达到并稳定在 26% 以上，坡耕地基本实现梯田化；"三化"(退化、沙化、盐碱化)草地得到全面恢复。

## 1.2 林业生态工程学的特点及与其他学科的关系

林业生态工程学是在继承、交叉、融合相关学科的基础之上发展起来的一门新兴学科。以生态学理论和系统工程理论为基础，主要吸收了防护林学、水土保持学、森林培育学、生态经济学等相关内容，以木本植物为主体，以区域或流域为对象，建设与管理以生态环境改善与维持为目标的复合生态系统，追求较高的生态效益、经济效益和社会效益。

### 1.2.1 防护林学

防护林学是研究防护林及其防护林体系营造的一门学科。一个较完整的防护林体系要求各个林种在配置上错落有序，在防护功能上各显其能，在经济效益上相互补充、相得益彰，从整体上形成一个因害设防、因地制宜的绿色综合体。所谓防护林是指为了利用森林的防风固沙、保持水土、涵养水源、保护农田、改造自然、维护生态平衡等各种有益性能而栽培的人工林以及起到相似作用的天然林。根据防护对象的不同，又可分为水土保持林、水源涵养林、农田防护林、防风固沙林、护路护岸林等。防护林体系建设就是要以现有林为基础，动员全社会的力量，在统一规划下，建立一个符合自然规律和经济规律，集生态效益、经济效益和社会效益于一体的自然与人工相结合的，以木本植物为主体的生物群体。这个整体的结构，其外延包括农、林、牧各产业之间的相互地位、相互关系，即相互协调与合理布局；其内涵包括防护林体系内部各组成要素的相互连接和相互作用，即体系自身的格局、结构和效益。建成各林种因地制宜布设，乔、灌、草相结合，带、片、网相结合，封育保护天然林与人工造林相结合，种、养、加、产、供、销一体化的综合防护林体系。

## 1.2.2 水土保持学

水土保持学是研究水土流失规律和水土保持综合措施，防治水土流失，保护、改良与合理利用山丘区和风沙区水土资源，维护和提高山地生产力以利于充分发挥水土资源生态效益、经济效益和社会效益的应用技术的一门学科。从这个定义中可以看出：①水土保持是对山丘区和风沙区中水土两种自然资源的保护、改良与合理利用，而不仅限于土地资源，水土保持不等同于土壤保持。②保持的含义不限于保护，而是保护、改良与合理利用。水土保持不能单纯地理解为水土保护、土壤保护，更不能等同于土壤侵蚀控制。③水土保持的目的在于充分发挥山丘区和风沙区水土资源的生态效益、经济效益和社会效益，改善当地农业生态环境，为发展山丘区、风沙区的生产和建设，整治国土、治理江河，减少水、旱、风沙灾害等服务。④水土保持学是近年来才形成的一门综合性很强的应用技术学科。虽然水土流失规律具有基础理论研究的性质，但它也是应用性的基础理论研究，具有保护、改良与合理利用水土资源的明确目的。

## 1.2.3 森林培育学

森林培育学是研究森林培育理论和实践的一门学科。森林培育是按既定培育目标和客观自然规律，从林木种子、苗木、造林到林木成林、成熟整个培育过程的综合培育活动。森林培育学的内容包括培育全过程的理论问题，如森林立地和树种选择、森林结构及其培育、森林生长发育及其调控等基本理论问题，也包括培育全过程中各个工序的技术问题，如林木种子生产和经营、苗木培育、森林营造、森林抚育以及改造、森林主伐更新等。森林培育可按林种区别不同的培育目标，技术体系应与培育目标相适应。由于森林培育是把以树木为主体的生物群落作为生产经营对象，其培育措施是以生物群落与其生态环境辩证统一为基础的，即所谓的适地适树。因此，对以树木为主的植物及其构成的群落所具有的生物与生态特性有本质和系统的认识，对其生长的生态环境有本质和系统的认识，就成为森林培育必需的基础性知识。

## 1.2.4 生态经济学

生态经济学是以生态经济为研究对象的一门学科。生态经济学可分为部门生态经济学、专业生态经济学、区域和地域生态经济学3个部分。生态经济是一种相对于传统的工业、农业经济而言的经济形态或经济发展模式，它是当代人类在对经济与生态环境的辩证关系深刻认识的基础上，注重在经济活动中节约资源和保护环境，追求在生态环境保护下的经济效率。生态经济学的研究内容除了经济发展与生态环境保护的关系外，还包括环境污染、生态退化、资源浪费的产生原因和控制方法，环境治理的经济评价，经济活动的环境效应等。它还以人类经济活动为中心，研究生态系统和经济系统相互作用而形成的复合系统及其矛盾运动过程中发生的种种问题，从而揭示生态经济发展和运动的规律，寻求人类经济发展和自然生态发展相互适应、保持平衡的对策和途径。

## 1.2.5 林业生态工程学

林业生态工程学是随着林业发展战略转移、国家生态环境工程建设需求而通过继承、交叉形成的一门新的专业学科，不仅从单一的水土保持林草措施来研究水土保持的生物措施，而且从生态、环境与区域经济社会可持续发展的角度研究林业发展的理论与技术措施。其核心是，在充分理解生态理论的基础上，通过工程措施进行以生态环境改善为目标的林业生态建设，根据生态理论进行系统规划、设计和调控人工生态系统的结构要素、工艺流程、信息反馈关系及控制机构，以在系统内获得较高的生态与经济效益。林业生态工程学是林学、生态学、环境规划与管理等相关专业的重要课程。

## 知识拓展

### 建设生态文明的历史选择

中国共产党在领导中国革命、建设和改革的过程中，不断探索生态文明建设与经济社会发展的辩证关系，形成了科学系统完整、具有中国特色的辩证关系，形成了科学系统完整、具有中国特色的生态文明建设理论体系，为我国在不同历史时期正确处理人口与资源、经济发展与生态环境保护等关系指明了方向。

以毛泽东同志为主要代表的中国共产党人把做好资源环境工作作为恢复和发展国民经济的重要条件，着力整治水患、加强水土保持、治理环境污染、号召"绿化祖国"等，召开第一次全国环境保护会议，确立"全面规划、合理布局、综合利用、化害为利、依靠群众、大家动手、保护环境、造福人民"的环境保护工作方针，将环境保护工作提上国家的议事日程，奠定了我国生态环境保护事业的基础。

以邓小平同志为主要代表的中国共产党人立足我国社会主义初级阶段的基本国情，坚持以经济建设为中心和扎实做好人口资源环境工作相统一，把环境保护确立为基本国策，强调环境保护是国家经济管理工作的重要内容，强调有效利用和节约使用能源资源，主张依靠科技和法制保护生态环境，颁布了我国首部环境保护法，制定了系统的环境保护政策和管理制度，开启了我国生态环境保护事业法治化、制度化进程。

以江泽民同志为主要代表的中国共产党人进一步认识到我国生态环境问题的紧迫性和重要性，将可持续发展上升为国家发展战略，推动经济发展和人口、资源、环境相协调，强调环境保护工作是实现经济和社会可持续发展的基础，建立环境与发展综合决策机制，开展大规模环境污染治理，将生态环境保护纳入国民经济和社会发展计划，加强环境保护领域与国际社会的广泛交流和合作，开拓了具有中国特色的生态环境保护道路。

以胡锦涛同志为主要代表的中国共产党人高度重视资源和生态环境问题，形成了以人为本、全面协调可持续的科学发展观，首次提出生态文明理念，把建设生态文明作为全面建设小康社会奋斗目标的新要求，强调建设以资源环境承载力为基础、以自然规律为准则、以可持续发展为目标的资源节约型、环境友好型社会，着力推动整个社会走上生产发展、生活富裕、生态良好的文明发展道路，开辟了社会主义生态文明建设新局面。

党的十八大以来，以习近平同志为主要代表的中国共产党人，在几代中国共产党人不懈探索的基础上，全面加强生态文明建设，系统谋划生态文明体制改革，一体治理山水林田湖草沙，着力打赢污染防治攻坚战，决心之大、力度之大、成效之大前所未有。在这一历史进程中，我们党以新的视野、新的认识、新的理念，系统回答了为什么建设生态文明、建设什么样的生态文明、怎样建设生态文明等重大理论和实践问题，赋予生态文明建设理论新的时代内涵，形成了习近平生态文明思想，把我们党对生态文明的认识提升到一个新高度，开创了生态文明建设新境界，走向了社会主义生态文明新时代。习近平生态文明思想是百年来中国共产党在生态文明建设方面奋斗成就和历史经验的集中体现，是社会主义生态文明建设理论创新成果和实践创新成果的集大成。

## 思考题

1. 简述林业生态工程在我国生态环境建设中的作用和地位。
2. 简述林业生态工程学与其他学科的关系。

# 单元2 中国林业生态工程概况

森林是以木本植物为主体的生物群体及其环境的综合整体。其生物种类丰富，不同生物之间相互关系的构造和机能极其复杂。森林在各植物群落中固定的太阳能数量最大，有机物质制造量最多，生物生产量最高，为农田和草本植物群落的 20~100 倍。因此，它在整个生物圈的物质和能量交换过程以及保持和调节自然界的生态平衡中，占有极其重要的位置。但是，由于种种复杂的原因，森林被毁坏、覆盖率减少，我国的生态环境日趋恶化，自然灾害频发、水土流失加剧、荒漠化面积扩大、水资源紧缺、生物多样性减少等生态环境问题突出。同时，森林与全球气候变暖、城市温室效应以及工矿区环境保护等问题，在我国也越来越引起关注。如何应用现代科学技术，恢复和建设森林生态系统，构筑林业生态工程，是人类面临的共同课题。

## 2.1 相关概念

林业生态工程是生态工程的一个特定分支，要了解林业生态工程，就必须首先理解生态工程的概念。

### 2.1.1 生态工程基本概念

20 世纪 60 年代美国著名生态学家 H. T. Odum（1962）首先提出了生态工程的概念，并定义为"人类通过运用少量的辅助能而对以自然能为主的系统进行的环境控制"，1971 年他又指出"生态工程即是人对自然的管理"，1983 年他修订此定义为"设计和实施经济与自然的工艺技术"。20 世纪 80 年代初期，欧洲生态学家 Uhlmann（1983）、Straskraba（1984）和 Gnamck（1985）提出了生态工艺技术，将它作为生态工程的同义语，并定义为"在环境管理方面，基于对生态学的深入了解，付出代价最小，且对环境的损害也是最小的一些技术"。1989 年世界上第一部生态工程专著 *Ecological Engineering: An introduction to Ecotechnology*，较系统地阐述了生态工程的研究对象、理论方法及一些安全技术。自此，生态工程学正式成为一门学科。美国的 Mitsch 与丹麦的 Jorgenson 联合将生态工程定义为"为了人类社会及其自然环境二者的利益而对人类社会及其自然环境进行的设计"。1993 年又修改为："为了人类社会及其自然环境的利益，而对人类社会及其自然环境加以综合的且能持续的生态系统设计。它包括开发、设计、建立和维持新的生态系统，以期达到如污水处理（水质改善）、地面矿渣及废弃物的回收、海岸带保护等目的。同时还包括生态恢复、生态更新、生物控制等目的。"

随着生态工程研究的深入发展，美国、中国、瑞典先后发行了有关生态工程的期刊，如1993年在荷兰创刊的国际性生态工程杂志 *Eeological Engineering*。目前，生态工程已经成为一个国际上极其活跃的研究领域。

生态工程于20世纪70年代末期在我国正式提出。面对我国生态环境和社会经济发展过程中存在的严峻形势和潜在威胁，1986年我国著名生态学家马世骏及时提出以"整体、协调、循环、再生"为核心的生态工程基本概念，又进一步将生态工程定义为："生态工程是应用生态系统中物种共生与物质循环再生原理，结合系统工程最优化方法，设计的分层多级利用物质的工艺系统。生态工程的目标就是在促进自然界良性循环的前提下，充分发挥物质的生产潜力，防止环境污染，达到经济效益和生态效益同步发展。它可以是纵向的层次结构，也可以发展为纵向与横向联系而成的网状工程系统。"

自20世纪90年代以来，在以马世骏院士为首的中国生态学家的倡导下，我国城乡生态工程建设蓬勃发展，农业、林业、渔业、牧业以及工业生态工程模式如雨后春笋，取得了显著的社会、经济和环境效益，得到了各级政府的广泛支持和群众的积极参与，获得了国际学术界的好评。生态工程作为一门学科正在形成，并被人们普遍接受。云正明等（1990）在《中国林业生态工程》一书中对生态工程进行了比较概括的定义："应用生态学、经济学的有关理论和系统论的方法，以生态环境保护与社会经济协同发展为目的（可持续发展），对人工生态系统、人类社会生态环境和资源进行保护、改造、治理、调控、建设的综合工艺技术体系或综合工艺过程。"1997年7月25日王如松教授在《中国科学报》（海外版）发表的《生态工程与可持续发展》一文中指出："生态工程是一门着眼于生态系统持续发展能力的整合工程技术。"

在各行各业的生态工程建设实践中，生态工程主要类型为农业生态工程、林业生态工程、渔业生态工程和牧业生态工程等。生态工程的实施首先要具备理论基础，其次是技术的应用。从理论上讲，生态工程主要包括3个方面的技术。一是在不同结构的生态系统中，能量与物质的多级利用与转化，包括：自然资源如光、热、水、肥、土、气等的多层次利用技术，林业生态工程中所谓的乔、灌、草结合就属于这类；生物产品的多极利用技术，指人类通过设计和建造优质、稳定的生态系统，使非经济生物产品（如枯枝落叶、动物排泄物等会通过各种途径返回自然界的产物）通过人工选择的营养级生物种群，转化为经济生物产品（如木材、粮食、肉类等可为人类直接利用）的技术，如"桑基鱼塘"就是这种技术的体现。二是资源再生技术，即"变害为利"技术，把人类生活与生产活动中产生的有害废物，如污水、废气、垃圾、养殖场的排泄物等污染环境的物质，通过生态工程技术，转化为人类可利用的资源。三是自然生态系统中生物种群之间共生、互生与抗生关系的利用技术，即利用这些关系达到维持优化人工生态系统的目的。

## 2.1.2 林业生态工程基本概念

林业生态工程作为生态工程的一个分支，是随着生态工程的发展而逐渐兴起的。关于林业生态工程的概念，目前有多种解释。

王礼先等（1998）根据我国的林业生产实践和生态工程的概念提出林业生态工程的初步概念："林业生态工程是生态工程的一个分支，是根据生态学、林学及生态控制论原理，设计、建造与调控以木本植物为主的人工复合生态系统的工程技术，其目的在于保护、改造与持续利用自然资源与环境。"

王礼先(2000)对我国林业生态工程和传统的森林培育与经营技术特点进行了对比论述，指出两者的 4 个明显区别：①传统的森林培育和经营是以林地为对象，在宜林地上造林，在有林地上经营。而林业生态工程的目的在是某一区域(或流域)内，设计、建造与调控人工的或天然的森林生态系统，特别是人工复合生态系统，如农林复合生态系统、林牧复合生态系统。②传统的森林培育与经营，在设计、建造与调控森林生态系统过程中，主要关心木本植物与环境的关系、木本植物的种间和种内关系以及林分的结构功能、物质流与能量流。而林业生态工程主要关心整个区域人工复合生态系统中物种共生关系与物质循环再生过程，以及整个人工复合生态系统的结构、功能、物质流与能量流。③传统的森林培育和经营的主要目的在于提高林地的生产率，实现森林资源的可持续利用和经营，而林业生态工程的目的在于提高整个人工复合生态系统的经济效益和生态效益，实现生态系统的可持续经营。④传统的森林培育和经营在设计、建造与调控森林生态系统过程中只考虑在林地上采用综合技术措施，而林业生态工程需要考虑在复合生态系统中各类土地上采用综合措施，也就是通常所说的山水田林路综合治理。

通过对上述相关理论的分析，林业生态工程概念可以概括为：根据生态学、生态经济学、系统学与生态工程原理，针对自然资源环境特征和社会经济发展现状所进行的以木本植物为主体，并将相应的植物、动物、微生物等生物种群人工匹配结合而形成的稳定高效的人工复合生态系统的过程，其中也包括对现有不良天然或人工林生态系统和复合生态系统的改造以及调控措施的规划设计。

## 2.2 林业生态工程建设基本内容

林业生态工程建设的主要目的是通过人工设计，在一个区域或流域内建造以木本植物群落为主体的优质、高效、稳定的多种生态系统的复合体，以期达到自然资源的可持续利用以及环境的保护和改良。其主要内容包括区域林业生态工程总体规划、设计、施工以及管理等几个方面。

### 2.2.1 区域林业生态工程总体规划

区域林业生态工程总体规划，就是对一个区域的自然环境、经济、社会和技术因素进行综合分析，在现有土地利用形式和生态系统的基础上，因地制宜合理规划区域内的天然林和天然次生林、人工林、农林复合、农牧复合、城乡以及工矿绿化等多个结构的生态系统，使其在平面上形成合理的镶嵌配置结构，构筑以森林为主体的或森林参与的区域复合生态系统，达到优化改善区域生态系统的目的。

### 2.2.2 林业生态工程设计

(1)物种组成设计
要根据设计区域的环境条件选择适宜的植物种，充分利用不同物种共生互利的关系，形成稳定的生态结构。其中，以木本植物为主体形成的稳定生物群落，对不良环境具备较强的改善作用，能产生较高的生态与经济效益，是植物种选择与植物组成设计的基本原则。

（2）时空结构设计

在空间上，通过组成生态系统的物种与环境、物种与物种、物种内部关系的分析，利用不同种的组合形成一定空间结构的群落，从而在生态系统内形成物种间共生互利、充分利用环境资源的稳定高效生态系统。在实践中，该类利用有乔灌草相结合、林农牧渔相结合等形式。在时间上，利用生态系统内物种生长发育的时间差别，在不同生长发育阶段所占据不同生态位，合理安排生态系统的物种构成，使其在时间上充分利用环境资源。

（3）食物链结构设计

利用生态学中的食物链原理，对系统内部植物、动物、微生物及环境间的系统进行优化组合，设计出可再生循环以及低耗高效的生态系统。

（4）特殊生态工程设计

所谓特殊生态工程，是指建立在特殊环境条件基础上的林业生态工程，主要包括工矿区治理与土地复垦、城市（镇）建设、开发建设项目水土保持与环境保护、严重退化的劣地改良与恢复（如盐渍地、流动沙地、崩岗地、裸岩裸土地、陡峭边坡等）。需要针对具体的环境，采取相应的工艺设计和施工技术，才能达到预期工程建设目标。

### 2.2.3 林业生态工程施工与管理

林业生态工程施工与管理技术，包括林业生态工程目的组织与施工、工程施工技术、工程项目管理。

## 2.3 林业生态工程特点

林业生态工程建设的核心是以改善生态环境为目标，通过对林业系统的设计、规划以及对人工生态系统的结构要素、控制机构、信息反馈关系，以及相关工艺流程的调控来进行的林业生态建设。对这一核心的理解必须在充分认知生态理论的前提下才能实现。林业生态工程建设的最终目标是在坚持土地资源优化组合原则的前提下，通过大力植树造林，全面保护森林生态环境，优化森林的功能结构与分布格局，以此提高森林自身改善生态环境以及抵御自然灾害的功能。

因为行业特色的关系，林业生态工程与其他工程相比有其自身的特点。

①林业工程建设涉及面很广，包括育种、苗木培育、整地、林草栽培、抚育管理等不同生产阶段。不仅包括林业生产的所有内容，还包括生态工程建设的部分内容。

②林业生态工程涉及的单位较多，包括政府机关、调查设计单位、科技咨询单位、施工执行单位、成果经营单位等不同权益和功能单位。林业生态工程的所属形式较多，包括国有、集体、个人等不同所有制形式。

③林木栽植时直接参与的劳动力范围比较广，种类较多，有的涉及项目区域的全体居民及县、乡全体国家干部职工。劳动力的种类既包括专业劳动力，又包括义务劳动的群

众，县、乡国家干部职工等。

④林业生态工程的性质与其他工程有着本质的区别，其他工程大都要求尽快产生直接经济效益，林业生态工程则是要求维护和改善生态环境条件、增加国家后备资源、增强林业可持续性发展的能力。因而，要搞好林业生态工程，必须协调好各方面的关系，把握好各个生产环节，以取得总体优化的效果为目标。

由此可见，林业生态工程实质上是一项系统工程，是把以森林为主体的植被建设纳入国家基本建设计划，运用系统观点、现代的管理方法和先进的林草培育技术，按国家的基本建设程序和要求进行管理和实施的项目。

## 2.4　国内外林业生态工程概况

### 2.4.1　国外林业生态工程发展历程

世界上很多国家十分重视林业生态工程的建设，而且起步较早，取得了十分明显的生态、经济效果。

（1）美国"罗斯福工程"

国外大型林业生态工程的实践开始于 1934 年的美国"罗斯福工程"。由于过度放牧和开垦，美国 19 世纪后期就经常风沙弥漫，各种自然灾害日益频繁。特别是 1934 年 5 月发生的一场特大"黑风暴"，沙尘绵延 2800km，席卷全国 2/3 的大陆，大面积农田和牧场毁于一旦，使大草原地区损失肥沃表土超过 3 亿 t，6000 万 hm² 耕地受到危害，小麦减产102 亿 kg。当时的美国总统罗斯福宣布实施"大草原各州林业工程"，因此，这项工程又被称为"罗斯福工程"。

（2）苏联"斯大林改造大自然计划"

20 世纪初，苏联由于森林植被较少和特殊高纬度地理条件，农业生产经常遭受恶劣的气候条件等因素的影响，产量低而不稳，为了保证农业稳产高产，大规模营造农田防护林被提上了议事日程。1948 年，苏联公布了"苏联欧洲部分草原和森林草原地区营造农田防护林，实行草田轮作，修建池塘和水库，以确保农业稳产高产计划"，这就是通常所称的"斯大林改造自然计划"。

（3）北非五国"绿色坝工程"

撒哈拉沙漠的飞沙移动现象十分严重，威胁着周边国家的生产、生活和人民生命安全。摩洛哥南部、阿尔及利亚和突尼斯的主要干旱草原区、利比亚和埃及的地中海沿岸及尼罗河流域等尤为严重，为了防止沙漠北移，控制水土流失，发展农牧业和满足人们对木材的需要，五国政府决定，在撒哈拉沙漠背部边缘联合建设一项跨国林业生态工程。

（4）加拿大"绿色计划"

加拿大的经济是以森林工业为中心逐步发展起来的，因而历史上加拿大的森林资源也经历了大规模的采伐阶段。随着公众对生态环境的日益关注，加拿大不断完善林业发展战略，大约每 5 年召开一次全国性林业大会，及时对林业发展战略进行调整，林业发展由木材永续利用阶段向森林生态系统的可持续经营阶段推进。加拿大联邦政府于 1990 年 12 月发布实施为期 10 年的"绿色计划"，主要包括森林等可再生资源的可持续发展、建立国家公园自然保护体系等战略对策和行动措施。1992 年加拿大国家林业大会制定了"国家林业战略——可持续的森林：加拿大的承诺"，标志着加拿大最大的林业生态工程开始全面实施。到 2000 年，加拿大完成造林 400 万 $hm^2$；建立模式林 11 个，面积超过 900 万 $hm^2$；建成国家公园 38 个，在建设的国家公园 13 个，总面积约 4000 万 $hm^2$；受法律保护禁伐的保护区面积已增加到 8300 万 $hm^2$，各类保护区合计 1.23 亿 $hm^2$，约占其国土总面积的 12.3%，规划目标基本实现。

(5)日本"治山计划"

特殊的地理位置和气候条件，使日本自然灾害频发。因此，日本政府一直把森林治山治水列为基本国策，其中治山是该国林业的主要内容。日本的治山治水事业始于 1897 年；1960 年颁布了《治山治水紧急措施法》，将治山事业纳入法制轨道；并从这年起制定实施了《治山事业五年计划》。日本的森林治山内容越来越广泛，最初传统的治山主要是通过造林治理荒废的山坡；而今，改善环境、保护水资源、渔场资源等都与治山联系在一起，内容不断丰富。日本的治山计划一般是当年申请审核批准，第 2 年实施。治山措施主要有溪流工程、土壤保持工程、水路工程、暗渠工程、造林绿化工程等，一般按百年一遇的标准来治理，5 年内完成治山恢复工程。

(6)法国"林业生态工程"

自 1965 年起，法国开始大规模兴建海岸防风固沙、荒漠造林、山地恢复等五大"林业生态工程"，大型林业生态工程一直由政府预算维持，并由国家森林局执行。第二次世界大战后 20 年内森林覆盖率提高 6.3%。造林由国家给予补贴(营造阔叶林补助 85%、针叶林补助 15%)，免征林业产品税，只征 5%的特产税(低于农业的 8%)，国有林经营费用 40%~60%由政府拨款。

(7)菲律宾"全国植树造林计划"

菲律宾于 1986 年开始实施"全国植树造林计划"，其重要目标是增加森林覆盖率，稳定生态环境，提供就业机会，改善乡村地区的贫困状况，恢复退化的热带林和红树林。

(8)印度"社会林业计划"

印度针对本国社会经济实际情况，组织实施具有鲜明特点的"社会林业计划"。自 1973 年正式执行以来，取得了巨大成绩，被联合国粮农组织誉为发展中国家发展林业的典范。

(9)韩国"治山绿化计划"

为了防止水土流失、改善生态环境，韩国已先后组织实施了 3 期治山绿化计划。20 世纪 80 年代末已消灭荒山荒地，完成国土绿化任务，水土流失基本得到控制，森林水源涵养功能大幅提升，生态环境有较大改观。

(10)尼泊尔"喜马拉雅山南麓高原生态恢复工程"

尼泊尔与国际组织联合，从 1980 年年初开始，实施"喜马拉雅山南麓高原生态恢复工程"，该工程借鉴了印度的乡村林业模式和中国在退化高原地区植树造林、增加植被覆盖的成功经验，耗资 2.5 亿美元。工程实施 5 年后，为该国 573 万人提供了全年需要的燃料用材，并为 13.2 万头牲畜提供充足的饲料，同时使粮食产量增加了约 1/3。

纵观国外林业生态工程建设，大多从保护种植业和饲养业及房舍防护开始，逐渐向荒山、荒坡、沿海沙地、城市荒废地的绿化发展。欧洲、北美地区以及一些发达国家，主要发展防护生态型的林业生态工程，如水源涵养林的建设；非洲、亚洲等地区一些人口众多的发展中国家，则把林业生态工程建设与经济发展结合起来，在发展防护林的同时，发展生态经济型林业生态工程，注重农林复合经营的研究和推广。

## 2.4.2　中国林业生态工程发展历程

### 2.4.2.1　中国古代林业生态工程

在历史上我国是一个森林茂密、山川秀美的国家。据考证，几亿年前，中国大地基本上为高大的古森林覆盖，以后由于地质构造运动引起地壳沉降，有些地区的古森林被埋入地下，逐渐变成煤层，到原始社会时期全国森林覆盖率仍高达 64%，其中东北地区高达90% 以上，中南地区 80% 以上，位于西北地区的甘肃在当时也有 30% 以上。黄河流域是中华文明的发源地，西周时期黄土高原森林覆盖率高达 53%。但随着人口的增加，战争的破坏，森林植被锐减。

早在 3000 多年前，中华民族就已经形成了一套"观乎天文以察时变，关乎人文以功成天下"的人类生态理论体系，包括道理（自然规律，如天文、地理、水文、气象等）、事理（对人类活动的合理规划管理，如中医、农事、军事、家事等）和情理（社会待业的准则，如伦理、法律等）。中国古代社会正是靠着这些对天时、地利、人和关系的整体认知，形成了几千年稳定的社会结构，以及独特的生态工程技术。

就林业生态工程的实际应用来说，《逸周书》《管子》《荀子》《淮南子》《齐民要术》等书籍都记载了我国古代封禁山林、荒山荒坡造林、栽植经济林木、陡坡、坝堰、堤岸植树、农林牧复合经营以及食物链原理（如桑基鱼塘）应用等方面的生产实践经验。明朝刘天和曾大力提倡栽种柳树，保护黄河堤防安全，提出了著名的"治河六柳"，至今仍在应用。

### 2.4.2.2　中国现代林业生态工程

环境与发展是当今国际社会共同关注的重大问题，保护和发展森林已成为全球环境问题的主题，越来越受到国际社会的普遍关注。我国的林业生态工程以改善优化生态环境、提高人民生活质量、实现可持续发展为目标，以大江大河流域和重点风沙区为重点，在一定区域内开展以植树造林为主要内容的工程建设。

后一个时期即为现代林生态工程发展时期，20 世纪以 1949 年中华人民共和国成立为标志，中国林业生态工程可以划分为前后两个时期。

第一个时期是中华人民共和国成立以前，当时华北地区仅残留一些天然次生林，森林覆盖率只有 5% 左右。到处都是光山秃岭，生态环境十分脆弱，水土流失严重，自然灾害频繁，一些地方甚至失去了供人类生存的基本条件，水土流失严重、自然灾害频繁。

这一时期中国林业生态工程建设正处在农民群众自发栽植的"启蒙阶段"。东北西部、河北西部和北部地区在沙地上营造以杞柳、沙柳、旱柳、杨树、白榆、白蜡等为主的小型防护林带，由于小农经济的限制，林带布局零乱、规模窄小、生长低矮、防护作用较差，人们的防护意识仅仅是局部的，没有形成整体的林业生态工程建设的体系。

第二个时期是在中华人民共和国成立后，中国林业生态工程进入了真正的发展阶段。这一时期，在党和国家的高度重视下，全国开展了大规模的植树造林，取得了举世瞩目的成绩。在该时期，我国林业生态工程建设又可以分为3个分阶段。

(1)起步阶段(50年代至60年代中期)

在"普遍护林、重点造林"的方针指导下，我国由北向南相继开始营造各种防护林，包括防风固沙林、农田防护林、沿海防护林、水土保持林等。1949年，华北人民政府农业部冀西沙荒造林局组织指导河北省正定等6县营造固沙林。接着，豫东、陕北、辽宁彰武、内蒙古赤峰和磴口、甘肃民勤等地的治沙造林也相继开展起来。1958—1959年，宁夏中卫固沙林场在沙坡头地段铺设方格草沙障，实行草、灌、乔结合，保证了包兰铁路的安全行车。此后，新疆、甘肃、青海、宁夏、陕西、内蒙古、辽宁、吉林、黑龙江等有大片流沙分布的地区普遍开展了固沙造林。虽然这一阶段各地开始营造各种类型的防护林，但林分树种单一、目标单一，缺乏全国统一规划，范围较小，难以形成整体效果。

(2)停滞阶段(60年代中期至70年代后期)

此阶段林业生态工程建设速度放慢甚至完全停滞，有些先期已经营造的林分遭到破坏，致使一些地方已经固定的沙丘重新移动，已经治理的盐碱地重新盐碱化。

(3)体系建设阶段(70年代后期至90年代)

在党中央、国务院的正确领导下，我国林业生态工程建设出现了新的形势，步入了体系建设的新阶段，改变了过去单一生产木材的传统思维，积极采取生态、经济并重的战略方针，在加快林业产业体系建设的同时，狠抓林业生态体系建设，先后确立了以遏制水土流失、改善生态环境、扩大森林资源为主要目标的十大林业生态工程。十大林业生态工程规划区总面积达705.6万 km²，占国土总面积的73.5%，覆盖了我国的主要水土流失区、风沙侵蚀区和台风、盐碱危害区等生态环境最为脆弱的地区，构成了我国林业生态工程建设的基本框架。

### 2.4.2.3 20世纪中国林业生态工程建设成就

20世纪，尤其是改革开放以来，我国造林绿化事业取得了举世瞩目的成就。1979年开始的全民义务植树运动，已成为有中国特色的林业发展道路的重要组成部分，至1999年全民义务植树数量就已经达到300亿株。在全民义务植树运动的推动下，我国造林绿化步伐明显加快，全国造林绿化正以每年人工造林500万 hm²、飞播造林80万 hm²、封山育林400万 hm²的速度推进。全国人工林保存面积已多达3400万 hm²，发展速度和规模均居世界第一位；飞播造林累计多达2500万 hm²；封山育林累计多达3400万 hm²。全国森林覆盖率由中华人民共和国成立之初的12.5%提高到90年代初的13.92%，实现了森林面积和蓄积的双增长，先后有12个省份基本消灭了宜林荒山荒地。在此基础上，我国又先后开展了十大林业生态工程，即三北防护林体系建设工程、长江中上游防护林体系建设工程、沿海防护林体系建设工程、平原绿化工程、太行山绿化工程、全国防沙治沙工程、淮河太湖流域综合治理防护林体系建设工程、辽河流域防护林体系建设工程、珠江流域综合治理防护林体系建设工程以及黄河中游防护林体系建设工程。

经过几十年来的持续奋斗，截至20世纪末，我国林业生态工程建设取得了重大效益：①增加了森林资源，改善了生态环境，十大林业生态工程累计规划营造林任务1.2亿 hm²，至20世纪末已完成0.5亿 hm²，初步形成了我国林业生态体系建设的新格局；②改善了农业生产条件，促进了粮食稳产高收，十大林业工程构建了一个绿色屏障，减轻了风沙、干热风、寒露风、昆虫等对农作物的危害，增加了粮食产量 10%~25%；③推动了地方经济发展，加快了群众脱贫致富奔小康的步伐，各地都涌现出了一批依靠林业脱贫致富过上小康生活的典型；④加快了荒山荒地造林绿化进程，工程区有 12 个省份实现基本灭荒；⑤制定了一系列林业生态工程管理办法、标准、规程，提高了林业管理水平，走出了一条具有中国特色的林业生态工程建设之路。

#### 2.4.2.4　21 世纪中国林业建设现状

根据 2014—2018 年的第九次全国森林资源清查结果显示，全国森林覆盖率 22.96%，森林面积 2.7 亿 hm²，其中人工林面积 7954 万 hm²，森林蓄积量 175.6 亿 m³，森林植被总生物量 188.02 亿 t，总碳储蓄量 91.86 亿 t。中国森林类型多样，树种资源丰富，其中有乔木树种 2000 余种，全国乔木林株数 1892.43 亿株，蓄积量 170.58 亿 m³。

天然林保护工程于 1998 年启动试点，2000 年全面展开，到 2020 年年底中央财政累计投入资金 5000 多亿元，天然林商业性采伐由停伐减产到全面停止，天然林保护修复体系和制度体系全面建立。我国天然林资源持续增长，较工程启动前天然林面积增加 3.23 亿亩、蓄积量增加 53 亿 m³。天然林单位面积年涵养水源量、固沙固土量分别比工程启动前提高了 53%、46%。天然林生态系统有效恢复，有力促进了野生动物栖息地环境改善。国有林区总产值由 1997 年的 82.25 亿元增加到 2020 年的 491.72 亿元，一、二、三产业产值比例由 1997 年的 19∶69∶12 调整到 2020 年的 37∶28∶35，经济结构不断优化，林区民生得到持续改善。

1999 年以来，我国先后开展了两轮大规模退耕还林还草，中央累计投入 5700 多亿元，共计完成退耕还林还草任务 2.13 亿亩①，同时完成配套荒山荒地造林和封山育林 3.1 亿亩。20 多年来，退耕还林还草先后在 25 个省(自治区、直辖市)和新疆生产建设兵团实施，共有 4100 万农户、1.58 亿农牧民参与并受益。工程区林草植被大幅度增加，森林覆盖率平均提高超 4 个百分点，年生态效益总价值量达 1.42 万亿元。长江、黄河中上游地区、重要湖库周边水土流失状况明显改善，北方地区土地沙化和西南地区石漠化得到有效治理。全国 812 个脱贫县实施了退耕还林还草，占脱贫县总数的 97.6%。第 2 轮退耕还林还草的建档立卡贫困户覆盖率达 31.2%，促使 200 多万建档立卡贫困户、近千万贫困人口脱贫增收。退耕还林还草工程所建设的绿地面积占全球绿色净增长面积的 4% 以上。

国家储备林建设工程于 2012 年启动，十年来，累计落实建设资金 1400 多亿元，建设国家储备林 9200 多万亩。工程建设区总蓄积量增加 2.7 亿 m³，年均蓄积量增加约 10.8m³/hm²，通过国家储备林累计产出木材约 1.5 亿 m³。至 2022 年建设范围涉及全国 29 个省(自治区、直辖市)、六大森工(林业)集团和新疆生产建设兵团，国家开发银行等金融机构已为相关省(自治区、直辖市)国家储备林建设项目授信 3200 多亿元，累计发放金融贷款 1100 多亿元，形成了"政府主导、金融支持、社会参与、多元投资"的国家储备林融资框架。十年来，国家储备林建设提供就业岗位总数超 360 万个，木材产出收入超 1500 亿元，依托国家储备林开展的绿色产业实现经济收入近 100 亿元，围绕国家储备林建设形成的加工企业达 2700 多家。"十四五"期间，我国建设国家储备林超 3600 万亩，增加蓄积量超 7000 万 m³。

---

①　1 亩≈666.67m²。

## 2.4.3　中国林业生态工程分区布局

我国幅员辽阔，自然地理条件复杂，林业生态工程的发展布局既要考虑全国的气候、土壤、植被、地形、地质的分区以及存在的自然灾害与主要环境问题，又要考虑区域和社会经济条件，同时还要考虑林生态工程的管理运行。

由于各区域的情况不同，生态环境问题的外在表现及治理建设内容不同。根据各种不同类型的生态环境区划、农业林业规划及整治的要求，参照 1960 年中国综合自然地理区划(将全国分为 3 个大自然区，33 个小自然区)、1981 年中国综合农业区划(将全国分为 10 个农业区，38 个二级区)、任美锷等(1992)的自然地理区划(将全国分为 8 个自然区，30 个自然亚区，71 个自然小区)、吴传钧(1996)的经济地理分区[将全国(包括香港)分为 12 个区]及张佩昌等(1996)的全国生态环境分区(将全国分为 9 个区)，结合林业生产建设特点，按照工程建设因害设防、因地制宜、合理布局、突出重点、分期实施、稳步发展的原则划分以下 8 个区，对各区域的林业生态工程布局做简单的论述。

(1)东北区

东北区(包括辽宁、吉林、黑龙江和内蒙古东部)不仅是我国重要的工业基地，而且是全国林业、农业、牧业基地。全区土地总面积 124.3 万 km²，全区耕地面积约占全区土地总面积的 5.4%，占全国耕地面积的 1/5；林地面积占全区总面积的 40%；草地占全区土地总面积的 33%。此外，还有内陆水面和辽阔的海洋。本区的森林、水、土地资源丰富，但热量资源不足。由于重工业和森林采运业的发展，森林与环境破坏严重，在兴安岭林区和长白山林区主要是保护现有天然林，加强自然保护区的管理，绿化荒山荒地，恢复迹地森林，建设保护改造型林业生态工程；在松嫩江平原和辽西平原营造农田防护林，搞好农林复合经营，注重发展经济林，建设生态经济型复合林业生态工程；在内蒙古东部发展牧业防护和林牧结合的林业生态工程体系；同时，加强辽西地区工矿区的植被恢复和绿化工作，把沿黄海、渤海湾地区的城市绿化与海岸防护林结合起来。

(2)黄淮海地区

黄淮海地区(包括北京、天津、山东、河北及河南大部以及江苏、安徽的淮北地区)全区土地总面积 46.95 万 km²，占全国土地面积的 4.89%，全区耕地面积占全国耕地面积的 22.02%，是全国重要的商品粮、棉、油、肉生产基地。该区城镇密集，交通发达，地理区位优势突出，资源丰富，工业基础雄厚，基础设施完善，科技教育发达，是我国的政治、经济、文化中心。黄淮海地区地处中纬度季风气候区，海拔低(一般在 100m 以下)，旱涝灾害频繁，土地盐渍化严重，夏季的干热风对作物危害较大。此外，还存在黄泛区的风沙和风蚀以及沿海地区的风暴潮和海水入侵。同时，城市化和工业化带来的负面影响，使该区的环境问题(包括水资源短缺、水污染、海洋污染、采煤塌陷等)日趋加剧。因此，在平原农业区应在原有的农田防护林基础上，扩大农田林网的面积，加强农林渔复合经营，注重发展经济林及种植园防护林，并注意村镇和"四旁"绿化建设，建立以农田防护为主的复合林业生态工程体系；在低洼平原区及沿海地带，应加强河滩地、滨海滩地、盐碱沙荒地、黄泛区沙地的劣地改良林业生态工程的建设，并与沿黄海、渤海湾地区的城市绿化及海岸防护林结合起来，形成环境改良、防灾减灾的林业生态工程体系；同时，加强北京、天津、唐山等大城市的绿化和工矿区的植被恢复与绿化工作。

（3）黄土高原区

黄土高原区位于黄河中上游和海河上游地区，作为地理学上的确切概念尚无定论，根据中国科学院黄土高原综合考察队确定的区域，其东起太行山，西至乌鞘岭，南达秦岭，北止阴山，包括黄土高原全部和鄂尔多斯高原的阴山、贺兰山与长城之间地区。其地理位置为东经100°54′~114°33′，北纬33°43′~41°16′，土地面积62.8万km²，占全国土地面积的6.54%（若扣除乌拉特中旗与乌拉特后旗，则为62.7万km²，占全国土地面积的6.53%）。行政区域包括山西和宁夏，陕西秦岭以北的关中与陕北地区，甘肃乌鞘岭以东的陇中和陇东地区，河南豫西地区，青海青东地区，内蒙古蒙南地区。整个地区黄土广布，沟壑纵横，地形破碎，森林覆盖土地面积的率低，土地、草场退化严重，水资源匮乏，干旱、水土流失和荒漠化日趋加剧。此外，晋陕蒙接壤区、晋豫接壤区等能源重化工基地的环境破坏十分严重，生态环境建设的任务相当艰巨。

（4）长江中下游地区

长江中下游地区是指淮河—伏牛山以南，福州—梧州一线以北，鄂西山地—雪峰山一线以东地区，包括豫东以及苏、皖、鄂、湘大部，沪、浙、赣全部，闽、粤、桂北部，共523个县（市、区），总土地面积9.69万km²，人多地少，水热资源丰富，农、林、渔业发达，农业生产水平高。本区属北亚热带及中亚带，气候温暖湿润，年降水量达800~2000m，活动积温为4500~6500℃，无霜期210~300d。全区平原占1/4，丘陵占3/4。土地平坦肥沃，水网密布，湖泊众多，为我国主要农业区和淡水水产区。

平原区在原有农田防护林完善的基础上，积极营造海岸防护林，并向内陆延伸，与渔业、防护林、堤岸滩岸防护林、种植园防护林、村镇绿化、城市绿化、道路绿化、农林水复合经营一起形成水网综合林业生态工程体系。鄂豫皖低山丘陵区、江南山地丘陵区、浙闽丘陵山地区、南岭丘陵山地区，因地制宜地发展茶园、柑橘园、桑园、油茶园、柚园、香蕉园等经济林园及种植园防护林，搞好农、林、水复合经营；水土流失地区大力营造水土保持林，在保护和营造江河上游的水源涵养林，形成生态防护林与经济林相结合的林业生态工程体系。

（5）西南区

西南区是指秦岭以南，百色—新平—盈江一线以北，宜昌—溆浦一线以西，川西高原以西的地区，包括陕甘东南部、川滇大部、贵州全部及湘鄂西部、桂北等430个县（市、区），土地面积10万km²以上，山地丘陵占95%，河谷盆地占5%，最大的成都平原7500km²，其他为山间盆地或小块河谷平原。

全区属亚热带地区，水热条件好，水田占耕地面积的43.5%。低海拔地区广泛种植亚热带作物和亚热带经济林。山区陡坡开垦和森林破坏相当严重。盆地和河谷平原区在发展商品粮、油、养殖和水产业的基础上，营造和完善农田林网，并与道路、渠系、村镇、城市的绿化相结合；适度发展柑橘、油橄榄、桑等经济林及种植园防护林，把农、林、水产结合起来，在周边山丘区营造水土保持与水源涵养林，形成以农、林、水、养复合经营为主的林业生态工程体系。高原山地则以林为主，林、农、牧复合经营。在江河上游地区保护和营造水源涵养林，陡坡退耕还林，建立适合于当地的油桐、茶、桑、漆、紫胶、核桃等经济林，并根据立地条件和生产技术水平，加强立体种植，发展复合经营，形成以经济林为龙头的生态经济型林业生态工程体系。

(6) 华南区

华南区包括福建东南部、台湾、广东中部及南部、海南、广西南部及云南南部，土地总面积49.6万 km²，全区居于南亚热带及热带，是我国唯一适宜发展热带作物的地区。本区高温多雨，水热资源丰富，无霜期300~365d，1月平均气温为12℃。作物可一年收获多次，有利于多种珍贵林木及速生林木生长，也有利于发展经济林及水产养殖业。但因雨量大，且分布不均，山区水土流失严重。本区应完善水网防护林网，在江河水库上游保护、封育、改造和营造水源涵养林，并扩大自然保护区的面积；丘陵地区大力营造水土保持林；积极发展热带经济林木如椰子、橡胶、腰果、胡椒等，推广桑基鱼塘等农林水产复合经营模式；沿海地区应特别注重海岸防护林、种植园防护林、水产业防护林；把村镇、城市及周边地区的绿化、堤岸防护林、渠系防护林、道路防护林结合起来，并注重热带旅游资源的开发和热带森林公园建设，形成热带特有、高效的经济、生态、旅游相结合的综合林业生态工程体系。

(7) 甘新区

甘新区包括新疆、内蒙古贺兰山以西、祁连山以北地区，其中新疆是我国最大的省级行政区，面积166.5万 km²。本区地广人稀，气候干旱，有大面积的沙漠戈壁，风沙危害严重，土地盐渍化普遍，地表植被稀疏，牧场载畜量低，生产上以灌溉绿洲农业和荒漠放牧为主。新疆矿产资源丰富，也形成了以绿洲为依托的城市格局。本区的森林(天然林)主要分布在天山、阿尔泰山及平原河谷沿岸，保护天然林及防护林对依靠雪水灌溉的绿洲农业来说，具有极其重要的意义；同时，应搞好矿区、开发建设区和城市的绿化，形成独具特色的林业生态工程体系。内蒙古阿拉善盟和祁连山以北的甘肃武威、张掖、酒泉、敦煌等地区与新疆相似，以灌溉农业和牧业为主，除营造农田防护林和防风林带外，应重点保护好高山地区的天然水源涵养林。

(8) 青藏区

青藏区包括西藏、青海大部、甘肃西南部、四川西部、云南西北部，共146个县(市、区)，总土地面积226.9万 km²，占全国土地面积的23%，为我国重要的农牧区。本区大部分地区由海拔4000~6000m的高山与3000~5000m的台地、湖盆、谷地组成，东部和南部有一些3000m以下的河谷。超过2/3的高原海拔在4500m以上，只能放牧；东部和南部可种植一些耐寒冷喜凉作物；唯南部边缘河谷地带，可种玉米和水稻。青藏区天然草场133.33km²，占全区面积的60%，东部和东南部是半湿润区，草被盖度很高，是优质草场。

藏南区的雅鲁藏布江中游是西藏的主要粮仓，积极推广农田防护林、草场防护林，实行草田轮作、林草复合、林农复合，保护天然林，建立以农牧防护、水源涵养为框架的林业生态工程体系。

川藏区即横断山区与雅鲁藏布江大拐弯地区，是青藏高原海拔最低的地区，是我国的第二大林区。岷江、大渡河和滇西林区森林采伐过量，水土流失严重，应扩大和建立不同植被类型的自然保护区，划定水源涵养林并严禁采伐，保护天然林和恢复森林并重。以林为主，农、林、牧综合发展，建立生态防护型的林业生态工程体系。

青甘区包括柴达木盆地、青海湖以北祁连山以南地区，自然环境复杂，垂直变化明显。海拔2800~3200m区域的80%是草场，间有农业耕作；海拔3200~4000m区域为纯牧区，应在保护好高山水源涵养林的基础上，建立以牧业为主的林业生态工程体系。

青藏高寒区，包括羌塘高原及黄河、长江、怒江等江河的上源地区，海拔3500~4500m，无绝对无霜期，地高天寒，草场面积大，以牧为主。东部边缘散布大面积的天然水源涵养林，也是野生动物的主要栖息地，应严格保护。大渡河、金沙江、雅砻江、澜沧江等河谷地带有一定的农业耕作，应积极发展农田防护林和农林复合经营。

## 2.5　中国生态环境问题概述

### 2.5.1　生态环境问题

随着森林的毁坏和覆盖率的降低，我国的生态环境日益恶化。我国的生态问题突出表现在以下几个方面。

*(1)自然灾害频繁*

我国是一个多山的国家，山丘区占全国总土地面积的2/3。大江大河的中上游多是高原山地，地形复杂。森林的毁坏使江河上游失去了天然蓄水库和天然屏障，水土流失加剧，自然灾害特别是洪水灾害越来越频繁。据统计，河北和山西，在唐代平均每百年发生水灾2.8次，旱灾6.6次；到清代，平均每百年发生水灾5.6次，旱灾上升到34.2次。越到近代，灾害发生越频繁。1998年的长江、松花江、嫩江大洪水，无不与其上游森林的大面积采伐有关。特殊的地理位置使我国的大陆性季风气候非常显著，夏季炎热多雨，冬季寒冷干燥，失去森林的庇护，水热能量就会转化为强大的破坏力量，干旱、风、霜等灾害也就越来越严重。大兴安岭林区是松嫩平原的天然屏障，是呼伦贝尔草原的水源涵养基地。但由于南部地区不合理的开发以及火灾影响，森林植被遭受破坏，周围自然环境也随之变化，年降水量减少，过去罕见的春旱、伏旱现象常常发生。

*(2)水土流失加剧*

由于失去森林的保护，土地环境日益恶化，全国水土流失、沙漠化现象愈演愈烈，不少地方童山濯濯、岩石裸露。根据原水利部遥感中心调查，全国土壤侵蚀面积为367万km²，黄河河床已高出沿河地面4~10m，成为世界闻名的"地上悬河"，严重威胁着两岸200多个县市人民生命财产的安全。长江流域上中游地区，由于人口增长，毁林开荒，陡坡种植，森林覆盖率大幅度下降，导致区域环境恶化。根据调查，长江流域水土流失面积已达56万km²，比20世纪50年代增加了55.6%，年流失土壤达22.4亿t。素有"陇东天然水库"之称的子午岭林区，一向对保证陇东数县的农业生产起着重要作用，但由于毁林和乱砍滥伐，林区面积减少了1/4，致使该地区年降水量减少了1742mm，河流洪水流量增加了1.5倍，含沙量增加1倍。

*(3)荒漠化面积扩大*

我国是世界上荒漠化面积最大、荒漠化危害最严重的国家，全国荒漠化土地面积262.2万km²，占国土面积的27.2%。主要分布在三北地区，形成了所谓的"万里风沙危害线"，森林破坏加剧荒漠化的进程，使荒漠化面积日益扩大。中华人民共和国成立以来，我国在改造沙漠方面取得了很大成就，但是滥垦、滥牧和滥伐没有能严格禁止，使荒漠化面积不断扩大，全国荒漠化面积已达 262 万 km²，扩展速度由 20 世纪 50~70 年代的 1560km²/a，增至 80 年代的 2460km²/a，西北地区的沙尘暴危害已十分严峻。

(4)水资源紧缺加剧

我国人均拥有水资源量是世界平均水平的 1/4，是严重的贫水国家。而我国的天然林和天然次生林大都分布在河源上游，森林破坏导致洪水泛滥，枯水流量减少，出现暴涨暴落现象。同时，河床基流减少也引起了水质恶化，加剧了水资源的紧缺。甘肃祁连山水源涵养林的相关研究表明，森林与水资源有着十分密切的关系。有文献报道，山西省汾河上游及沁河水量稳定、水质好，主要原因是上游森林覆盖率高；三川河和水河则由于上游森林覆盖率低，年径流量不稳定而导致水资源开发利用十分困难。

(5)生物多样性减少

森林是世界上最大的陆地生态系统，也是最大的陆地基因库。我国 80%的动植物在森林中生存，森林生态系统有 16 大类 185 类，区系复杂，生态类型多，生物多样性极为丰富(中国种子植物有 10 个特有科 321 个特有属约 10 000 个特有种；兽类有 1 个特有科 8 个特有属 63 个特有种)。天然林和天然次生林的破坏，使物种数量减少，某些物种濒临灭绝。东北林区和西南林区的大面积采伐，已使东北虎、华南虎基本绝迹。华北区的褐马鸡历史上分布区域很大，如今仅存于山西关帝山、管涔山以及河北小五台林区。此外，森林破坏导致土地盐碱化、生草化和沼泽化问题；森林与全球气候变暖、城市温室效应及工矿区环境保护等的关系问题，在我国也越来越受到关注。

综上所述，不难看出森林的破坏削弱了森林调节气候、涵养水源、保持水土、保护环境等多种生态功能，使江河流域失去天然屏障，也使许多物种濒临绝境，这将使世界性的生态危机进一步恶化。

## 2.5.2 生态环境建设问题

如何保护、恢复和重建森林植被，是我国林业、水土保持、环境保护工作者以及全体公民的共同任务，也是林业生态工程建设的任务。我国林业生态环境建设虽然取得了很大成绩，但仍严重滞后于经济和社会的发展。目前，存在的主要问题表现在以下几个方面。

(1)林业生态环境建设的质量不高

中华人民共和国成立以来，我国生态环境建设在水土保持、林业生态工程、防治荒漠化、草原生态建设、自然保护区建设等方面取得了巨大成就。生态环境建设完成面积较大，但建设的质量除重点治理区外，部分地区较差，建设标准不高。例如，树种单一，新品种少，重人工造林轻封山育林，林种、树种结构配置不合理，纯林多、混交林少，针叶林多、阔叶林少。一些地区由于树种选择以及造林技术不当，植树造林成活率、保存率还很低，生态效益不明显，治理措施的质量差，不能稳定地发挥预期的生态效益、经济效益和社会效益。

(2)森林资源总量不足，分布不均匀

东部 11 省(自治区、直辖市)平均森林覆盖率远高于西部 12 省(自治区、直辖市)平均森林覆盖率；仅黑龙江、吉林、内蒙古、四川、云南 5 省(自治区)森林面积、蓄积就占全国的近一半，而生态环境极其脆弱的西部地区森林资源十分稀少，有的地区森林覆盖率不足1%。

（3）生态环境意识和法治观念淡薄

由于生态环境的法律、法规宣传力度不够，"边治理，边破坏"的现象依然严重。有法不依，执法不严现象普遍存在。我国虽然制定了多部与生态环境保护、林业生态建设相关的法律法规，但是由于宣传和推广工作不足，在一些相对偏僻的林区人们很难了解到国家颁布的法律法规，加上地方政府的不重视，导致人们对于森林生态环境保护的意识淡薄，没有从根本上认识到破坏林区生态环境、乱砍滥伐是违法行为。

（4）长期以来对林业的认识存在严重偏差

世界公认森林是陆地生态系统的主体，这就决定了林业的首要任务是生态环境建设。但长期以来，人们建设指导思想上存在着重经济、轻生态的偏差，往往只把林业当作产业部门或一般的专业经济部门来看待，忽视了林业的生态效益和社会效益，注重短期经济效益，过度采伐森林，使我国本就很少的森林越采越少，加剧了生态环境的恶化。

（5）科技服务体系不健全，治理成果技术含量低

科技服务体系不健全和技术含量低是当前我国生态环境建设的主要问题之一。造成这一问题的主要原因是科技投入少，人才流失严重；设备落后，高新技术应用少；低水平重复研究多，重大的、突破性研究课题开展得较少。

（6）缺乏一套保障林业生态环境发展的政策体系

一是长期以来对林业生态环境建设的投入很少，特别是新造林没有管护投入，难以巩固建设成果；二是林业税费负担较重，严重挫伤了群众造林绿化的积极性；三是没有形成有利于调动社会力量参与林业生态环境建设的激励机制和森林生态效益补偿制度。

## 2.6 中国林业生态工程建设的世纪展望

### 2.6.1 21世纪中国林业生态工程发展阶段与目标

21世纪中国林业生态工程的发展，可以分为前50年的数量赶超阶段和后50年的质量效益阶段。在数量赶超阶段，以大力植树造林为主要内容，以尽快增加森林植被覆盖、赶超世界平均水平、基本实现山川秀美为目标。在质量效益阶段，以优化结构和布局为主要内容，以提高质量和效益、彻底实现山川秀美和生态环境良性循环为目标。

（1）数量赶超阶段（2000—2050年）

力争到21世纪中叶，使全国适宜治理水土流失地区基本得到治理，适宜绿化的土地植树种草，"三化"草地基本得到恢复，建立起比较完善的生态环境预防监测和保护体系，大部分地区生态环境明显改善，基本实现中华大地山川秀美。此阶段又可以分为3个分阶段。

第一阶段（2000—2010年）：控制生态环境恶化阶段，森林覆盖率达到19%以上，生物措施治理水土流失面积3700万 hm²，治理荒漠化面积2270万 hm²，全国生态环境恶化趋势基本得到控制。

第二阶段（2011—2030年）：生态环境明显改善阶段，森林覆盖率达到24%以上，生

物措施治理水土流失面积 6000 万 hm²，治理荒漠化面积 2700 万 hm²，建立起维系全国生态环境系统良性循环的初步格局。

第三阶段(2031—2050 年)：生态环境完善提高阶段，森林覆盖率稳定在 26% 左右，生物措施治理水土流失面积 2200 万 hm²，治理荒漠化面积 1100 万 hm²，全国生态环境问题基本得到解决，形成以大江大河流域为主体、辐射全国的良性生态环境系统。

(2)质量效益阶段(2050—2100 年)

在全国森林覆盖率稳定在 26% 左右，数量赶超阶段完成后，中国林业生态工程建设将进入以提高质量和效益为主的质量效益阶段，以进一步调整结构、优化布局为工程建设的主要内容，通过 50 年左右的努力，使山川秀美不仅表现在数量上而且表现在质量上，彻底实现全国生态环境的良性循环，达到人与自然和谐相处、协调发展的理想境界。

## 2.6.2 21 世纪中国林业生态工程战略布局

林业生态工程总体规划与布局，是以自然生态环境条件为基础，以自然灾害防治为出发点，以工程管理运行整体效益为目标。也就是说，要对我国的林业生态工程进行合理的规划和布局，既要考虑和分析林业生产的自然条件，包括气候、土壤、植被、地形、地质地貌等因素，又要考虑林业生态工程管理运行的整体效益。由此，我国开展林业生态工程规划与布局的基本原则如下。

首先，因地制宜是林业生态工程建设的先决条件。森林植被的生长发育要求特定的水热组合，同样，特定的水热组合可以满足特定的植被群落。水热组合受多种因素的影响，从大气环流、大地构造，到微地貌的改变，都能影响特定区域的水热组合特征以及与之相适应的土壤特点、植被特征。因此，林业生态工程规划与布局要充分考虑到自然生态环境条件的分异特征，因地制宜，从气候条件、土壤条件、植被条件、地质地貌特点进行综合分析。

其次，因害设防以实现减灾防灾是林业生态工程规划与布局的出发点。针对我国主要自然灾害特点与分布，充分发挥森林植被改善和影响区域气候、水资源分布功能，起到涵养水源、净化水质、保持水土和抵御各种自然灾害的作用。

再次，获取最佳生态效益、经济效益和社会效益是林业生态工程规划与布局的最终目标。林业生态工程建设，一方面要获取最佳的生态效益；另一方面，对中国这样一个农业人口多、土地生产压力大、经济相对不太发达的国家而言，林业生态工程建设的经济效益高低，将直接关系到工程建设的质量、进度及持续发展。因此，开展林业生态工程总体规划与布局，必须分析林业生产现状，包括森林资源、林业用地、森林经营手段等多方面，分析社会经济发展水平，使林业生态工程规划与布局和当前林业生产、社会经济发展水平相适应，以确保规划的实施，实现林业生态工程建设生态效益、经济效益和社会效益相统一。

最后，林业生态工程规划与布局要充分注意到地域完整性，以便于工程管理。我国林业生态工程就是依据我国生态环境特点和持续发展战略的要求，结合我国经济和社会发展状况；根据各种不同类型的生态环境区划及国土整治的要求，结合林业生产建设特点；根据工程建设因害设防、因地制宜、合理布局、突出重点、分期实施、稳步发展的原则，结合林业生态建设现状，进行规划与布局。

由于各区域的情况不同，生态环境问题的外在表现及治理建设内容也不同。从布局上可以分为流域林业生态工程、区域林业生态工程以及跨区域林业生态工程。

流域林业生态工程包括黄河中游防护林体系工程、长江中上游防护林体系建设工程、淮河太湖流域综合治理防护林体系建设工程、辽河流域综合治理防护林体系建设工程、珠江流域综合治理防护林体系建设工程，区域林业生态工程包括沿海防护林体系建设工程、太行山绿化工程，跨区域林业生态工程包括三北防护林体系建设工程、平原绿化工程、全国防沙治沙工程。

完成 21 世纪林业生态工程规划任务，我国生态环境必将发生巨大变化，也可为社会经济可持续发展做出更大的贡献。21 世纪中国林业生态工程建设的总体思路是，以现代林业理论为指导，以长江、黄河流域和三北万里风沙区为重点，以全国铁路公路干线和江河渠堤为网络，以星罗棋布的城镇和村庄绿化为支点，以建成带网片点相结合完备的林业生态体系、实现全国山川秀美为目标，实行大江大河流域治理与重点区域治理相结合、统筹规划与突出重点相结合、整体推进与连片治理相结合、造林绿化与植被保护相结合，实施四大战略布局。

(1) 周边战略

与我国国民经济周边发展战略相适应，我国林业生态工程建设首先要实行周边战略，在三北防护林体系建设工程的基础上，逐步延伸推进，形成在整个国境线上的沿边防护林体系，并与沿海防护林体系建设工程相结合，连接成完整的闭合圈，形成全国重点林业生态工程建设的周边发展战略。

(2) 沿江战略

借鉴国际上通行的生态环境"流域治理"的先进经验，考虑到我国经济社会的沿江开发战略，在 21 世纪，以长江、黄河为主线，带动全国七大江河流域，分别实施全流域林业生态工程，根本改善整个流域的生态环境，保证全国沿江开发战略的顺利实施。

(3) 区域战略

在周边战略和沿江战略的基础上，在全国的重点区域，实行重点治理建设。首先，在认真实施三北防护林体系建设工程和全国防沙治沙工程的基础上，启动"西北五省区秀美山川再造工程"，加大西北地区的治理力度，尽快实现"再造一个山川秀美的西北地区"的宏伟目标。其次，以新的思路实施平原绿化工程，重点抓好东北、华北和长江中下游三大平原。最后，实施太行山等重点山系治理，形成"山系治理"框架。

(4) 点周战略

以大中城市及其周围为重点，建成生态环境优美的示范区，改善人们的生活环境。除切实实施好京津周围绿化工程外，重点实施港澳珠江三角洲现代林业生态工程、沪宁杭长江三角洲现代林业生态工程、山东半岛现代林业生态工程、辽东半岛现代林业生态工程以及海南省生态重点林业建设工程等。

## 知识拓展

### 辽宁省林业生态工程建设框架

鉴于水土流失和干旱在辽西极为严重，害风在沿海多于内陆、平原多于山区，低温冷害在东西部山区和辽北较重的特点，以及海风、海浪袭击沿海和近年来辽东多种农业自然灾害发生频率上升的现实，在已有生态建设的基础上，继续开展以水土保持林为主的辽西林业生态工程建设，加强以农田防护林为主的辽中和辽北林业生态工程建设，大力开展以海防林为主的沿海地区林业生态工程建设，实施辽东山区多样化森林经营方式，并以科技兴林保证林业生态工程建设总体布局的实施。

（1）以水土保持林为主的辽西林业生态工程建设

在辽西低山丘陵区，以水土保持林为主的林业生态工程建设包括农田防护林、固沙林、薪炭林，在坡度≥10°的荒坡地上以营造水土保持林为主，同时可营造或种植具有水土保持功能的薪炭林、经济林、用材林以及人工草地等。

林、人工牧草等相结合建设水土保持体系。建设原则为：全面规划，因地制宜，以造林种草的生物措施为主，紧密结合工程措施，因害设防地，先治上、后治下，先治坡、后治沟，上下结合、坡沟兼治。可选用的主要乔木树种有油松、樟子松、华北落叶松、刺槐、蒙古栎、辽东栎、山杏等；主要灌木树种有沙棘、紫穗槐、胡枝子、小叶锦鸡儿、黄栌等；经济林主要树种有苹果、梨、枣、山楂、大扁杏等；主要草种有沙打旺和木樨草等。

在坡度<10°的农田上，营造包括林路结合、林渠结合的农田防护林，在平地、岗台地、坡地的薄层或厚层立地类型上可分别选用加杨、箭杆杨、北京杨、赤峰杨、小黑杨、小青杨、白榆、旱柳、刺槐、油松、樟子松等。林带走向与当地主要害风方向垂直。在平地、岗台地、坡地上的主带之间距离分别为20、18、15H*。林带宽度一般为10m。

在河谷两侧的河滩地上营造具有护岸固滩功能的用材林，主要树种为加杨及其他欧美杨、北京杨、赤峰杨、小黑杨、白榆、旱柳等。

在与科尔沁沙地接壤地带主要营造防风固沙林，采用"灌木为主，沙障为辅""前挡后拉，顺风推进，乔灌结合，分期治理"的固沙方法。主要选用紫穗槐、小黄柳、差巴嘎蒿、小叶锦鸡儿等。条件较好的地方栽植樟子松。

（2）以农田防护林为主的辽宁中北部的林业生态工程建设

辽中和辽北地势平坦开阔，土壤肥沃，是辽宁的粮仓，土地绝大部分为农业用地。对这一地区采取因地制宜、因害设防的农、林、牧统一规划，建立农田防护林和其他防护林种相结合的防护林体系。农田防护林的空间布局以带状网格为主，林带走向与当地的主害风方向垂直，并维持林带疏透度处于0.25%~0.40%最适状态，主带之间距离400~500m，根据农业作业条件和具体地形地物等因素确定副带之间的距离。可选择的主要乔木树种有北京杨、小黑杨、小钻杨、加杨、赤峰杨、小叶杨、小青杨、油松、樟子松等。用紫穗

---

\* H是指林带平均高。

槐、胡枝子等灌木树种优化林带结构，也要选择速生树种营造具有防护功能的片状用材林。在这一地区，成功地进行防护林建设的关键技术是大苗，辅以大坑、大水。

（3）以海防林为主的沿海地区防护林建设

沿海地区防护林建设是在东起鸭绿江口，西至山海关老龙头，跨丹东大连、营口、锦州和盘锦等地长达 2800km 的海岸线上，沿着海岸最大潮水线以外一定距离的海滨地带，沿海地区的沙荒、山荒和盐渍地以及河流岸边，营造带状与片状相结合的防护林体系。在这一地区，以海防林为主体，与沟谷水土保持林、护河林、护路林、沙荒和盐渍荒地以及山荒片林相结合，构成完整的沿海林业生态工程体系。海防护林营造主要是通过挖沟筑堤等工程措施，选择抗盐较强的树种，改造低注盐碱地。以刺槐、柽柳、紫穗槐、沙枣和枸杞等为主要造林树种，也可选用小青杨、沙兰杨、枫杨、旱柳、樟子松和油松等。

（4）防止辽东变辽西的多样化森林经营

丹东—岫岩—大石桥以北，长大铁路以东广大的辽东山地地区是辽宁省天然林区，占全省森林总面积的 64.7%，森林覆被率为 46.5%。为防止在这一地区重演由于森林资源枯竭导致生态环境恶化的"辽西悲剧"，要正确认识这一地区森林资源的特点，采取合理的开发经营对策和技术措施，使近期效益与长效益紧密结合，力争实现经济建设与生态建设同步发展。

①必须扭转"以大木头为中心"的单一开发体系为多层次、多渠道综合开发经营。其主要遵循的原则如下：

$$\text{多样性} \begin{cases} \text{生态上的适应与抗干扰能力增强} \\ \text{市场经济中的弹性及竞争力的增强} \end{cases} \text{稳定性}$$

按照此原则进行资源的开发与产业（产品）种类的安排。这条原则符合世界林业向多样化经营方向发展的趋势，无论是从生态学还是从经济学的角度考虑都是一条极重要的原则。具体实施包括若干内容，但基本工作是按林业（草）局、林场立地条件，全面规划产业结构，以充分发挥各地类的土地生产潜力为原则，宜林则林，宜农则农，宜牧则牧，宜渔则渔，做到林、农、牧、渔、工诸业合理配置，以达到减轻森林资源压力、活跃经济、扩大就业的目的。

②在森林采伐中，切实落实合理的年采伐量，以年生长量作为年采伐量的限定指标是保证森林资源永续的最基本要求。这已得到广泛认可，难点是何时能按照指标要求调整到位，其阻力在于调整后引起的一系列难题。调整时间拖得越长，资源亏耗越多，走出低谷的时间也将越长，损失则越大。但"阵痛"已是定局，长痛不如短痛，必须坚持落实年采伐量的合理化调整工作。

## 思考题

1. 什么是生态工程？
2. 什么是林业生态工程？
3. 林业生态工程与传统的林业生产有什么区别与联系？

# 单元3　林业生态工程基本理论

工程化是现代社会科学技术进步的主要标志之一，也是应用科学走向成熟的具体表现。同时，工程也正是把众多成熟的应用技术或应用科学，组合成为综合工艺体系的主要手段。当今社会的各项产业建设基本都离不开工程，基本建设都是由一个个工程项目实现建设目标。例如，土木建筑工程、机械工程、水利工程、道路工程等。所有的工程必须根据建设目的和建设条件经过总体规划设计、分项设计、材料选择与准备、分项工程的施工、效益监测与评估等过程和环节来完成工程项目，实现建设目标。林业生态工程本身与其他工程一样，也必须有自己的一整套完整的工艺体系和科学严密的技术路线，但同时林业生态工程又是与自然环境、生物、人类社会紧密结合在一起，包含自然、技术、社会的复合工程，具有与一般工程不同的含义。

林业生态工程是建立在自身相应理论基础之上的，既涉及工程的内涵，也涉及生物的内涵，其主要理论基础包括植被恢复理论、生态学理论、系统科学理论、可持续发展理论、水土保持学原理等，其中通过人工促进植被恢复是林业生态工程建设的核心思想。

## 3.1　生态工程基本理论

### 3.1.1　生态学理论

#### 3.1.1.1　生态系统理论

(1)生态平衡与生态稳态

生态平衡是生态系统在一定时间内结构与功能的相对稳定状态，其物质和能量的输入、输出接近相等。在外来干扰下，能通过自我调节(或人为控制)恢复到原初稳定状态。当外来干扰超越自我调节能力，而不能恢复到原初状态，称为生态失调或生态平衡破坏。生态平衡是动态的，维护生态平衡不只是保持其原初状态。生态系统在人为有益的影响下，可以建立新的平衡，达到更合理的结构，更高效的功能和更好的效益。

生态稳态是一种动态平衡的概念，生态系统由稳态不断变为亚稳态，又进一步跃为新稳态。生态稳态在生态系统发育演变到一定状态后才会出现，它表现为一种振荡的涨落效应，系统以耗散结构维持着振荡，能够使系统从环境中不断吸收能量和物质(负熵流)。所谓的生态平衡，只不过是非平衡中的一种稳态，是不平衡中的静止状态，平衡是相对的，不平衡是绝对的。生态平衡受到自然因素(如水灾、旱灾、地震、台风、山崩、海啸等)和人为因素(如环境污染、生态破坏等)的干扰就会被破坏，当这种干扰超越系统的自我调节能力时，系统结构出现缺损，能量流和物质流受阻，系统初级生产力和能量转化率就会下降，即出现生态失调。

（2）生态系统平衡的调节机制

生态平衡的调节主要是通过系统的反馈能力、抵抗力和恢复力实现的。反馈分正反馈和负反馈。正反馈是系统更加偏离位置点，因此不能维持系统平衡，如生物种群数量的增长；负反馈是反偏离反馈，系统通过负反馈减缓系统内的压力以维持系统的稳定，如密度制约种群增长的作用。抵抗力是生态系统抵抗外界干扰并维持系统结构和功能原状的能力。恢复力是系统遭受破坏后，恢复到原状的能力。抵抗力和恢复力是系统稳定性的两个方面，系统稳定性与系统复杂性有很大关系。普遍认为，系统越复杂，生物多样性越丰富，系统就越稳定。生态系统对外界干扰具有调节能力，能保持相对稳定，但是这种调节机制不是无限的。生态平衡失调就是外界干扰大于生态系统身调节能力的结果和标志。

### 3.1.1.2　循环再生和分级利用原理

（1）物质循环和再生

生态系统内的小循环和地球上生物地球化学大循环，保障了存在于地球上的物质供给，通过迁移转化和循环，使可再生资源取之不尽、用之不竭，即形成物质循环。对于退化土地可通过不同植物种的搭配组合，形成不同元素的生物小循环，使得退化土地的养分得到改善，其中先锋植物往往是养分积累的开始。

（2）多层次分级利用

物质再生循环和分层多级利用，不仅意味着在系统中建立物质、能量的迁移转化通道，还要通过合理的规划与设计，在一个区域内形成更多层次的物质与能量利用，提高初级产品的利用效率，减少对植被的破坏，为植被恢复创造条件。

### 3.1.1.3　景观生态学理论

景观生态学是近年来兴起的一个生态学分支理论，景观是指以类似方式出现的若干相互作用的生态系统的聚合。Richard T. T. Forman 和 M. Godron 在 1986 年合著的《景观生态学》一书中指出：景观生态学主要研究大区域范围（中尺度）内异质生态系统，如林地、草地、灌丛、走廊（道路、林带等）、村庄的组合及其结构、功能和变化，以及景观的规划管理。景观内容包括景观要素、景观总体结构、景观形成因素、景观功能、景观动态、景观管理等。景观生态学是用生态学的理论和方法去研究景观。景观是景观生态学的研究对象，它不仅包括自然景观，还包括人文景观，从大区域内生物种的保护与管理、环境资源的经营和管理，到人类对景观及其组分的影响，涉及城市景观、农业景观、森林景观等。

（1）景观系统的整体性与异质性原理

景观是由景观要素有机联系组成的复杂系统，含有等级结构，具有独立的功能特性和明显的视觉特征，是具有明显的地理边界、可辨识的地理实体。景观系统同其他非线性系统一样，是一个开放的、远离平衡态的系统，具有自组织性、自相似性、随机性、有序性等特征。景观的形成是地貌过程、生态过程和文化过程的综合结果，是由异质要素组成的，这种异质性同抗干扰能力、恢复能力、系统稳定性和生物多样性有密切联系。

（2）格局过程关系原理

景观格局是指景观空间格局，即大小和形状各异的景观要素在空间上的排列组合，包括景观组成单元的类型、数目及空间分布与配置,它是景观异质性的具体体现,也是各种生态过程在不同尺度上作用的结果。景观格局有规律地影响干扰的扩散、生物种的运动和分布营养成分的水平流动及净初级生产力的形成等。景观过程是事件或现象发生、发展的动态特征。二者的关系是复杂的,表现为非线性关系、多因素的反馈作用、时滞效应以及一种格局对应多种过程的现象等。

(3)尺度分析原理

尺度分析是指小尺度上的斑块格局经过重新组合而在较大的尺度上形成空间格局的过程。尺度效应表现为:随着尺度的增大,景观出现不同类型的最小斑块,最小斑块面积逐渐增大;景观多样性指数随着尺度的增大而减小。时空尺度的对应性、协调性和规律性是一个重要特征,通常研究的地区越大,相关的时间尺度就越大。生态平衡表现出与尺度有关的协调性,生态系统在小尺度上常表现为非平衡特征,而在大尺度上仍可体现出与平衡模型相似的结果,景观系统常常可以克服其中的局部生物反馈的不稳定性。尺度性与持续性有着重要的联系,细尺度生态过程可能会导致个别生态系统出现激烈波动,而粗尺度的自然调节过程可提供较大的稳定性。

(4)景观结构镶嵌性原理

景观系统是由各种组分在空间结构上互相拼接而形成的整体,即呈现镶嵌性,包括生物镶嵌性和非生物镶嵌性。土地镶嵌性是景观和区域生态的基本特征:景观斑块是地理、气候、生物和人文因子构成的有机集合体,具有特定的结构形态,其大小、形状各不相同;廊道曲直、宽窄不同,连接度也有高有低;而基质更显多样,从连续状到空隙状,从聚集态到分散态,构成景观丰富多彩的镶嵌变化格局。

(5)景观生态流与空间再分配原理

生物物种与营养物质和其他物质、能量在各个空间组分间的流动,称为生态流。生态流表现为聚集和扩散过程,这些过程伴随着一系列能量转化过程。空间要素间物种的扩散与聚集、矿质营养的再分配速率通常与干扰强度正相关。无任何干扰时,景观水平结构趋于均质化,而垂直结构的分异性更加明显。水流的侵蚀、搬运与沉积是景观中最活跃的过程之一。景观的边缘效应对生态流有重要的影响,景观要素的边缘部分可起到半透膜的作用,对通过它的生态流进行过滤。在相邻景观要素处于不同发育期时,可随时间转换而分别起到源和汇的作用。

(6)景观演化的人类主导性原理

景观演化的动力机制有自然干扰与人类活动两个方面,由于世界上人类活动影响的普遍性和深刻性,其对于景观演化起着主导作用,通过对变化方向的改变和变化速率的调控,可实现景观的定向演变和可持续发展。在人与自然的关系上,有着建设和破坏两个方面,共生互利才是可持续发展方向。因此,运用生物控制共生原理进行景观生态建设,是景观演化过程中人类主导性的积极体现。

(7)景观多重价值与文化关联原理

景观具有明显的视觉特征,因而兼具经济、生态和美学价值。这种多重性价值判断是景观规划和管理的基础。景观的经济价值主要体现在生物生产力和土地资源开发等方面,景观的生态价值主要体现在生物多样性与环境功能等方面,景观的美学价值则范围宽泛、内涵丰富，且随着审美主体及其审美方式的变化，与文化的关联十分密切。景观的宜人性可理解为适于人类生存的程度，包含景观的通达性、建筑的亲和性、生态的稳定性、环境的清洁度、空间拥挤度、景色的优美程度等。文化创造了各种景观，景观也影响着文化，景观外貌通过文化语言传递，文化对景观感知进行过滤，景观是对文化准则的具体表述。

## 3.1.2　系统科学理论

系统科学是自然科学、数学科学、社会科学三大基础科学之外，形成的一个新的学科。它融会贯通了两方面的内容：一是从工程实践中提出来的技术科学，即运筹学、控制论和信息论；二是来自数学和自然科学的系统理论成果。系统工程就是系统科学指导下的工程实践，着重于工程的开发、设计、模拟、优化等。

### 3.1.2.1　系统的一般概念

系统是由两个或两个以上相互联系、相互制约、相互作用的事物和过程组成的具有整体功能和综合行为的统一体。元素、结构、状态、过程称为系统构成的四要素。

就系统的生成而论，系统可分为自然系统和人造系统；从系统的组成成员来看，系统可分为以人为社会组成成员的社会系统和以物质实体为组成成分的非社会组织系统；从组成系统的元素间关系的性质来看，可以分为结构系统和过程系统；从系统与外界的关系看，凡是和外界有物质、能量和信息交换的系统称为开放系统；反之，称为封闭系统；从系统和人的关系上看，凡是人能够改变其状态的系统都称为可控系统；否则，称为不可控系统。林业生态工程是开放的、可控的系统。

### 3.1.2.2　系统论的基本原则

用系统思想或系统方法去研究某一特定系统，必须遵循以下基本原则。

（1）整体性原则

系统论的一个基本原则是整体不等于单元之和。单元一旦被有机地组织起来，就不再作为单个单元而存在。若单元之间协同一致，结构良好，总体就大于单元之和，系统功能效果突出；反之，单元之间步调不一、协同不好、结构不良，则总体就小于单元之和，系统功能效果降低。

（2）相关性原则

相关性原则首先体现在系统要素间不可分割的联系。在系统整体中，各要素不是孤立存在的，它们由系统的结构联结在一起，互相影响、互相依存。

（3）自组织性原则与动态性原则

系统具有能够自动调节自身的组织、活动的特性，这就构成了系统论的自组织性原则，它是指系统根据其内部各要素之间的相互作用而自发地形成有序结构的现象。但是自组织现象只有在开放系统，即系统与环境不断进行信息、能量、物质的交换中才能发生。所以说系统不可能保持静态，一定是处于动态之中，这就是系统的动态性原则。

（4）目的性原则

目的性原则是指系统活动最终将趋向于有序性和稳态，即要达到一定的结果或意愿。系统活动的方向性、目的性是系统自组织性的结果，它不是指系统带有自觉目的的，而是具有自组织调节能力，通过反馈，适应环境、保持稳态，这样就呈现出了某种目的性。系统的目的性使各类型系统活动表现为异因同果、殊途同归。

（5）系统的优化原则

优化原则即通过系统的自组织、自调节活动，系统在一定环境下达到最佳的结构，发挥最好的功能。优化原则又是和目的性原则联系在一起的，人类能够自觉地进行系统优化，而自然系统的优化是不自觉的，是通过自然选择的。

综上所述，系统论即按照事物本身的系统性，把对象放在系统方式中加以考察。它从全局出发，着重整体与部分，在整体与外部环境的相互联系、相互制约中，综合地、精确地考察对象，在定性指导下，用定量来处理它们之间的关系，以达到优化处理的目的。所以，系统论最显著的特点是整体性、综合性和最优化。

### 3.1.3　可持续发展理论

可持续发展的核心思想是，当今人类的经济和社会发展，必须是"既满足当代人的需要，又不对后代人满足他们的需要的能力构成危害"。或者说，"满足当代人的发展需求，应以不损害、不掠夺后代的发展作为前提"。它意味着，我们在空间上应遵循互利互补的原则，不能以邻为壑；在时间上应遵守理性分配的原则，不能在"赤字"状况下展开运行，在伦理上应遵守"只有一个地球""人与自然平衡""平等发展权利""互惠互济""共建共享"等原则，承认世界各地发展的多样性，以体现高效和谐、循环再生、协调有序、运行平稳的良性状态。因此，可持续发展可以在不同的空间尺度和不同的时间尺度，作为一种标准去诊断、核查、监测、仲裁"自然-社会-经济"复合系统的运行状态是否健康。可持续发展的水平可通过以下 5 个基本要素及其之间的复杂关系来衡量。

（1）资源的承载能力

资源的承载能力，通常又被称为基础支持系统。这是一个国家或地区按人均的资源数量和质量，以及它对空间内人口的基本生存和发展的支撑能力。如果可以满足（要考虑资源的世代分配问题），则具备了持续发展条件；如不能满足，应依靠科技进步挖掘替代资源，务求基础支持系统保持在区域内人口需求的范围之内。

（2）区域的生产能力

区域的生产能力，通常也被称为动力支持系统或福利支持系统。这是一个国家或地区在资源、技术和资金的总体水平上，可以转化为产品和服务的能力。可持续发展要求此种能力在不危及其他子系统的前提下，应当与人的需求同步增长。

（3）环境的缓冲能力

环境的缓冲能力，通常也被称为容量支持系统。人对区域的开发、资源的利用、生产的发展、废物的处理等，均应维持在环境的允许容量之内，否则可持续发展将不可能继续。

（4）进程的稳定能力

进程的稳定能力，通常也被称为过程支持系统。在整个发展的轨迹上，要尽可能避免与防止出现由于自然波动（大自然灾害与不可抗拒的外力干扰）和经济社会波动（由于战争的干扰或重大决策失误所引起的不可挽回的损失等）所带来的灾难性后果。这里有两条途径可以选择：其一，培植系统的抗干扰能力；其二，增加系统的弹性，即受到干扰时具有较强的恢复能力和迅速的系统重建能力。

（5）管理的调节能力

管理的调节能力，通常也被称为智力支持系统。它要求人的认识能力、行动能力、决策能力和调整能力能适应总体发展水平，即人的智力开发和对"自然-社会-经济"复合系统的驾驭能力能适应可持续发展水平的需求。

### 3.1.4　水土保持学原理

水土保持学是一门研究水土流失规律和水土保持综合措施，防治水土流失，保护、改良与合理利用山丘区和风沙区水土资源，维护和提高山地生产力以利于充分发挥水土资源生态效益、经济效益和社会效益的应用技术科学。生物措施是水土流失治理的根本措施，而林业生态工程的规划设计必须与流域水土流失的综合治理措施相结合。

水土流失是指在水力、重力、风力等外营力作用下，水土资源和土地生产力遭受的破坏和损失。水土流失受到自然和人为因素的影响，自然因素主要包括气候、地形、地质、土壤、植被等，人为因素包括不合理土地利用、滥伐、过度放牧等。

流域是指某一封闭的地形单元，其中有沟道、溪流或河流排泄某一断面以上的径流，因此是一个相对独立的径流与泥沙的产生与输送系统。小流域的面积一般为 $10\sim30km^2$，最多为 $100km^2$。在总结多年水土保持经验教训的基础上，20 世纪 80 年代初我国确定了水土流失以小流域为单元的基本治理原则。

小流域综合治理是指为了充分发挥水土资源、气候资源及其他社会经济资源，利用小流域之间相对独立性的特点，以小流域为单元，进行全面规划，合理安排农、林、牧各行业用地及比例，因地制宜布设各种水土保持措施，治理与开发相结合，对流域的资源进行保护、改良和利用。流域的保护是指对流域资源与环境进行保护，预防对资源的不合理开发利用，防止水土资源的损失与破坏，维护土地生产力与流域的生态系统；流域改良是指对已经遭到破坏的流域资源与环境进行整治与恢复，修复或重建退化生态系统；流域合理开发是指在流域资源可持续经营的基础上，通过资源的开发利用实现一定的生态、经济与社会目标。小流域治理措施包括水土保持农业技术措施、水土保持林草技术措施、水土保持工程技术措施。小流域综合治理的特点是治理与开发相结合，林草措施与工程措施相结合，生态效益与经济社会效益相结合。

### 3.1.5　系统工程理论

#### 3.1.5.1　工程与系统工程

在现代社会中，工程一词有广义和狭义之分。狭义而言，工程的定义为"以某组设想的目标为依据，应用有关的科学知识和技术手段，通过一群人的有组织活动将某个（或某些）现有实体（自然的或人造的）转化为具有预期使用价值的人造产品过程"。广义而言，工程的定义为由一群人为达到某种目的，在一个较长时间周期内进行协作活动的过程。

系统工程是实现系统最优化的科学，用定量和定性相结合的系统思想和方法处理大型复杂系统的问题，无论是系统的设计或组织建立，还是系统的经营管理，都可以统一看成是一类工程实践，统称为系统工程。系统工程的主要任务是根据总体协调的需要，把自然科学和社会科学中的基础思想、理论、策略、方法等横向联系起来，应用现代数学和电子计算机等工具，对系统的构成要素、组织结构、信息交换和自动控制等功能进行分析研究，借以达到最优化设计、最优控制和最优管理的目标。系统工程大致可分为系统开发、系统制造和系统运用3个阶段，而每一个阶段又可分为若干小的阶段或步骤。系统工程的基本方法是系统分析、系统设计以及系统的综合评价(性能、费用和时间等)。

### 3.1.5.2 系统工程的一般步骤

(1)明确课题

必须明确系统工程要解决的具体问题，要达到的目标，工作的内容、范围和具体要求。

(2)收集信息

信息是反映客观实体的素材，按照其性质，可分为：定量信息，包括统计数据、调查所得数据、试验所得数据等；定性信息，包括决策者的效用、偏好和主观意图，群众对这些系统的后果的好恶、赞成或反对等。

(3)建立模型

模型的类型很多，一种是描述物理系统和事理系统中各种客观规律和相互作用关系的模型；另一种是描述人或人类对客观事物的反映及他们的主观偏好的模型。对于社会经济系统来说，由于系统复杂而庞大，往往需用一种包括几个子模型的大模型来表达系统的主要关系。为了全面地说明问题，可以构建一套模型系统。

(4)系统分析

可用想定法在各种假设条件下对模型进行试验，观察模型在各类输入条件下的不同反应。也可在数学模型的基础上，按照控制理论中输入输出关系，用仿真技术对系统进行分析。还可以在设定的目标下，求其最优控制的后果和控制方案。

(5)决策问题

根据决策者的价值取向，按照一定的程序和方法，对拟解决的问题做出解释和决断，制定规划和政策。

(6)反馈调整

为了知道客观实体对决策的响应是怎样的，要随时观察规划和决策执行的结果，作为反馈信息即时传输给分析者和决策者，后者应随时比较实体的反应和预期的目标，必要时要再次分析系统，部分修改决策。

## 3.2　植被恢复基本理论

植被恢复受多种因素的制约，不同区域植被的恢复速度、程度及其生长发育状况有着明显的差异，这主要取决于建设区内水热资源状况、立地条件以及现有植被的破坏程度，同时也与技术水平、生产力发展水平相适应的社会经济技术条件有关。

### 3.2.1　恢复生态学理论

恢复生态学是研究生态系统退化的原因、退化生态系统恢复与重建的技术和方法及其生态学过程和机理的学科。这一定义得到了广泛认可，但对于其内涵和外延，有许多不同的认识和探讨。这里所说的"恢复"是指生态系统原貌或其原先功能的再现，"重建"则指在不可能或不需要再现生态系统原貌的情况下营造一个与过去不完全相同的甚至是全新的生态系统。目前，恢复已被用作一个概括性的术语，包含重建、改建、改造、再植等含义，一般泛指改良和重建退化的自然生态系统，使其重新有益于利用，并恢复其生物学潜力，也称为生态恢复。生态恢复最关键的是系统功能的恢复和合理结构的构建。

恢复生态学应用了许多学科的理论，但最主要的还是生态学理论。这些理论主要有限制性因子原理(寻找生态系统恢复的关键因子)、热力学定律(确定生态系统能量流动特征)、种群密度制约及分布格局原理(确定物种的空间配置)、生态适应性原理(尽量采用乡土物种进行植被恢复)、生态位原理(合理安排生态系统中物种及其位置)、演替理论(缩短恢复时间，极端退化的生态系统恢复时，演替理论不适用，但具有指导作用)、植物入侵理论、生物多样性原理(引进物种时强调生物多样性，生物多样性可以使恢复的生态系统稳定)、斑块–廊道–基质理论(从景观层次考虑生境破碎化和整体土地利用)等。

### 3.2.1.1　限制因子原理

(1)生态因子

生态因子是指环境中对生物生长、发育、生殖、行为和分布有直接或间接影响的环境要素。例如，温度、湿度、食物、氧气、二氧化碳和其他相关生物等。生态因子中生物生存所不可缺少的环境条件，有时又称为生物的生存条件。所有生态因子构成了生物的生态环境。生物的个体、种群或群落生活地域的环境称为生境，包括必需的生存条件和其他对生物起作用的生态因素。

(2)生态因子的限制性作用

生物的生存和繁殖依赖于各种生态因子的综合作用，其中限制生物生存和繁殖的关键因子就是限制因子。任何一种生态因子只要接近或超过生物的耐受范围，就会成为这种生物的限制因子。系统的生态限制因子强烈地制约着系统的发展，在系统的发展过程中往往同时有多个因子起限制作用，并且因子之间也存在相互作用。

德国学者李比希于1840年发表的《化学在农业和植物生理学中的应用》一文中指出，土壤中的矿物质是一切绿色植物唯一的养料。这种观点当时被称为"植物矿物质营养学说"，同时李比希又创立"最小因子定律"，即在各种生长因子中，如有一个生长因子含量最少，其他生长因子即使很丰富，也难以提高作物产量。因此，作物产量是受最小养分支配的。

(3)植被恢复工程与限制因子原理

当一个生态系统被破坏之后，要对其进行恢复会遇到许多因子的制约，如水分、土壤、温度、光照等，因此植被恢复工程要从多方面进行设计与改造生态环境和生物种群。但是在进行植被恢复时必须找出该系统的关键因子，找准切入点，才能进行恢复工作。例如，退化的红壤生态系统中土壤的酸度偏高，一般的作物或植物都不能生长，此时土壤酸度是限制因子，必须从改变土壤的酸度开始进行系统的恢复，酸度降低植物才能生长、植被才能恢复、土壤的其他性状才能得到改变。又如，在干旱沙漠地带，由于缺水，植物不能生长，因此必须从水这一限制因子出发，先种一些耐旱性极强的草本植物，同时利用沙漠地区的地下水，营造耐旱灌木，一步一步地改善水分因子，从而逐步改变植物的种群结构。明确生态系统的限制因子，有利于植被恢复工程的设计和技术手段的确定，有效缩短植被恢复所需的时间。

### 3.2.1.2 生态系统的结构理论

生态系统是由生物组分与环境组分组合而成的结构有序的系统。所谓生态系统的结构是指生态系统中的组成成分及其在时间、空间上的分布和各组分间能量、物质、信息流的方式与特点。具体来说，生态系统的结构包括 3 个方面，即物种结构、时空结构、营养结构。

(1)物种结构

物种结构又称为组分结构，是指生态系统由哪些生物种群所组成，以及它们之间的量比关系，如浙江北部平原地区农业生态系统中粮、桑、猪、鱼的量比关系，南方山区粮、果、茶、草、畜的物种构成及数量关系。

(2)时空结构

生态系统中各生物种群在空间上的配置和在时间上的分布，构成了生态系统形态结构上的特征。大多数自然生态系统的形态结构都具有水平空间上的镶嵌性、垂直空间上的层次性和时间分布上的发展演替特征，是组建合理恢复生态工程结构的借鉴。

(3)营养结构

生态系统中由生产者、消费者、分解者三大功能类群以食物营养关系所组成的食物链、食物网，是生态系统的营养结构。它是生态系统中物质循环、能量流动和信息传递的主要路径。

建立合理的生态系统结构有利于提高系统的功能。生态结构是否合理体现在生物群体与环境资源组合之间的相互适应，充分发挥资源的优势，并保护资源的持续利用。从时空结构的角度，应充分利用光、热、水、土资源，提高光能的利用率；从营养结构的角度，应实现生物物质和能量的多级利用与转化，形成一个高效的、无"废物"的系统；从物种结构角度，提倡物种多样性，有利于系统的稳定和持续发展。

### 3.2.1.3 生态适宜性原理、生态位理论和物种耐性原理

(1)生态适宜性原理

生物经过长期的与环境的协同进化，对生态环境产生了生态上的依赖，其生长发育对环境产生了要求，即如果生态环境发生变化，生物就不能较好地生长，具有对光、热、温、水、土等方面的依赖性。

植物中有一些是喜光植物，而另一些则是耐阴植物；同样，一些植物只能在酸性土壤中才能生长，而有一些植物则不能在酸性土壤中生长；一些水生植物只能在水中才能生长，离开水体则不能成活。因此，种植植物必须考虑其生态适宜性，让最适应的植物或动物生长在最适宜的环境中。

(2)生态位理论

生态位是生态学中一个重要概念，主要指在自然生态学中一个种群在时间、空间上的位置及其与相关种群之间的功能关系。

关于生态位的定义有多个，是随着研究的不断深入而进行补充和发展的，美国学者 J. Grinell（1917）最早在生态学中使用生态位的概念，用于表示划分环境的空间单位和一个物种在环境中的地位。他认为，生态位是一物种所占有的微环境。英国生态学家 C. Elton（1927）赋予生态位更进一步的含义，他把生态位视作"物种在生物群落中的地位与功能作用"。英国生态学家 G. E. Hutchin Son（1957）发展了生态位概念，提出 $n$ 维生态位。他以物种在多维空间中的适合性去确定生态位边界，对如何确定一个物种所需要的生态位变得更清楚了。

综上所述，生态位可表述为：生物完成其正常生命周期所表现的对特定生态因子的综合位置。即用某一生物的每一个生态因子为一维，以生物对生态因子的综合适应性为指标构成的超几何空间。

（3）物种耐性原理

一种生物的生存、生长和繁衍需要适宜的环境因子，环境因子在量上的不足和过量都会使该生物不能生存或生长，繁殖受到限制，以致被排挤而消退。换句话说，每种生物有一个生态需求上的最大量和最小量，两者之间的幅度，即该种生物的耐性限度。

### 3.2.1.4　生物群落演替理论

在自然条件下，如果群落遭到干扰和破坏，它还是能够自然恢复的，尽管恢复的时间有长短。在恢复过程中首先是被称为先锋植物的种类侵入遭到破坏的地方并定居和繁殖。先锋植物改善了被破坏地的生态环境，使其更适宜其他物种生存并逐渐被取代。如此渐进直到群落恢复到它原来的外貌和物种成分为止。在遭到破坏的群落地点所发生的这一系列变化即演替。

演替可以在地球上几乎所有类型的生态系统中发生。原生演替是指开始于原生裸地（完全没有植被并且也没有任何植物繁殖体存在的裸露地段）的群落演替。例如，一个湖泊经历一系列的原生演替阶段后，可以变成一个森林群落，演替过程一般分为自由漂浮植物阶段、沉水植物阶段、浮叶根生植物阶段、挺水植物阶段、湿生草本植物阶段、木本植物阶段。次生演替是指发生在因火灾、污染、耕作等而使原先存在的植被遭到破坏的那些地区的演替。在火烧或皆伐后的林地，如云杉林上发生的次生演替过程一般为迹地、杂草期、桦树期、山杨期、云杉期等阶段，时间可达几十年之久。弃耕地上发生的次生演替顺序为弃耕地、杂草期、优势草期、灌木期、乔木期。无论原生演替还是次生演替，都可以通过人为手段加以调控，从而改变演替速度或改变演替方向。例如，在云杉林的火烧迹地上直接种植云杉，从而缩短演替时间；在弃耕地上种植茶树也能改变演替的方向。

基于上述理论，植被恢复工程获得了认识论的基础，即植被恢复工程是在生态建设服从于自然规律和社会需求的前提下，在群落演替理论指导下，通过物理、化学、生物的技术手段，控制待恢复生态系统的演替过程和发展方向，恢复或重建生态系统的结构和功能，并使系统达到自维持状态的系统工程。

### 3.2.1.5　生物多样性原理

生物多样性是近年来生物学与生态学研究的热点问题。一般的定义是"生命有机体及其赖以生存的生态综合体的多样化和变异性"。按此定义，生物多样性是指生命形式的多样化(从类病毒、病毒、细菌、支原体、真菌到动物界与植物界)，各种生命形式之间及其与环境之间的多种相互作用，以及各种生物群落、生态系统及其生境与生态过程的复杂性。一般地讲，生物多样性就是一个区域内生命形态的丰富程度，它包括遗传(基因)多样性、物种多样性和生态系统与景观多样性3个层次。生物多样性是生命在其形成和发展过程中与多种环境要素相互作用的结果，也就是生态系统进化的结果。值得注意的是，生物圈或其部分区域中的某个物种过于强大时，会造成其他物种数量的减少甚至灭绝，从而损害生物多样性。目前，这种情况正由于人类的过于强大而持续发生。此外，生物多样性还意味着生物种群在个体数量上的均衡分布。

任何一个生物种群都不可能脱离开其他生物种群单独存在。从大量的现实案例可以清楚地看出，人类生态系统的生物种群单一是这类生态系统的重要特征。我们知道，生物群落的生物种群单一，是影响生态系统稳定和生产力提高的重要因素之一。自然生态系统由于其生物的多样性原因，往往具有较强的稳定性和较高的生产力。因此，在植被恢复工程的设计过程中，我们必须充分考虑人工生物群落的生物多样性问题。

## 3.2.2 植被恢复理论

植被恢复是指根据生态学原理，通过一定的生物、生态以及工程技术与方法，人为地改变或切断退化生态系统的主导因子或过程，调整、配置和优化植被系统内部及其与外界的物质、能量和信息的流动过程及其时空秩序，使生态系统的结构、功能和生态学潜力尽快地、成功地恢复到一定的或原有的乃至更高的水平。植被恢复适用于受损后残存有一定的盖度植被的立地条件类型。植被恢复的主要理论基础是恢复生态学和自组织理论。

植被恢复从广义上讲包含3个方面，即退化植被系统的恢复、干扰植被系统的重建和自然植被的保护。退化植被系统的恢复，常见的有两种途径：一种是通过改变立地条件，模拟当地原生植被系统的结构、功能，彻底恢复到具有地带性特征的原生植被系统，称为完全恢复；另一种是采用部分恢复或阶段性恢复退化植被系统的策略，恢复到顶极植被系统之前的某种中间状态。总之，做到百分百恢复先前的植被系统实际上是不可能的，也是不必要的。植被恢复只能是在目前的生态环境条件下的部分恢复，而植被系统的完全恢复有赖于在消除人类干扰后，植被在自组织作用下经过长时间的自我维护和有序发展。

生态系统的干扰可分为自然干扰和人为干扰，人为干扰往往是附加在自然干扰之上。自然干扰下的生态系统往往会返回到生态系统演替的早期状态，一些周期性的自然干扰使生态系统呈周期性的演替，自然干扰也是生态演替不可缺少的动力因素。人为干扰与自然干扰有明显的区别，生态演替在人为干扰下可能加速、延缓、改变方向甚至向相反的方向进行。人为干扰常常产生较大的生态冲击或生态报复现象，产生难以预料的有害后果，如草原过度放牧，导致草原毒草化，甚至出现荒漠化。生态恢复与重建理论认为由于人为干扰而损害和破坏的生态系统，通过人为控制和采取措施，可以重新获得一些生态学性状。自然干扰下的生态系统若能够得到一些人为控制，生态系统将会发生明显变化，结果可能有4种：①恢复，即恢复到未干扰时的原状；②改建，即重新获得某些原有性状，同时获得一些新的性状；③重建，获得一种与原来性状不同的新的生态系统，更加符合人类的期望，并远离初始状态；④恶化，不合理的人为控制或自然灾害等导致生态系统进一步受到损害。

植被重建是在植被系统经历了各种退化阶段或者超越了一个或多个不可逆阈值，已全部或大部分转变为裸地时所采取的一种人工恢复途径。显然，重建的植被系统可以与原有的自然植被系统有很大差别。与恢复和保护相比，重建要求在初期阶段有高强度的物流、能流供应，通过模拟相应自然群落，以树种选择、小生境人工改造和利用等为主要技术手段，开展人工设计和建造植被过程。人工重建适应于极度退化的荒山、荒沙以及条件很差的退耕地等类型。人工恢复植被的材料以当地自然植物材料为主，同时还要注重引进植物的应用。植被保护是对植被系统进行人工管理，使其避免进一步破坏和继续退化。保护对象既包括完全没有受到干扰的和干扰很轻的原始植被，也包括受到干扰但所形成的群落相对稳定、自然植被演替速度很慢的原生和次生植被，还包括已建成的结构良好的人工植被。

随着人口的增加和科学技术的发展，人类活动的范围在不断扩大，干扰生态系统的能力也变得超乎寻常。一个大型露天煤矿，一年可剥离地表岩石上亿吨；一座城市或工程，在很短的时间内崛起，一片森林几天内被砍伐殆尽，由此给生态系统带来了严重损害，再恢复和重建生态系统的任务将十分艰巨。在林业生态工程，特别是天然林保护和改造、城市绿化、矿区废弃地整治建设过程中，生态系统恢复和重建理论，具有十分重要的指导意义。必须认真研究森林生态系统在干扰情况下的演替规律，并结合现有的技术经济条件，确定规划、设计和管理各种参量，以最终确定合乎生态演替规律的有益于人类的林业生态工程建设方案，使受损的生态系统在自然和人类的共同作用下，得到真正的恢复、改建或重建。

## 3.2.3　生态环境脆弱带理论

对生态系统脆弱性研究，可以追溯到 1905 年，美国生态学家 Clements 将生态过渡带的概念引入生态学的研究领域。在 1989 年的第七届临床运营主管范围峰会（SCOPE）上，脆弱带的概念得到了确认。此后，SCOPE 又多次召开专题讨论会探讨全球变化对脆弱带的影响、脆弱带对生物多样性的影响以及生态系统管理问题等。1989 年 1 月，中国科学院在北京召开了全球变化预研究学术报告会，同年 8 月，国际地圈生物圈计划中国全国委员会召开了第二次委员会议，呼吁加强对生态脆弱带（ecotone）的研究，中国生态脆弱带的研究就此拉开序幕。

### 3.2.3.1　脆弱性的概念

科学界越来越关注并一致认为，地球上的物种正以前所未有的速度消失，生境也以相同的速度改变，公众普遍关心这一问题，并采取相应的行动以阻止自然物种多样性的日趋下降。这些行动的目的之一是实现可持续发展，对不同规模的生态系统或生态景观进行合理的开发利用。其中，最基本的一项内容就是鉴别和确定那些由于人类活动而面临威胁、濒临灭绝的生物种类、群落和生态系统。含有这些生物种类、群落和生态系统的区域则被认为是脆弱的（fragile），也有人定义为受害的（damaged）、敏感的（sensitive）、易损的（vulnerable），甚至称为受威胁的（threatend）。以上概念，很多学者同时使用，但其基本内容是一致的，即被研究的生态系统或区域在干扰的压力下，其结构组成与功能发生变化，并向不利于自身的方向发展，而这样的发展过程的每一个阶段，该系统或区域都呈现出更易向下一阶段过渡、对干扰的反应更加脆弱的趋势。

### 3.2.3.2　生态系统脆弱性的概念

起初，生态系统脆弱性(fragility)的概念被应用于自然保护与保护区的管理，但在性质上有区别：一是所谓的自然脆弱性，由于自然的、系统内部演替所引起的脆弱性；二是由于外部的尤其是人类活动所引起的脆弱性。虽然在性质上有区别，但两者并不矛盾，因为一个由自然和内部引起的脆弱生态系统同样易受外部的干扰。有些国家赋予脆弱生态系统以特殊的法律定义，使自然生态的保护和管理获得法律上的保证，如瑞典自然资源行动纲领就明确规定，脆弱生态系统是"从生态学角度来看那些特别敏感并且要给予特殊关注的区域，该区域的特点是生产力不稳定，不利的繁殖条件，物种面临灭绝的威胁，具有特殊的生态价值和重要的基因库"。生态系统脆弱性的概念过于复杂，难以明确一个恰当、简洁又有意义的定义。

### 3.2.3.3　生态系统脆弱性的特点

生态系统的脆弱性具有以下特点。

(1)固有性

脆弱性是生态系统固有的特性，其存在不取决于生态系统是否暴露于干扰之下。

(2)综合性

脆弱性是多个方面的综合体现，但其不具有量化的特征，而且只有在人为或自然干扰的情况下才暴露出来，若把生态系统的脆弱性与相关的干扰相联系，会为环境效应提供有用的评估手段。

(3)关联性

与稳定性相似，脆弱性与种的丰富度和种类组成的变化有关。种类更换率高和种群波动大或变迁频繁高，是脆弱生态系统的明显特征。脆弱性反映了生境、群落和物种对环境变化的敏感程度，涉及综合的内、外因子的相互作用。

### 3.2.3.4　生态脆弱带的概念

如果说生态环境脆弱性是一个宽泛的概念，那么生态脆弱带则是相对具体的、生态环境具有特殊脆弱性的一个区域。国内对生态脆弱带开展有较为深入的研究，从定义探讨、脆弱特征评价等多角度进行了分析，为大尺度的生态环境脆弱性研究打下了基础。朱震达最早用国际荒漠化定义对我国的生态脆弱带进行了研究，提出在我国的北方农牧交错地区存在一条地跨半湿润、半干旱和干旱地区的生态脆弱带。罗承平等从环境角度出发将生态脆弱带定义为"敏感性高且具有退化趋势的环境单元"；刘燕华将其定义为"对环境因素改变的反应敏感而维持自身稳定的可塑性小的生态环境系统"。之后，一些研究提出了生态脆弱带的特殊脆弱性特征，如波动性、跃变性、放大性等。但是，大尺度的生态环境脆弱性还缺乏深入的研究，例如，研究对象为一个完整的行政单元时，它跨越几条气候带，地貌单元特别复杂，社会经济发展地区差异大。生态环境脆弱性怎样评价直接关系到区域社会经济的可持续发展，因此，在生态脆弱带研究的基础上开展大尺度生态环境脆弱性研究具有重大意义。

生态环境脆弱带是指不稳定性高、敏感性强且具有退化趋势的生态环境过渡带。所谓生态环境过渡带是指凡处于两种或两种以上的物质体系、能量体系、结构体系、功能体系之间所形成的界面，以及围绕该界面向外延伸的过渡带的空间域。交错带的脆弱性表现在：①可替代的概率大，竞争程度高；②可复原的概率小；③抗干扰能力弱；④界面变化速度快，空间移动能力强；⑤多种要素从量变到质变的转换区，常常是边缘效应的显示区、突变产生区。

生态脆弱带是一个等级系统，在其不同的等级层次生态脆弱带的组成要素的变化速率是不相同的。在时间尺度相同的情况下，等级层次越高（空间尺度越大），其组成要素的变化速率越小；等级层次越低（空间尺度越小），其组成要素的变化速率越大。生态脆弱带具有明显的尺度效应，不同的尺度存在着不同的脆弱带。大尺度上定义的脆弱带（如农牧交错脆弱带）在小尺度上可能不是脆弱带，也不具备脆弱带的任何特征；而在小尺度上的脆弱带特征在大尺度上成为枝节。

### 3.2.3.5 生态脆弱带区划及特征

生态系统脆弱性研究是基于一定空间和时间尺度的，任何自然和人为对生态脆弱带的作用过程都是在一定的空间和时间范围内发生的。研究的空间尺度不同，脆弱带的分布特征也不同，研究的时间尺度不同，脆弱带组成要素的变化效率不相同，反应的脆弱性问题和表现的脆弱性特征也不同。

赵跃龙在前人研究的基础上，基于对我国生态环境类型成因和结构的分析，将我国生态脆弱带划分为：①北方半干旱—半湿润区，即北起大兴安岭西麓的呼伦贝尔、向西南延伸，经内蒙古东南、冀北、晋北直至鄂尔多斯、陕北的，从半干旱向干旱区过渡的东北农牧交错；其成因是该地区降水量少且降水不稳定。②西北半干旱区，即天山山脉南坡和昆仑北坡的环状带与从祁连山北坡的河西走廊至罗布泊的条带；其成因是水资源严重缺乏且水资源总量不稳定，风蚀、堆积、过垦现象严重。③华北平原区，大致范围为从黄河花园口至黄河冲积平原并延伸至渤海滨海平原和苏北滨海平原口一带；其成因是排水不畅，风沙风蚀现象严重。④南方丘陵地区，由于人为因素的影响，该区域呈不连续分布状态，较集中的地域有浙皖低山丘陵、湘赣丘陵、湘中和南岭山地、赣中南丘陵等地；其成因是过垦、过樵、流水侵蚀严重。⑤西南山地区，即西南干热河谷地区，集中于横断山脉中段；其成因是流水侵蚀、干旱、过垦、过伐、过牧。⑥西南石灰岩山地区，即西南喀斯特生态脆弱带，集中分布在以贵州为中心，包括云南东部、广西北部和中部、湖南西部、湖北西南部、四川南部广大地区；其成因是溶蚀和水蚀现象严重。⑦青藏高原区，分布于雅鲁藏布江中游各地；其成因是地区降水量少且降水不稳定，干旱问题严重。刘彬等（2012）将我国的生态脆弱区划分为东北林草交错生态脆弱区、北方农牧交错生态脆弱区、西北荒漠绿洲交接生态脆弱区、南方红壤丘陵山地生态脆弱区、西南岩溶山地石漠化生态脆弱区、西南山地农牧交错生态脆弱区、青藏高原复合侵蚀生态脆弱区以及沿海水陆交接带生态脆弱区。

生态系统交错带的脆弱性并不表示该区域生态环境质量最差和自然生产力最低，只是陈述它在环境变化的敏感性、抵抗外部干扰的能力、生态系统的稳定性上，表现可以用某种明确指标表达的脆弱。例如，沙漠和湖泊的交错带是绿洲，绿洲的环境质量并不差，生产力也很高，但环境的变化，往往极易导致绿洲的消失。

农牧交错区生态脆弱带的生态环境的退化主要是由于人为掠夺式的资源开发以及强烈的经济活动造成的。通过对生态脆弱带自然资源（生物、水、土地等）、生态环境状况进行调查和综合评价及系统诊断，探讨脆弱生态环境中人为经济活动和生态环境的关系，研究该区域生态环境的特征、退化过程以及变化趋势，建立相应的生态环境、资源资料数据库；研究该类型区生态环境承载力，为合理开发和利用环境资源以及保护生态环境提供科学依据；根据景观生态学原理及生态经济学原理，应用系统工程的方法，进行治理和保护生态环境的整体规划和生态设计的研究；研究典型半干旱、干旱地带农牧交错区脆弱生态环境治理和保护的配套技术，并选择具有代表性的试验示范区做样板工程试验，优化治理模式，这一理论对于林业生态工程的大尺度规划具有重要的理论指导意义。

## 知识拓展

林业生态工程是建立在植被恢复理论、生态学理论、系统科学理论、可持续发展理论、水土保持学原理等理论基础之上的，其中通过人工促进植被恢复是林业生态工程建设的核心思想。这些理论从不同的尺度上，决定和影响着林业生态工程学学科的内容体系，以及各项内容的研究重点和方向。总体而言，林业生态工程是面向脆弱生态环境，以改善生态环境质量、维持和提高各项生态资源的生态质量为建设目标的系统工程。

在新时代林业建设时期，我们面临的生态修复难度在加大。《林业发展"十三五"规划》中指出，经过30多年大规模造林绿化，可造林地的结构和分布发生了显著变化。全国宜林地、疏林地以及需要退耕的坡耕地、严重沙化耕地等潜在可造林地面积4946万 $hm^2$，其中，3958万 $hm^2$ 宜林地中，有67%分布在华北、西北干旱、半干旱地区，有12%分布在南方岩溶石漠化地区，自然立地条件差，造林成林越来越困难，土地已经成为加快林业建设的主要制约因素；加上传统的劳动力、土地等投入要素优势逐步丧失，造林抚育用工短缺，劳动力和用地成本不断上涨，一些地方甚至出现了造林任务分解难、落实难问题。同时，林业发展方式较为粗放，重面上覆盖、轻点上突破，重挖坑栽树、轻经营管理，重数量增长、轻质量提升，重单一措施、轻综合治理，造成森林结构纯林化、生态系统低质化、生态功能低效化、自然景观人工化趋势加剧。全国森林单位面积蓄积量只有全球平均水平的78%，纯林和过疏过密林分所占比例较大，森林年净生长量仅相当于林业发达国家的一半左右(图3-1)。

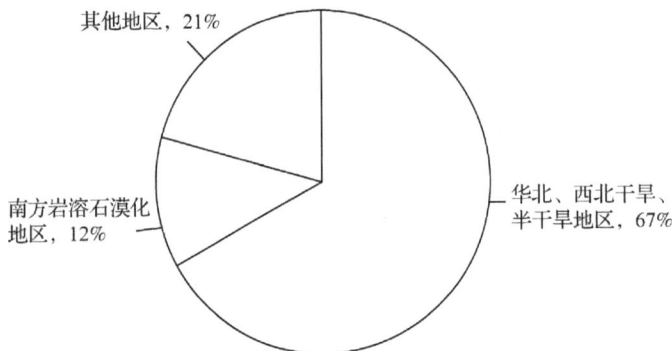

图3-1 全国宜林地结构

**思考题**

1. 什么是生态平衡?
2. 什么是系统?
3. 什么是可持续发展, 决定可持续发展的 5 个基本要素是什么?
4. 什么是生态环境脆弱带, 交错带的脆弱性表现在哪些方面?
5. 我国有哪些地带属于环境脆弱带?
6. 试分析各个理论对林业生态工程学内容的影响。

# 六大重点林业生态工程

中华人民共和国成立之初，国民经济恢复阶段，林业工作贯彻"普遍护林，重点造林"的方针。首先在华北、西北和东北西部一些解放较早、有群众基础的地区进行植树造林并以营造防护林为主开展大规模群众造林，直到改革开放后进行的防护林体系建设，经历了不同的发展阶段，形成了目前的林业生态工程建设局面。

我国林业生态工程作为生态建设的重点，肩负着生态植被恢复和环境条件改善的重大使命，备受世人瞩目。从 20 世纪 50 年代大规模的植树造林到三北防护林建设，到十大林业生态工程的全国林业生态工程布局，再到六大重点林业工程全面展开，我国林业生态工程建设已经进入快速发展的新时期。回顾 50 多年来我国林业生态工程建设大体经历了 4 个阶段。

第一阶段：20 世纪 50~60 年代初，党和政府重视防护林建设，开始大力营造各种类型防护林。但总的来看，树种单一，防护目标单一，缺乏全国规划，大多零星分布，范围小，难以在大范围内形成整体效果。这一阶段建设的典型工程有：①华北、西北各地防风固沙林，主要针对冀西风沙危害严重、农业生产不稳的局面，1949 年 2 月，华北人民政府农业部在河北省西部东广铁路沿线的 3.53 万 hm² 风沙区，成立冀西沙荒造林局，与正定、新乐等 5 县密切配合组织农民合作造林。②东北西部、内蒙古东部防护林，1951 年 9 月，东北人民政府林政局经全面勘察，制定了《营造东北西部农田防护林带计划（草案）》，计划（草案）的建设范围包括东北西部以及内蒙古东部风沙等灾害严重的 25 个县（旗），总面积为 833 万 hm²，到 1952 年 1 月，东北人民政府发布了《关于营造东北西部防护林的决定》，将原计划（草案）范围向东北延伸，东西加宽，南起辽东半岛和山海关，北至黑龙江的什南、富裕县，长达 1100km，宽约 300km，总面积为 2278 万 hm²，扩大到 60 多个县（旗），计划造林超过 300 万 hm²，是当时全国规模最大的防护林工程。③黄河、淮河等主要水源林，1951 年 2 月全国林业会议决定，在黄河、淮河、永定河以及其他严重泛滥的河流上游山地，选择重点营造水源林。同年，河北、察哈尔 2 省在永定河上游，华东、中南 2 个大区在淮河中上游，都配合治水建立了营林机构。西北的黄河支流泾、渭河流域，东北的松花江、浑河、老哈河，湖北的汉水，湖南的沅江，江西的赣江，广东的韩江等流域也开始勘察，准备造林。④沿海防护林，我国沿海地区台风、风沙、盐碱等自然灾害严重影响农业生产和人民生活，1952 年，江苏省首先做出营造沿海防护林的决定，其后辽宁、山东、河北、广东、广西、福建等省也相继开始营造，主要造林树种为刺槐、黑松、杨、柳、紫穗槐、木麻黄、湿地松、火炬松、加勒比松，以及栎类、相思树类和柑橘类等。

第二阶段：20世纪60年代至党的十一届三中全会开启前，建设速度放慢，有些已经营造的林业生态工程遭到破坏，致使一些地方已经固定的沙丘重新移动，已经治理的盐碱地重新盐碱化。但是这一时期结合农田基本建设，营造了大面积的农田防护林。

第三阶段：党的十一届三中全会以后至20世纪末，防护林的营造出现了新的形势，开始步入"体系建设"新的发展阶段。从形式设计向"因地制宜，因害设防"的科学设计发展；从营造单一树种与林种向多树种、乔灌草、多林种林业生态工程的方向发展；从粗放经营向集约化方向发展；从单纯的行政管理向多种形式的责任制方向发展；从一般化的指导向长期目标管理的方向发展。以三北防护林体系建设为龙头，我国开始了科学的防护林体系建设，在第七个五年计划时期五大防护林体系的基础上，我国政府先后批准实施了以减少水土流失、改善生态环境、扩大森林资源为主要目标的十大林业生态工程，主要工程包括三北防护林体系建设工程、长江中上游防护林体系建设工程、沿海防护林体系建设工程、平原绿化工程、太行山绿化工程、全国防沙治沙工程、淮河太湖流域综合治理防护林体系工程、珠江流域综合治理防护林体系建设工程、辽河流域综合治理防护林体系建设工程、黄河中游防护林体系工程。工程规划区域总面积705.6万 $km^2$，占国土总面积的73.5%，覆盖了我国的主要水土流失区、风沙危害区和生态环境最为脆弱的地区。据统计，十大重点林业生态工程累计完成营造林面积5212万 $hm^2$，其中人工造林3379万 $hm^2$，飞播造林420万 $hm^2$，封山(沙)育林(草)1413万 $hm^2$。

第四阶段：进入21世纪至今，生态建设、生态安全、生态文明的观念已深入人心，在全国生态环境建设进行全面规划的基础之上，国家对林业生态工程进行了重新整合，以原来十大林业生态工程体系建设为基础，确定了全国六大林业生态工程建设任务，使林业生态工程建设的内涵进一步深化和加强。

通过六大林业生态工程的实施，到2010年，将初步建立起乔灌草搭配、点线面协调、带网片结合，具有多种功能与用途的森林生态网络和林业两大体系框架，重点地区的生态环境得到明显改善，与国民经济发展和人民生活改善要求相适应的木材以及林产品生产能力基本形成。

到2020年生态承载力明显提升，生态环境质量总体改善，生态安全屏障基本形成。天然林、湿地、重点生物物种资源得到全面保护，林业产业实力明显增强。

到2050年，进入多功能可持续利用阶段，全面建成布局合理、功能齐备、管理高效的林业生态体系和规范有序、集约经营、富有活力的林业产业体系，从根本上改变我国的生态面貌，实现山川秀美，使我国林业综合实力达到世界中等发达国家水平。

## 4.1　天然林保护工程

天然林是指天然起源的森林，根据其退化程度一般分为原始林、过伐林、次生林和疏林。天然林是自然界中功能最完善的资源库、基因库、储水库、储碳库以及能源库，对维护生态环境的健康具有不可替代的作用。中共中央、国务院《关于加快林业发展的决定》明确提出："要加大力度实施天然林保护工程，严格天然林采伐管理，进一步保护、恢复和发展长江上游、黄河上中游地区和东北、内蒙古等地区的天然林资源。"随着天然林资源保护工程的全面实施，天然林资源得到有效保护，逐步进入休养生息的良性发展阶段。

### 4.1.1 天然林保护概况

#### 4.1.1.1 我国的天然林资源

我国天然林大体上分为 3 种状态：①处于基本保护状态的天然林，主要包括自然保护区、森林公园、尚未开发的西藏林区和已实施保护的海南热带雨林等；②急需保护的天然林，主要包括分布于大江大河源头和重要山脉核心地带等重点地区的集中连片的天然林；③零星分布于全国各地且生态地位一般的天然林。

国家林业局第九次森林资源清查(2018 年)结果显示，全国天然林面积 14 041.52 万 hm$^2$，天然林蓄积量 141.08 亿 m$^3$，全国森林覆盖率从新中国成立初期的 8% 增加到 23.04%，生态屏障得以巩固。

我国天然林主要分布于东北内蒙古林区、西南高山林区、西北亚高山林区和南方热带天然林复合林区，其中东北内蒙古林区处于寒温带和暖温带高纬度山区，主要包括大小兴安岭林区、长白山林区和张广才岭林区，是嫩江、松花江、黑龙江、图们江和鸭绿江等的水源源头地区；西南高山林区主要包括川西、滇西北以及西藏部分地区，是长江上游几条大河的水源源头地带；西北亚高山林区处于干旱、半干旱地区，是嘉陵江、白龙江、洮河、黑河、石羊河、疏勒河、塔里木河、伊犁河和额尔齐斯河等上游水源源头地段；南方热带天然林复合林区主要包括琼、滇南、桂西南丘陵山地以及台湾岛、南海诸岛和藏南峡谷低海拔局部地带等。

我国天然林资源具有以下 3 个特点。

①分布的广域性。我国地域辽阔、自然条件复杂、气候条件多样，因此，适于各种类型森林的生长。天然林分布于全国各地(上海市除外)，南到西沙群岛，北至大兴安岭。

②分布的相对集中性。我国天然林资源集中连片，多数分布于我国大江大河的源头和重要的山脉核心地带，以及西藏林区、自然保护区和森林公园。这部分天然林面积达 7100 万 hm$^2$，约占天然林总面积的 61%。

③类型的多样性。我国地理位置、自然和气候条件决定了我国天然林类型的多样性。我国基本上囊括了世界上存在的各种天然林类型。

#### 4.1.1.2 天然林保护工程概况

1998 年特大洪涝灾害后，针对长期以来我国天然林资源过度消耗而引起的生态环境恶化的现实，党中央、国务院从我国社会经济可持续发展的战略高度，作出了实施天然林保护工程的重大决策。随后，国家林业局组织有关机构和人员开始试点工作。

2000 年 10 月，国务院批准了《长江上游、黄河上中游地区天然林资源保护工程实施方案》和《东北、内蒙古等重点国有林区天然林资源保护工程实施方案》，标志着我国天然林资源保护工程正式启动。2005 年 5 月，国家林业局决定开展天然林资源保护工程第一批示范点建设，旨在将天然林资源保护工程建设重点从停伐减产调整转变到加强天然林科学经营，实现可持续发展。

(1)指导思想

天然林资源保护工程以从根本上遏制生态环境恶化，保护生物多样性，促进社会、经济的可持续发展为宗旨；以对天然林的重新分类和区划，调整森林资源经营方向，促进天然林资源的保护、培育和发展为措施；以维护和改善生态环境，满足社会和国民经济发展对林产品的需求为根本目的。对划入生态公益林的森林实行严格管护，坚决停止采伐，对划入一般生态公益林的森林，大幅度调减森林采伐量；加大森林资源保护力度，大力开展营造林建设；加强多资源综合开发利用，调整和优化林区经济结构；以改革为动力，用新思路、新办法，广辟就业门路，妥善分流安置富余人员，解决职工生活问题；进一步发挥森林的生态屏障作用，保障国民经济和社会的可持续发展。

（2）工程目标

通过天然林资源保护工程的实施，使长江上游、黄河上中游地区的 6118 万 hm² 森林和东北、内蒙古国有林区的 3300 万 hm² 森林得到切实保护，长江上游、黄河上中游地区的天然林完全停伐，东北、内蒙古国有林区木材产量调减到位。到 2010 年，长江上游、黄河上中游地区新增林草面积 1467 万 hm²，林草覆盖率由 25.87% 提升至 32.27%，其中新增森林面积 853 万 hm²，森林覆盖率由 17.52% 提升至 21.22%；东北、内蒙古国有林区木材产量调减 751.5 万 m³，林区生态环境和林区经济得到快速恢复和发展，使工程区人口、经济、资源和环境之间的矛盾基本得到解决。

（3）实施范围

长江上游地区以三峡库区为界，包括云南、四川、贵州、重庆、湖北、西藏 6 省（自治区、直辖市）；黄河上中游地区以小浪底库区为界，包括陕西、甘肃、青海、宁夏、内蒙古、山西、河南 7 省（自治区）；东北、内蒙古等重点国有林区，包括吉林、黑龙江、内蒙古、海南、新疆 5 省（自治区）。总计 17 个省（自治区、直辖市）、734 个县、167 个森工局（场）。

（4）主要任务

一是全面停止长江上游、黄河上中游地区天然林的商品性采伐，停伐木材产量约 1239 万 m³。东北、内蒙古等重点国有林区木材产量由 1853.6 万 m³ 减至 1102.1 万 m³；二是管护好工程区内 9500 万 hm² 的森林资源；三是在长江上游、黄河上中游工程区营造新的公益林 1300 万 hm²；四是分流安置由于木材停伐减产形成的富余职工 74 万人。

（5）工程内容

①森林区划。以现代林业理论、林业分工论、可持续发展理论为指导思想，结合社会对森林的生态和经济的不同需求，以及森林多种功能主导利用方向的不同，按照自然条件、地理位置、水系和山脉特征将林业用地划分为生态公益林和商品林两类。其中，生态公益林又根据保护程度的不同将其划分为重点保护的生态公益林（简称重点公益林）和一般保护的生态公益林（简称一般公益林），并分别按照各自特点和规律确定其经营管理体制和发展模式，以充分发挥森林的多种功效。

②生态公益林建设。我国西南、西北、东北地区以及内蒙古自治区的九大重点国有林区和海南省林区的天然林资源，集中分布于大江大河的源头和重要山脉的核心地带。这些森林构成了我国生态公益林重点保护体系，具体包括：长江中上游保护体系建设，黄河中上游保护体系建设，澜沧江、南盘江流域保护体系建设，秦巴山脉核心地带保护体系建设，三江平原农业生产基地保护体系建设，松嫩平原农田保护体系建设，呼伦贝尔草原基

地保护体系建设，天山、阿尔泰山水源保护体系建设，海南省热带雨林保护体系建设。

③商品林建设。重点地区实施天然林资源保护工程之后，木材产量将大幅度调减，致使木材供需缺口扩大，木材供给的结构矛盾加剧。通过高强度集约经营、定向培育、基地化建设、规模化生产，发展以速生丰产用材林、工业原料林以及珍贵大径级用材林等为主的商品林基地建设，具体包括：珍贵大径级用材林建设，工业原料林建设，常规用材林建设，竹林建设，名特优新经济林建设，森林多资源综合开发。

④转产项目建设。天然林资源保护工程的实施，将在短期内影响局部地区的财政减收和群众生活水平。因此，培育新的经济增长点，提高当地群众收入，是实施天然林资源保护工程的重要内容，是确保天然林资源保护工程成功的关键。调整产业结构与布局，对现有企业进行改组与改造，增加科技含量，盘活不良资产是转产项目建设的当务之急。

⑤人员分流。木材产量的大幅度调减，将有大量的富余职工需要分流和转产安置，做好林区再就业服务是天然林资源保护工程顺利实施的关键。

⑥加强工程基础保障体系工作。为保证天然林资源保护工程公益林建设的质量，充分发挥生态公益林体系的公益效能，在建立健全组织机构、完善法规制度和强化经营管理的基础上，要加强以下五大基础保障体系建设：科技教育体系建设，种苗繁育体系建设，基础设施体系建设，森林保护体系建设，林业信息管理体系建设。

## 4.1.2 天然林保护的意义

众所周知，森林是陆地生态系统的主体和自然资源的宝库，是林业发展和生态建设的物质基础，而天然林又是森林的主要组成部分。天然林资源保护工程既是森林资源保护工程，又是森林资源发展工程。实施天然林资源保护工程，保护和培育天然林资源，不仅关系到林业的发展与繁荣，更关系到整个国家的可持续发展。

（1）生态意义

实施天然林资源保护工程，一方面使原有天然林资源得以恢复和发展；另一方面通过封山育林、飞播造林等方式增加新的森林资源，从而提高森林覆盖率。森林资源能够调节气候、涵养水源、减少水土流失、防止土地荒漠化、抵御自然灾害，起到改善生态环境的作用；同时，森林资源既是野生动物避暑、御寒、繁衍、生长的场所，又是许多植物生存的场所，因此，保护天然林即促进了生物多样性的保护。

（2）社会意义

实施天然林资源保护工程，其社会意义主要表现在3个方面：第一，由于历史原因，我国林业企业已形成一个庞大的社会系统，国有林区逐渐陷入森林资源危机、经济发展停止、社会进步缓慢三者之间的恶性循环，通过实施天然林资源保护工程，进行产业结构和就业结构调整，有效分流安置林区的富余人员，对林区的社会稳定、经济繁荣具有重要的现实意义；第二，保护天然林可以增加森林面积与类型，达到净化空气、美化环境的效果，并为人类提供良好的生活和游憩场所，从而改善人类生存环境，提高人们生活质量；第三，天然林是自然界中最大的碳汇，天然林面积的增加势必减少大气中的二氧化碳含量，实施天然林资源保护工程对减缓全球气候变化具有促进作用。

（3）经济意义

过去在单纯的计划经济体制下，林业企业的经济结构比较单一，企业发展没有后劲。

虽然 20 世纪 80 年代提出了由计划经济体制逐步向市场经济体制转变，但是由于力度不够，林业企业的困境仍旧存在。实施天然林资源保护工程，通过调减木材产量、增加转产选项，开展复合经营、发展林产工业，对林业企业的经济结构的调整、经济增长方式的转变具有重要意义。另外，野生动植物资源的恢复为林区未来的经济发展打下良好的物质基础。

## 4.1.3　天然林保护的技术措施

### 4.1.3.1　封山育林技术

封山育林是利用树木的自然更新能力，将遭到破坏后而留有疏林、灌草丛的荒山迅速封禁起来，并加以适当补播、补植和平茬复壮等人为措施，达到恢复森林植被的一种育林方式，又称为"中国造林法"。

（1）封育对象

凡具备下列条件之一的，可进行封山育林。

①有培育前途的疏林地。

②每公顷有天然下种能力的针叶母树 60 株以上或有阔叶母树 90 株以上的山场地块。

③每公顷有萌芽、萌蘖力强的伐根，针叶树 1200 个、阔叶树 900 个、灌木丛 750 个以上的山场地块。

④每公顷有针叶树幼苗、幼树 900 株以上，阔叶树幼苗、幼树 600 株以上的山场地块。

⑤分布有珍贵、稀有树种，经封育可望成林的山场地块。

⑥人工造林难以成林的高山、陡坡、岩石裸露地、水土流失区，以及干旱、半干旱地区。

⑦自然保护区、森林公园、薪炭林地等。

（2）封育方式

封育方式分全封、半封和轮封 3 种。

①全封。将山地彻底封闭起来，禁止入山进行一切生产、生活活动。一般自然保护区、森林公园、飞播林区、国防林、实验林、母树林、环境保护林、风景林、革命纪念林、名胜古迹以及水源涵养林、水土保持林、防风固沙林、农牧场防护林、护岸林和护路林等应实行全封。

②半封。将山地封闭起来，平时禁止入山，到一定季节进行开山，在保证林木不受损害的前提下，有组织地允许群众入山，开展各种生产活动，如砍柴、割草、采蘑菇、拾野果等。有一定数量的树种、生长良好且林木覆盖度较大的宜林地，可采取半封。

③轮封。将拟定进行封山育林的山地，区划成若干地段，先在其中一些地段实行封山，其他部分开山，群众可以入内进行生产活动。几年后，将已经封山的地段开放，再封禁其他地段。对于当地群众生产、生活和燃料有实际困难的地方，可采取轮封。

（3）封育年限

封育年限是指达到预期效果需要的年限。预期效果是指达到有林地、灌木林地等地类标准。1988 年林业部出台的《封山育林管理暂行办法》规定：封育年限南方为 3～5 年，北方为 5～7 年。但在实际工作中，具体情况要具体分析。疏林地的封育年限一般为 3 年；未成林造林地中人工造林的封育年限南方为 3 年、北方为 5 年，飞播造林的封育年限南方为 5 年、北方为 7 年；灌木林地和无林地的封育年限为 3～10 年，因封育类型、立地条件和植被状况不同而不同。

（4）封禁措施

封禁的具体措施包括以下几种。

①立界标、竖标牌。

②设置防火线(带)。

③设立护林哨所、配备护林人员。

④设立护林瞭望塔(台)。

⑤其他如修筑道路、修建林道，建立通信网络等。

（5）育林技术

①人工促进天然更新。对于天然更新能力较强，但因植被覆盖度较大而影响种子触土的地块，应进行带状或块状除草，同时结合整地或炼山，实行人工促进天然更新。

②人工补植或补播。对于天然更新能力不足或幼苗、幼树分布不均的间隙地块，应按封育类型成效要求进行补植或补播。

③平茬复壮。对于有萌蘖能力的树种，应根据需要进行平茬复壮，以增强萌蘖能力。

④抚育管理。在抚育期间，根据当地条件和经营强度，对经营价值较高的树种，可重点采取除草松土、除蘖间苗、保水抗旱等培育措施。

（6）封山育林合格标准

①乔木型。小班郁闭度大于等于 0.2，或小班平均每公顷有林木 1100 株，且分布均匀。

②乔灌型。小班乔、灌总覆盖度大于或等于 30%，其中乔木所占比例在 30%～50%，或小班平均每公顷有乔、灌木 1350 株(丛)以上，且分布均匀。

③灌木型。小班灌草覆盖度大于或等于 30%，或小班每公顷有灌木不少于 1000 株(丛)，且分布均匀。

④灌草型。小班灌草综合覆盖度大于或等于 50%，其中灌木覆盖度不低于 20%。

#### 4.1.3.2 飞播造林技术

飞播造林是用飞机装载林木种子播撒在已规划设计的宜林地上的一种造林方法。飞播造林主要是利用具有自然更新能力的树种，在适宜的自然条件下，使播下的种子能够发芽、成苗、成林，从而达到扩大森林资源的目的。

（1）飞播区和飞播树种的选择

①飞播区的选择。正确选择飞播区是飞播造林取得成效的关键。选择飞播区应掌握 3 个原则，即适于飞播树种成苗、成林的自然条件，适于飞播作业的地形条件，适于飞播要求的社会经济条件。我国飞播地区可划分为 4 个区 15 个类型。

a. 北方油松林区及近邻。冀北、冀西山地，陕北高原，陇南山地，豫西山地，鄂尔多斯高原。

b. 南方马尾松区及近邻。浙闽山地，南岭山地，粤桂山地，贵州高原，海南山地(近邻的热带松类型)。

c. 南方华山松混播区。秦巴山地，鄂西山地，川东、川北山地。

d. 西南云南松区。川西南山地，滇东高原。

②飞播树种的选择。我国已试用于飞播的树种，有数十种，但效果比较好、成林面积比较大的，首推马尾松、云南松，其次为油松。其他乔木树种，如华山松、黄山松、高山松、黑松、台湾相思、木荷等，也有飞播效果较好的播区，但成林面积较小。灌木树种如踏郎也表现出一定的适应能力，是有发展前途的飞播植物种。

(2)播种量和飞播期的确定

①播种量的确定。合理确定播种量，需要考虑成苗株数、种子质量、种子损失和播区出苗、成苗情况4个方面。

②飞播期的确定。各地降水的年际、月际和旬际变化有时较大，逐年雨期有早有迟。因此，每地每年的飞播期，应在已有经验的基础上，根据当年气候条件具体确定。我国各地飞播期依季节不同分为4类。

a. 冬季(12月至翌年2月)播种地区。为南岭山脉以南至粤桂沿海丘陵山地以北地区。飞播期以春雨初来，气温回升之时较好，一般在春节前后为宜。

b. 春季(3~5月)播种地区。为南岭山脉以北到秦岭、淮河以南地区。飞播期东部多在3~4月，西部多在4~5月。

c. 夏季(6~8月)播种地区。本区包括辽西山地、冀北山地、冀西山地、鄂尔多斯高原(东部)、陕北高原、豫西山地和陇南山地等。飞播期一般在6~7月中旬。

d. 秋季(8~9月)播种地区。为四川东部地区。飞播期以8月下旬至9月中旬为宜。

(3)播区规划设计与飞播作业

①播区调查。调查的内容如下。

a. 地类调查。适于飞播造林的地类有荒山荒地、可以播种的灌木林地、稀疏低矮的竹林地、郁闭度为0.2以下的疏林地和弃耕地。播区范围内农耕地、放牧地和有林地属非宜播地。山区宜播面积一般占播区面积的70%以上，流沙区占60%以上。

b. 地形调查。了解播区内主山脊走向、明显山梁位置、地势高差、坡向、坡度和播区四周的净空条件等，以便确定播区范围、作业航向、基线测量起点、航标线位置和适于飞机转弯的地带。

c. 土壤、植被调查。记载土壤种类、厚度，植被种类、组成、高度、盖度和死地被物厚度等。

d. 气候调查。包括历年的降水量、气温、风向、风速、早霜出现日期、晚霜出现日期和灾害性天气等；飞播当年气象预报，用于确定飞播的适宜时期。

e. 社会经济调查。了解播区土地权属、人口、劳动力、耕地面积、可退耕还林面积、牲畜数量、习惯放牧地点、群众对飞播造林的意见和要求等。

②播区区划。是将播区(适于飞播造林的范围)勾画在图上，并划分为若干播带。

a. 先把宜播地段大致勾画在图上，非宜播地段尽量勾画在播区外，播区形状为长方形。

b. 在播区内画出基线，基线走向即飞行作业的航向，基线应沿主山脊设置。

c. 确定播区宽度，并精确地画在图上，播区宽度走向与基线垂直。

$$播区宽度(m) = 播带宽度(m) \times 播带条数(取整数) \tag{4-1}$$

$$播带条数(取整数) = 图上勾画的播区宽度(m) \div 播带宽度(m) \tag{4-2}$$

d. 确定播区长度，并精确地画在图上，播区长度走向与基线平行。播区长度最长设计为每架次播1带的长度。不足1带时，则应设计为每架次播2带、3带或4带等。

每架次播种长度根据下式计算：

$$L = \frac{10\,000T}{DN} \tag{4-3}$$

式中　$L$——每架次播种长度(m)；

　　　$T$——每架次飞行载种量(kg)；

　　　$D$——播带宽度(m)；

　　　$N$——每公顷播种量(kg)。

e. 播带区划。根据播带宽度在播区内画出以基线为准线的若干平行线。

f. 确定航标点与航标线位置。航标点为每条带宽的中心点，各航标点的连接线为航标线。航标线要选设在明显的山梁上，播区两端各设一条，作为进航和出航的标志；其间，依播带长短另设1~2条，间隔为2~4km。

③播区测量。播区测量即将图面设计落实到地面上，包括基线测量和航标线测量两项。

a. 基线测量。基线是控制播区位置和确定飞行作业航向的基准线。以经纬仪用直线定位法测定。要求引点准、起点准和方位角准。基线与航标线的交点要设桩并编号，作为航标线测量的起点。

b. 航标线测量。采用罗盘仪、测绳测量，每个航标点都要设桩并编号。

④播区设计。设计内容包括以下几个方面。

a. 播区条件与飞播树种选择。

b. 播种量与飞播期确定。

c. 种子需要量的计算：

$$播区种子需要量(kg) = \sum 每播带种子需要量(kg) \tag{4-4}$$

$$播带种子需要量(kg) = 单位面积播种量(kg/hm^2) \times 播带面积(hm^2) \tag{4-5}$$

$$每架次种子用量(kg) = 播带种子用量(kg) \times 每架次播种带数(取整数) \tag{4-6}$$

d. 飞行作业架次的计算：

$$飞行作业架次 = 播区内播带条数 \div 每架次播种带数 \tag{4-7}$$

e. 飞行作业时间的计算：

$$播区飞行作业时间(h) = \sum 每架次飞行作业时间(h) \tag{4-8}$$

$$每架次飞行作业时间(min) = 起降时间(min) + 机场到播区往返时间(min) +$$
$$每架次作业时间(min) + 每架次作业转弯时间(min) \tag{4-9}$$

⑤播区作业方案编制。播区作业方案是指导飞播的技术性文件。作业方案包括说明

书、播区位置图和播区区划图。

　　a. 说明书内容。包括播区基本情况、飞播计划、经费概算、作业设计、播区管护措施和经营方向等。

　　b. 播区位置图。以县或机场为单位，比例尺为 1∶100 000~1∶500 000。图上标明各播区位置和形状、机场到各播区的方位和距离，航路上明显的地物、主要山峰及其海拔高度等。

　　c. 播区区划图。以播区为单位在 1∶10 000~1∶25 000 比例尺的图面上标明播区位置、各种地类界线、山脉、河流、道路、村庄、海拔、航向、航标线位置、航标桩编号以及飞行范围内的高压线等。图上还应绘制飞行架次组合表和图签。

　　⑥飞播作业。具体措施包括以下两项。

　　a. 试航。先由设计人员向飞行人员介绍作业方案，并同机进行试航，以便熟悉播区情况。试航后，共同研究确定作业时间、播种顺序、进航点、飞行方式和通信联络方法等。然后，飞行人员制订作业计划和安全措施，机务人员安装调试播撒器，播区人员做好作业前的各项准备工作。

　　b. 播种作业。播区信号员要在飞机进入播区前 2~5km 时，及时出示信号引导飞机航行，飞行员则要摆正航向沿信号点飞行。为保证落种位置准确，不偏播、不重播，侧风风力一级(每秒风速小于 1.5m)以下压标飞，二级、三级(每秒风速 1.6~5.4m)修正飞，四级(每秒风速大于 5.5m)以上停止飞。当进出播带两端时，要及时开箱和关箱，避免多播或漏播。

　　(4)飞播林的经营管理

　　①幼苗阶段。建立管护组织，加强护林防火与封山育林。

　　②成苗阶段。查明成苗情况，制订经营方案并按方案施工。

　　③幼林阶段。进行护林防火设施建设和病虫害防治。

　　④成林阶段。适时、适量、适法地进行抚育间伐，促进成材，提高生长率。

## 知识拓展

### 全面保护天然林

　　天然林是森林资源的主体和精华，是自然界中群落最稳定、生物多样性最丰富的陆地生态系统。全面保护天然林，对于建设生态文明和美丽中国、实现中华民族永续发展具有重大意义。为了实现这一目标，要继续实施全面停止天然林商业性采伐；将天然林和公益林纳入统一管护体系；加强自然封育，持续增加天然林资源总量；强化天然中幼林抚育，开展退化次生林修复等多项措施。

## 4.2　三北及其他重点地区防护林体系建设工程

　　三北及其他重点地区防护林体系工程主要是为了解决三北(西北地区、华北北部、东北西部)和其他地区的各种生态问题,具体包括三北防护林工程,长江、沿海、珠江防护林工程和太行山、平原绿化工程。

## 4.2.1 三北防护林工程

### 4.2.1.1 工程概况

为了从根本上改变我国西北、华北、东北地区风沙危害和水土流失的状况,党中央、国务院作出建设三北防护林体系工程的重大决策。1978年11月3日,国家计划委员会(简称国家计委)正式发布《西北、华北、东北防护林体系建设计划任务书》。1978年11月25日,国务院发布《关于在西北、华北、东北风沙危害和水土流失重点地区建设大型防护林的规划》。至此,三北防护林工程正式启动实施。

### 4.2.1.2 工程建设范围

按照总体规划,三北防护林工程的建设范围东起黑龙江的宾县,西至新疆的乌孜别里山口,北抵国界线,南沿天津、汾河、渭河、洮河下游、布长汗达山、喀喇昆仑山,东西长4480km,南北宽560~1460km。地理位置在东经73°26′~127°50′,北纬33°30′~50°12′,包括陕西、甘肃、宁夏、青海、新疆、山西、河北、北京、天津、内蒙古、辽宁、吉林、黑龙江13个省(自治区、直辖市)的551个县(市、区、旗)。工程建设总面积406.9万km²,占全国陆地总面积的42.4%。

### 4.2.1.3 工程建设期限

三北防护林工程规划从1978年开始至2050年结束,计划历时73年,分3个阶段、8期工程进行建设。1978—2000年为第1阶段,分3期工程:1978—1985年为一期工程,1986—1995年为二期工程,1996—2000年为三期工程。2001—2020年为第2阶段,分两期工程:2001—2010年为四期工程,2011—2020年为五期工程。2021—2050年为第3阶段,分三期工程:2021—2030年为六期工程,2031—2040年为七期工程,2041—2050年为八期工程。

### 4.2.1.4 总体规划建设内容与规模

三北防护林工程规划造林面积3508.3万hm²(包括林带、林网折算面积),其中人工造林2637.1万hm²,占总任务的75.1%;飞播造林111.4万hm²,占总任务的3.2%;封山封沙育林759.8万hm²,占总任务的21.7%。四旁植树52.4亿株。规划总投资为576.8亿元,建设任务完成后,使三北地区的森林覆盖率由5.05%提升至14.95%,风沙危害和水土流失得到有效控制,生态环境和人民群众的生产生活条件从根本上得到改善。

### 4.2.1.5 高质量推进三北防护林工程六期建设

三北防护林体系建设工程自1978年正式启动以来,为维护国家生态安全、促进经济社会发展发挥了重要作用。2021—2030年是三北工程六期工程建设期,为了把三北工程建设成为功能完备、牢不可破的北疆绿色长城、生态安全屏障,重点要做好以下几方面工作。

摸准生态脆弱区痛点，全面提升荒漠生态系统质量和稳定性。当前，我国荒漠化、沙化土地治理呈现出"整体好转、改善加速"的良好态势，但沙化土地面积大、分布广、程度重、治理难的基本面尚未根本改变。水资源仍然是防沙治沙工作的突出痛点。应在三北防护林工程建设过程中，有效识别工程区内水资源分布特征、摸清林草资源本底、总结荒漠化治理现状，紧紧围绕水资源这个最大的刚性约束，量水而行、以水定绿、林水相宜，大力发展节水林草，实现造林种草实际和水资源承载力相适应。

科学推广应用行之有效的治理模式，啃下防沙治沙的"硬骨头"。40 多年来，三北人创新探索了宁夏中卫沙坡头模式、内蒙古磴口模式、库布其模式、新疆柯柯牙模式等一大批行之有效的治沙模式。现在，工程建设进入"啃硬骨头"阶段。全力打好三大标志性战役，迫切需要精准防沙治沙，因地制宜、科学推广应用行之有效的治理模式。面对三北地区复杂多样的自然条件，应坚持宜乔则乔、宜草则草、宜灌则灌、宜沙则沙。防沙治沙工作不能"一刀切"，要因地制宜选择治理模式，突出重点，实现经济效益、生态效益、社会效益同步提升。

坚持一体化保护和系统治理，推进山水林田湖草沙生命共同体建设。沙漠也是地球上重要的生态系统，与山水林田湖草共同构成相互依存、紧密联系的生命共同体。一方面，要扎实推进跨区域、跨部门、跨领域的紧密协作，强化畅通区域联防联治机制，构建点线面结合的生态防护网络；另一方面，探索防沙治沙工作与林长制、草长制改革有机结合，压实主体责任。进一步加强同周边国家的合作，支持共建"一带一路"国家荒漠化防治，分享中国在防沙治沙方面的技术和经验，引领各国开展政策对话和信息共享，共同应对沙尘灾害天气。

优化可持续投入机制，打通"两山"转化通道。三北防护林工程六期建设须充分挖掘森林的"碳库""水库""粮库""钱库"功能。具体而言，探索构建生态环境导向的开发模式，为社会资本和金融机构参与创造条件，实现三北地区产业发展和生态保护融合共生，形成防沙治沙多方合力。深度挖掘三北防护林工程在生态修复、经济发展、民生改善等方面的多元效益，打造功能完备、牢不可破的生态安全屏障，筑牢北疆绿色长城。

高质量推进三北防护林工程六期建设，关键是要全面加强组织领导，坚持中央统筹、省负总责、市县抓落实的工作机制，完善政策机制，强化协调配合，统筹指导、协调推进相关重点工作。各级党委政府要心怀"国之大者"、保持战略定力，以"功成不必在我"的精神境界和"功成必定有我"的历史担当，传承弘扬三北精神，继续推进三北等重点工程建设，让百姓在绿水青山中共享自然之美、生命之美、生活之美。

## 4.2.2  其他重点地区防护林体系建设工程

1978 年，三北防护林体系建设工程启动实施后，为从根本上扭转我国长江、珠江、海河等大江大河以及沿海地区生态环境恶化的状况，1989 年、1990 年、1987 年、1994 年、1996 年，先后启动长江中上游防护林、沿海防护林、平原绿化、太行山绿化、珠江流域防护林体系建设工程。到 2000 年年底，5 个防护林工程一期建设结束。

根据《国民经济和社会发展第十个五计划纲要》，原国家林业局组织编制了长江、珠江、沿海、太行山绿化、平原绿化 5 个防护林体系建设二期工程规划。

(1)长江中上游防护林体系建设工程

一期工程累计完成营造林面积 685.5 万 hm²。其中,人工造林 422.5 万 hm²,飞播造林 7.5 万 hm²,封山育林 221.0 万 hm²。幼林抚育 34.5 万 hm²。工程实施 11 年来,森林覆盖率由 1989 年的 19.9% 提升至 29.5%,净增 9.6 个百分点。治理水土流失面积 6.5 万 km²,治理区土壤侵蚀量由治理前的 9.3 亿 t 降低到 5.4 亿 t,减少了 42.0%。改善了农业生产环境,增强了抵御旱、洪、风沙等自然灾害的能力,维护了水利工程效益的发挥。营建的防护林有效庇护农田 666.7 万 hm² 以上,仅此一项按减灾增益 10% 计算,产生的间接效益就达数十亿元。国家在重点科技攻关项目中安排了长江中上游水源林、水保林营造技术研究,取得了一大批科技攻关成果,解决和提供了工程建设的关键技术,并为今后的防护林工程建设提供了技术储备。在多年的治理实践中,工程区科技人员和干部群众针对不同自然和社会状况,探索总结了许多成功的生态建设与治理模式,提高了防护林工程建设的成效。

二期工程建设范围包括长江、淮河、钱塘江流域的汇水区域,涉及青海、西藏、甘肃、四川、云南、贵州、重庆、陕西、湖北、湖南、江西、安徽、河南、山东、江苏、浙江、上海 17 个省(自治区、直辖市)的 1033 个县(市、区)。规划造林任务面积 687.6 万 hm²。其中,人工造林 313.2 万 hm²,封山育林 348 万 hm²,飞播造林 26.45 万 hm²。规划低效防护林改造 388.1 万 hm²。

(2)珠江流域防护林体系建设工程

1996 年,一期工程首批启动在 13 个县实施。1998 年,国家实施积极的财政政策,加大了珠防建设的资金投入和支持力度,又先后试点启动了 34 个县。到 2000 年,一期工程建设共完成营造林面积 67.5 万 hm²,其中人工造林 23.45 万 hm²,飞播造林 2.76 万 hm²,封山育林 28.19 万 hm²。完成低效防护林改造面积 12.88 万 hm²,四旁植树 1.7 亿株。工程建设加快了工程区造林绿化进程,取得了一定的生态效益,对促进石漠化地区植被恢复起到积极的作用。工程区宜林荒山面积大幅度减少,有林地面积得到增加,为促进农民增收和石漠化地区经济发展起到积极的作用。通过工程实践,培养了一批工程技术管理骨干和懂技术的林农。尤其是工程区技术人员和广大干部群众在实践中摸索出一套符合珠江流域石漠化综合治理的造林绿化技术和适用于本地区的治理模式,为二期工程建设以及大规模开展石漠化治理奠定了基础。

二期工程建设范围包括江西、湖南、云南、贵州、广西和广东 6 个省(自治区)的 187 个县(市、区)。规划造林面积 227.87 万 hm²,其中人工造林 87.5 万 hm²,封山育林 137.2 万 hm²,飞播造林 3.1 万 hm²。规划低效防护林改造 99.76 万 hm²。

(3)沿海防护林体系建设工程

一期工程建设累计完成造林面积 323.67 万 hm²,其中人工造林 246.44 万 hm²,封山育林 71.98 万 hm²,飞播造林 5.26 万 hm²。工程区森林覆盖率由一期建设前 24.9% 提升至 35.45%,上升 10.55 个百分点,平均每年增加 1 个百分点。通过一期工程建设,沿海基干林带建设有了突破性进展。全国大陆海岸线长 18 340km,已有 17 146km 的海岸基干林带已基本合拢。绿化宜林荒山 190.17 万 hm²,荒山面积从 231.66 万 hm² 减少至目前的 41.56 万 hm²,减少了 82%。营造农田防护林 1.80 万 hm²,新增农田林网控制面积 38.71

万 hm²，农田林网控制率达到 70.05%，比建设前的 65% 增加了 5.05 个百分点。沿海地区水土流失面积由建设前 396.97 万 hm² 降至 288.41 万 hm²，治理面积达 108.56 万 hm²。发展用材林 20.36 万 hm²，经济林 79.92 万 hm²，使营林造林、木材采伐、木材加工、果品生产、果品加工等林业产业得到长足发展，林业产值从建设前 13.34 亿元增加至 88.81 亿元，为建设前的 6.66 倍。

二期工程建设范围包括辽宁、河北、天津、山东、江苏、上海、浙江、福建、广东、广西、海南 11 个沿海省(自治区、直辖市)的 220 个县(市、区)。规划造林面积 136.00 万 hm²，其中人工造林 68.3 万 hm²，封山育林 61.4 万 hm²，飞播造林 6.33 万 hm²。规划低效防护林改造 97.93 万 hm²。

(4)太行山绿化工程

一期工程累计完成造林面积 295.2 万 hm²，其中人工造林 164.57 万 hm²，飞播造林 30.63 万 hm²，封山育林 100 万 hm²。此外，还完成四旁植树 1.7 亿株。工程区森林覆盖率从 15.30% 提升至 21.58%，增长了 6.28 个百分点。工程区林草植被覆盖度显著提高，活立木蓄积量增加了 3000 万 m³。工程区水土流失面积已由治理前的 61 149hm² 减少至 49 214hm²，使水土流失面积占工程区总面积的比例由 50% 降至 40%。工程建设促进了当地群众脱贫致富和农村经济增长，太行山区国民生产总值由 1994 年的 317 亿元增加至 2000 年的 1389 亿元，实现了翻两番的目标；林业产值由 9.5 亿元增加至 27.5 亿元，增加了 2.9 倍；亩均林果收入由 86 元提高到了 457 元，提高了 5.3 倍。太行山区初步形成林产品资源生产基地，以及与之相对应的原产品加工、包装、储运、销售等第三产业的"一条龙"服务体系。森林植被的保护和增加，美化了环境，净化了空气，使太行山区旅游资源得到挖掘和丰富。一期工程建设探索了高标准的径流技术整地、爆破整地、鱼鳞坑、水平沟、反坡梯田、石坝梯田整地，以及就地培育大容器苗，生物制剂浸根，石片或地膜、草皮、秸秆覆盖等一套适用的技术办法，产生了良好的效果。

二期工程建设范围包括河北、山西、河南、北京 4 省(直辖市)的 73 个县(市、区)。规划造林面积 146.2 万 hm²，其中人工造林 67 万 hm²，封山育林 50.7 万 hm²，飞播造林 28.5 万 hm²。规划低效防护林改造 45.1 万 hm²。

(5)平原绿化工程

按照《全国平原绿化"五、七、九"达标规划》，截至 2000 年年底，全国 920 个平原、半平原、部分平原县(市、区、旗)中有 869 个达到了原林业部颁发的"平原县绿化标准"，占规划数的 94.5%。平原绿化取得了显著成效。全国平原绿化累计完成造林 698 万 hm²，平原地区森林覆盖率由 1987 年的 7.3% 提升至现在的 15.7%，增长了 8.4 个百分点；新造农田防护林 376.8 万 hm²，保护农田 3256 万 hm²，农田林网控制率由 1987 年的 59.6% 增长至 70.7%，提高了 11 个百分点，道路、沟渠、河流两岸绿化率达到了 85% 以上。至 2000 年年底，平原地区有林地面积已达 1518 万 hm²，活立木蓄积量达 6.2 亿 m³。平原地区还发展各类经济林 503 万 hm²。资源的增加，带动了林纸、木材等林副产品加工业和第三产业的蓬勃发展。各地因地制宜，采取林粮、林果、林菜、林药、林草间作等多种农林复合经营方式，大力发展速生丰产用材林、名特优新经济林，有力地促进了平原地区农村产业结构调整，增加了农民收入，涌现出一大批通过平原绿化实现脱贫致富的先进典型。

平原绿化结合绿色通道建设，促进了城乡绿化一体化进程，极大地改善了平原地区的人居环境，特别是在一些经济比较发达的地区，基本实现了农田林网化、城市园林化、通道林荫化、庭院花果化，建成了人与自然相和谐的人居生活环境。

二期工程建设范围包括北京、天津、河北、山西、山东、河南、江苏、安徽、陕西、上海、福建、江西、浙江、湖北、湖南、广东、广西、海南、四川、辽宁、吉林、黑龙江、甘肃、内蒙古、宁夏、新疆 26 个省(自治区、直辖市)的 944 个县(市、区、旗)。规划建设总任务 552.1 万 $hm^2$。其中，新建农田防护林带面积折合 41.6 万 $hm^2$，荒滩荒沙荒地绿化 294.5 万 $hm^2$，村屯绿化 112.7 万 $hm^2$，园林化乡镇建设 30.4 万 $hm^2$，改造提高农田林网面积 72.9 万 $hm^2$。

## 知识拓展

### 重要生态系统保护和修复工程：北方防沙带

北方防沙带是国家"两屏三带"生态格局中北方防沙带的空间载体，范围包括新疆、甘肃、宁夏、内蒙古、辽宁、吉林等部分地区及新疆生产建设兵团有关团场，与东北西北部、华北北部和西北北部的风沙带走向、范围基本一致，古尔班通古特、巴丹吉林、腾格里、乌兰布和、库布其、毛乌素、浑善达克、科尔沁、呼伦贝尔等沙地和沙漠沿带分布，干旱缺水，土壤瘠薄、次生盐渍化严重，林草植被覆盖率低，生态非常脆弱，是我国主要的风沙策源区和灾害严重区。

以京津冀地区、内蒙古高原、河西走廊、塔里木河流域等为重点，推进三北防护林工程、天然林保护、退耕还林还草、京津风沙源工程建设，完成营造林 3300 万亩，新增沙化土地治理 7000 万亩左右、退化草原治理 4050 万亩。

### 重要生态系统保护和修复工程：长江重点生态区(含川滇生态屏障)

以长江源、横断山区、岩溶石漠化区、三峡库区、洞庭湖、鄱阳湖等为重点，推进天然林保护、退耕还林还草工程建设，开展森林质量精准提升、湿地修复、石漠化综合治理等，加强珍稀濒危野生动植物保护恢复，建设国家储备林，完成营造林 1650 万亩，新增石漠化治理 1500 万亩。

## 4.3 全国野生动植物保护及自然保护区建设工程

保护自然资源和建设生态环境，是我国实施可持续发展的一项重要战略任务。野生动植物及其栖息地的保护、建设和发展，是生态环境保护和建设中的一个重要组成部分。加强野生动植物的保护和管理，建立具有全球重要意义的自然保护区、湿地保护示范区，是我国实施生物多样性保护的一个重要方面。

党中央、国务院非常重视野生动植物资源保护工作。第九届全国人民代表大会第四次会议批准的国民经济和社会发展第十个五年计划纲要中，就明确提出要加强野生动植物保护、自然保护区建设和湿地保护。原国家林业局经过系统整合，第一次把野生动植物保护及自然保护区建设列为国家级重点林业生态建设工程，为全国野生动植物保护事业带来了千载难逢的发展机遇。

为从根本上有效地保护、发展和合理利用野生动植物资源，使人口、资源、环境、经济协调发展，根据《全国生态环境建设规划（林业部分）》，特制定全国野生动植物保护及自然保护区建设工程规划，用于指导全国野生动植物、湿地保护和自然保护区建设。

该工程通过实施全国野生动植物保护及自然保护区建设总体规划，拯救一批国家重点保护野生动植物，扩大、完善和新建一批国家级自然保护区和禁猎区。到建设期末，使我国自然保护区数量达到 2500 个，总面积 1.728 亿 $hm^2$，占国土面积的 18%。形成一个以自然保护区、重要湿地为主体，布局合理、类型齐全、设施先进、管理高效、具有国际重要影响的自然保护网络。加强科学研究、资源监测、管理机构、法律法规和市场流通体系建设和能力建设，基本上实现野生动植物资源的可持续利用和发展。

### 4.3.1　工程背景

为进一步加大野生动植物及其栖息地的保护和管理力度，提高全民对野生动植物保护意识，加大对野生动植物保护及自然保护区建设的投入，促进其持续、稳定、健康发展，并在全国生态环境和国民经济建设中发挥更大的作用。1999 年 10 月，国家林业局组织有关部门和专家对今后 50 年的全国野生动植物及自然保护区建设进行了全面规划和工程建设安排。2001 年 6 月，由国家林业局组织编制的《全国野生动植物保护及自然保护区建设工程总体规划》得到国家计委的正式批准，这标志着中国野生动植物保护和自然保护区建设新纪元的开始。

全国野生动植物保护及自然保护区建设工程是一个面向未来、着眼长远，具有多项战略意义的生态保护工程，也是呼应国际大气候、树立中国良好国际形象的"外交工程"。工程内容包括野生动植物保护、自然保护区建设、湿地保护和基因保存。重点开展物种拯救工程、生态系统保护工程、湿地保护和合理利用示范工程、种质基因保存工程等。

### 4.3.2　指导思想

以国家加强生态建设的整体战略为指导，遵循自然规律和经济规律，坚持加强资源环境保护、积极驯养繁育、大力恢复发展、合理开发利用的方针，以保护为根本，以发展为目的，以野生动植物栖息地保护为基础，以保护工程为重点，以加快自然保护区建设为突破口，以完善管理体系为保障措施，加大执法、宣传、科研和投资力度，促进野生动植物保护事业的健康发展，实现野生动植物资源的良性循环和永续利用，保护生物多样性，为我国国民经济的发展和人类社会的文明进步贡献力量。

### 4.3.3　工程目标

工程分为近期目标、中期目标和远期目标。

2001—2010 年近期目标：重点实施 15 个野生动植物拯救工程，新建 15 个野生动物驯养繁育中心和 32 个野生动植物监测中心（站），使 90% 的国家重点保护野生动植物和 90%

的典型生态系统得到有效保护。在 2010 年使全国自然保护区总数达到 1800 个，其中国家级自然保护区数量达到 220 个，自然保护区面积约占国土面积的 16.14%，初步形成较为完善的中国自然保护区网络。制定全国湿地保护和可持续利用规划，建设 94 个国家湿地保护与合理利用示范区。

2011—2030 年中期目标：进一步加强中央、省级和地市级行政主管部门的能力建设，使指挥、查询、统计、监测等管理工作实现网络化，初步建立健全野生动植物保护的管理体系，完善科研体系和进出口管理体系，到 2030 年，使 60% 的国家重点保护野生动植物得到恢复和增加，95% 的典型生态系统类型得到有效保护。使全国自然保护区总数达 2000 个，其中国家级自然保护区数量达到 280 个，自然保护区总面积占国土面积的 16.8%（1.612 亿 hm²）形成完整的自然保护区保护管理体系。在全国 76 块重要湿地建立资源定位监测网站，建立健全全国湿地保护和合理利用的机制，基本控制天然湿地破坏性开发，遏制天然湿地下降趋势。

2031—2050 年远期目标：全面提高野生动植物保护管理的法治化、规范化和科学化水平，实现野生动植物资源的良性循环，新建一批野生动物禁猎区、繁育基地、野生植物培植基地，使我国 85% 的国家重点保护野生动植物得到保护。在 2050 年，使全国自然保护区总数达 2500 个左右，其中国家级自然保护区 350 个，自然保护区总面积占国土面积达到 18%，为 1.728 亿 hm²，形成具有中国特色的自然保护区保护、管理、建设体系，成为世界自然保护区管理的先进国家。使 85% 国家重点保护的野生动植物种数量得到恢复和增加，建立比较完善的湿地保护、管理与合理利用的法律、政策和监测体系，恢复一批天然湿地，在全国完成 100 个国家湿地保护与合理利用示范区。

### 4.3.4 规划分区

根据国家重点保护野生动植物的分布特点，将野生动植物及其栖息地保护总体规划在地域上划分为东北山地平原区、蒙新高原荒漠区、华北平原黄土高原区、青藏高原高寒区、西南高山峡谷区、中南西部山地丘陵区、华东丘陵平原区和华南低山丘陵区共 8 个建设区域。

### 4.3.5 重点工程

工程内容包括野生动植物保护、自然保护区建设、湿地保护和基因保存。重点开展物种拯救工程、生态系统保护工程、湿地保护和合理利用示范工程、种质基因保存工程等。

#### 4.3.5.1 物种拯救工程

野生动植物保护工程中的一项重点工程为野生动植物拯救工程，其拯救的对象是我国特有的极度濒危的、种群数量急剧减少的物种。主要有大熊猫、朱鹮、虎、金丝猴、藏羚羊、扬子鳄、亚洲象、长臂猿、麝、普氏原羚、鹿类、鹤类、雉类，以及兰科植物和苏铁。通过开展 15 个物种的拯救工程，进一步恢复野生动植物栖息地，维持并扩大濒危物种的种群数量，大力开展人工繁育，进行野外放归自然试验，开展野生动植物种质基因保存和研究，最终使这些物种摆脱濒危。

①大熊猫。大熊猫是我国特有珍稀孑遗动物，分布于四川、陕西和甘肃的部分地区。

野外种群数量有 1000 只左右，人工圈养数量约 110 只。工程重点完善现有 35 处保护区建设，新建 28 处保护区；加强栖息地基础设施建设和管理；建立 33 万 hm² 的大熊猫栖息地走廊带，开展大熊猫人工繁育、科研监测和野外放归的研究。

②朱鹮。朱鹮是国家一级保护野生动物，在《世界自然保护联盟濒危物种红色名录》中列为濒危鸟类。工程在现有保护成绩基础上，下一步将在朱鹮经常觅食地区恢复天然湿地 2000hm²；选择适宜重引入区域建立异地繁育种群 2~3 处，新建保护区面积达到 20 万 hm²。

③虎。我国有 4 个亚种，即东北虎、华南虎、孟加拉虎和印支虎。野外种群数量不足百头。工程将完善现有 15 处保护区的建设，新建 10 处保护区，恢复和改善虎栖息地；实施人工繁育虎野化和放归自然项目，促进隔离种群遗传联系。

④金丝猴。金丝猴是我国特有珍稀动物，有滇金丝猴、黔金丝猴和川金丝猴 3 个亚种。工程将加强 12 处金丝猴重点保护区的建设，新建保护区 1 处，在保护区建立保护站 22 处。改善金丝猴栖息地，并建立食物基地 3 个和多处食物投放点。同时，加强驯养繁殖和开展野外放归试验。

⑤扬子鳄。扬子鳄为我国特有物种，野外种群仅有几百条。工程将扩大现有扬子鳄保护区的面积，新建 4 个保护管理站。划建 3 处扬子鳄人工产放养区，面积为 6 万 hm²；选择 2 万 hm² 进行恢复和改善，建立异地种群。

⑥藏羚羊。藏羚羊主要分布于我国的青藏高原。由于人为猎杀，藏羚羊数量急剧下降至 5 万头，经过多年的保护，种群数量明显增长。工程将完善已建 3 处自然保护区的建设，面积达 38.8 万 hm²。新建 3 个禁猎区，开展藏羚羊的人工驯养繁殖研究。

⑦亚洲象。我国亚洲象主要分布于云南的西双版纳、江城、沧源和盈江。种群数量为 200~250 头。工程将完善 2 处自然保护区的建设，在其他 10 万 hm² 区域上建立保护站，开展野外监测和人工驯养繁殖。

⑧长臂猿。长臂猿在我国主要分布于云南、海南等省，野外种群数量不足 500 只。工程将扩建和加强 13 处现有保护区的建设，在保护区外建立保护站 12 处，新建 2 处长臂猿人工驯养繁殖中心，进行野化。

⑨麝。麝是经济价值最高的中型食草动物，全国麝资源已由 20 世纪 60 年代的 250 万头下降至 20 万~30 万头。工程将完善现有 66 处保护区的建设，新建 4 个禁猎区，面积达 60 万 hm²，恢复和改善植被 10 万 hm²，开展麝类自然放养，加强人工繁殖研究。

⑩普氏原羚。普氏原羚是我国特有濒危动物，仅在青海湖周围有 300 只左右。工程将扩大青海湖保护区的面积，在普氏原羚觅食、活动区域(约 4 万 hm²)强化保护，新建保护站 4 处，改造栖息地 2 万 hm²，并加强普氏原羚的人工繁育研究。

⑪鹿类。鹿类动物具有极高的经济价值，是传统的狩猎动物。工程将加强海南坡鹿、麋鹿、白唇鹿、驼鹿和马鹿的保护。扩大和完善 13 处保护区的建设，在保护区外新建 140 处保护站，面积为 1500 万 hm²。建立 4 处狩猎和合理利用示范区。

⑫鹤类。中国有世界 15 种鹤类中的 9 种，现有鹤类保护区 40 多个，面积超过 1000 万 hm²。工程将完善 16 个重点保护区的建设，扩大保护区面积。在繁殖地和迁飞地建立保护站 120 处，恢复改善湿地 4 万 hm²，加强人工繁殖技术研究。

⑬雉类。我国的 49 种雉类中 18 种为特有种。工程将加强现有 10 个重点保护区的建

设，新建 1 处保护区；在保护区外 100 万 hm² 栖息地上建设保护站，改善栖息地 5 万 hm²，开展雉类人工繁育技术研究。

⑭兰科植物。兰科是最珍贵的保护植物之一，占《濒危野生动植物种国际贸易公约》(CITES) 应保护植物的 90% 以上。我国有 60~120 种兰科植物处于要灭绝的危险中。工程将完善和新建保护区，禁止乱采滥挖野生兰花，严禁野生兰花的市场贸易；开展繁育技术研究，建立人工栽培基地 3 处。

⑮苏铁。苏铁是现存最古老的裸子植物。工程将重点保护中国特有苏铁物种，加强现有 3 处保护区建设，新建 1 处保护区，建立苏铁母树林基地，在其他适宜地区，引种培育苏铁种群。

#### 4.3.5.2 湿地保护工程

为了实现我国湿地保护的战略目标，原国家林业局等 10 个部门共同编制了《全国湿地保护工程规划(2004—2030 年)》得到国务院批准。其打破了部门界限、管理界限和地域界限，明确了到 2030 年，我国湿地保护工作的指导原则、主要任务、建设布局和重点工程，对指导开展中长期湿地保护工作具有重要意义。

(1)总体目标

到 2030 年，使全国湿地保护区达到 713 个，国际重要湿地达到 80 个，使 90% 以上天然湿地得到有效保护。完成湿地恢复工程 140.4 万 hm²，在全国范围内建成 53 个国家湿地保护与合理利用示范区。建立比较完善的湿地保护、管理与合理利用的法律、政策和监测科研体系。形成较为完整的湿地区保护、管理、建设体系，使我国成为湿地保护和管理的先进国家。其中，从 2004—2010 年 7 年时间，要划建湿地自然保护区 90 个，投资建设湿地保护区 225 个，其中重点建设国家级保护区 45 个，建设国际重要湿地 30 个，油田开发湿地保护示范区 4 处，富营养化湖泊生物治理 3 处；实施干旱区水资源调配和管理工程 2 项，湿地恢复 71.5 万 hm²，恢复野生动物栖息地 38.3 万 hm²；建立湿地可持续利用示范区 23 处，实施生态移民 13 769 人；进行科研监测体系、宣传教育体系和保护管理体系建设。

(2)建设布局和分区重点

①东北湿地区。位于黑龙江、吉林、辽宁及内蒙古东北部，以淡水沼泽和湖泊为主，总面积约 750 万 km²。三江平原、松嫩平原、辽河下游平原，以及大小兴安岭山地、长白山山地等是我国淡水沼泽的集中分布区。该区域湿地面临的主要问题是过度开垦，天然沼泽面积减少。该区建设重点为，全面监测评估该天然湿地丧失和湿地生态系统功能变化情况；通过湿地保护与恢复及生态农业等方面的示范工程，建立湿地保护和合理利用示范区，提供东北地区湿地生态系统恢复和合理利用模式；加强森林沼泽、灌丛沼泽的保护；建立和完善该区域湿地保护区网络，加强国际重要湿地的保护。

②黄河中下游湿地区。包括黄河中下游地区及海河流域，主要涉及北京、天津、河北、河南、山西、陕西和山东。该区天然湿地以河流为主，伴随分布着许多沼泽、洼淀、古河道、河间带、河口三角洲等湿地。该区湿地保护的主要问题是水资源缺乏，由于上游地区的截留，河流中下游地区严重缺水，黄河中下游主河道断流严重，海河流域的很多支流已断流多年，失去了湿地的意义。该区建设重点为，加强黄河干流水资源的管理及中游

地区的湿地保护，利用南水北调工程尝试性地开展湿地恢复的示范，加强该区域湿地水资源保护和合理利用。

③长江中下游湿地区。包括长江中下游地区及淮河流域，是我国淡水湖泊分布最集中和最具有代表性地区，主要涉及湖北、湖南、江西、江苏、安徽、上海和浙江7省(直辖市)。该区水资源丰富，农业开发历史悠久，为我国重要的粮、棉、油和水产基地，是一个巨大的自然-人工复合湿地生态系统。湿地保护面临的最大问题是围垦等导致天然湿地面积减少、湿地功能减弱、水质污染严重、湿地生态环境退化。该区建设重点为，通过还湖、还泽、还滩以及水土保持等措施，使长江中下游湖泊湿地的面积逐渐恢复，改善湿地生态环境状况，使该区域丰富的湿地生物多样性得到有效保护。

④滨海湿地区。涉及我国东南滨海的11个省(自治区、直辖市)，包括杭州湾以北环渤海的黄河三角洲、辽河三角洲、大沽河、莱州湾、无棣滨海、马棚口、北大港、北塘、丹东、鸭绿江口和江苏滨海的盐城、南通、连云港等湿地，杭州湾以南的钱塘江口—杭州湾、晋江口—泉州湾、珠江口河口湾和北部湾等河口与海湾湿地。该区域湿地面临的主要问题是过度利用和浅海污染等，导致赤潮频发、红树林面积下降、海洋生物栖息繁殖地减少、生物多样性降低。建设重点为，评估开发活动对湿地的潜在影响和威胁，加强珍稀野生动物及其栖息地的保护，建立候鸟研究及环保基地；建立具有良性循环和生态经济增值的湿地开发利用示范区；以生态工程为技术依托，对退化海岸湿地生态系统进行综合整治、恢复与重建；调查和评估我国的红树林资源状况，通过建立示范基地，提供不同区域红树林资源保护和合理利用模式，逐步恢复我国的红树林资源。

⑤东南和南部湿地区。包括珠江流域绝大部分、东南及其诸岛河流流域、两广诸河流域的内陆湿地，主要为河流、水库等类型湿地。面临的主要问题是湿地泥沙淤积、水质污染严重，生物多样性减少。该区建设重点为，加强水源地保护和流域综合治理，在河流源头区域及重要湿地区域开展植被保护和恢复措施，防止水土流失，加强湿地自然保护区建设。

⑥云贵高原湿地区。包括云南、贵州以及川西高山区，湿地主要分布在云南、贵州、四川的高山与高原冰(雪)蚀湖盆、高原断陷湖盆、河谷盆地以及山麓缓坡等地区。面临的主要问题是一些靠近城市的高原湖泊有机污染严重，对湿地不合理开发导致湖泊水位下降，流域缺乏综合管理，湿地生态环境退化。该区建设重点为，加强流域综合管理，保护水资源和生物多样性，进行生态恢复示范，对高原富营养化湖泊进行综合治理；通过实施宣教和培训工程，提高湿地资源及生物多样性保护公众意识。

⑦西北干旱湿地区。本区湿地可分为两个分区。一是新疆高原干旱湿地区，主要分布在天山、阿尔泰山等北疆海拔1000m以上的山间盆地和谷地以及山麓平原-冲积扇缘潜水溢出地带；二是内蒙古中西部、甘肃、宁夏的干旱湿地区，主要以黄河上游河流以及沿岸湿地为主。该区湿地面临的最大问题是由于干旱和上游地区的截流导致的湿地大面积萎缩和干涸，原有的一些重要湿地如罗布泊、居延海等早已消失，部分地区成为尘暴源，荒漠干旱区的生物多样性受到严重威胁。建设重点为，加强天然湿地的保护区建设和水资源的管理与协调，采取保护和恢复措施缓解西部干旱荒漠地区由于人为和自然因素导致的湿地环境恶化、湿地面积萎缩甚至消失的趋势。

⑧青藏高寒湿地区。分布于青海、西藏和四川西部等，地势高，环境独特，高原散布着无数湖泊、沼泽，其中大部分分布在海拔 3500~5500m。我国几条著名的江河发源于本区，长江、黄河、怒江和雅鲁藏布江等河源区都是湿地集中分布区。面临的主要问题是区域生态环境脆弱，草场退化、荒漠化严重，湿地面积萎缩，湿地生态环境退化，功能减退。由于该区特殊的地理位置，该区湿地保护尤其是江河源区湿地的保护涉及长江、黄河和澜沧江中下游地区甚至全国的生态安全。该区建设重点为，加强保护区建设及植被恢复等措施，保护世界独一无二的青藏高原湿地。

## 知识拓展

### 构建以国家公园为主体的自然保护地体系

贯彻落实习近平总书记"中国实行国家公园体制，目的是保持自然生态系统的原真性和完整性，保护生物多样性，保护生态安全屏障，给子孙后代留下珍贵的自然资产"重要指示精神，全面落实《关于建立以国家公园为主体的自然保护地体系的指导意见》，健全保护体制，创新管理机制。

高质量建设国家公园：合理布局国家公园；健全国家公园管理体制机制；提升国家公园管理水平。

优化自然保护区布局：推进自然保护地整合优化；加强保护管理能力建设。

增强自然公园生态服务功能：提升自然公园生态文化价值；提升自然教育体验质量。

### 强化湿地保护修复

全面保护湿地：湿地面积总量管控；健全湿地保护体系；提升重要湿地生态功能。

修复退化湿地：开展湿地修复；加强重大战略区域湿地保护和修复；实施红树林保护修复专项行动。

加强湿地管理：完善湿地管理体系；统筹湿地资源监管。

## 4.4  环北京地区防沙治沙工程

环北京地区防沙治沙工程又称为京津风沙源治理工程，是为固土防沙、减少京津沙尘天气而出台的一项针对京津周边地区土地沙化的治理措施。一期工程规划时间为2001—2010年。一期工程建设取得了显著成效，但是工程区生态环境仍然十分脆弱，局部地区生态继续恶化的趋势还没有从根本上扭转，林草植被覆盖度仍不高，土壤抗蚀能力差。为进一步减轻京津地区风沙危害，构筑北方生态屏障等需要，我国规划从2013—2022年实施建设期为期10年的京津风沙源治理二期工程。

### 4.4.1  工程背景

京津风沙源治理工程是党中央、国务院为改善和优化京津及周边地区生态环境状况，减轻风沙危害，紧急启动实施的一项具有重大战略意义的生态建设工程。多年来，京津乃至华北地区多次遭受风沙危害，特别是 2000 年春季，我国北方地区连续发生 12 次较大的浮尘、扬沙和沙尘暴天气，其中有多次影响北京。其频率之高、范围之广、强度之大，为 50 年来所罕见，引起党中央、国务院高度重视，备受社会关注。国务院在听取当时国家林业局对京津及周边地区防沙治沙工作思路的汇报后，在河北、内蒙古视察治沙工作并指示："防沙止漠刻不容缓，生态屏障势在必建"，决定实施京津风沙源治理工程。

## 4.4.2　工程建设的必要性和紧迫性

加快北京及周边地区沙化土地治理，遏制沙化土地扩展，减少沙尘暴天气的危害，对改善北京周围地区生态环境，促进工程区经济和社会发展具有重大的现实意义。

①优化首都生态环境的需要。位于北京西北部的河北、山西、内蒙古等省份，分布着广阔的沙地，这些地区生态环境脆弱、环境恶劣、植被稀疏、地表裸露，冬春季节在西北气流的作用下很容易形成大范围的沙尘天气，给北京的环境质量造成严重的影响。因此，在这些地区，坚决果断地采取有效措施，切实保护好现有的林草植被，大力植树种草、退耕还林、努力提高植被盖度、配以水利措施和小流域综合治理等是根治京津风沙危害的根本手段。

②提升首都国际形象的需要。北京是我国政治、经济、文化和国际交流中心，生态环境的好坏将直接影响首都乃至我国在国际上的形象和地位。"风沙逼近北京城"是首都最大的生态环境问题之一，也是国际社会普遍关注的问题之一。因此，要提高我国首都北京的国际性形象，急需加大北京风沙源的治理力度，改善北京及周边地区的生态环境。

③举办绿色奥运的需要。2001 年，北京申办 2008 年奥运会取得成功，举国欢庆。办好 2008 年奥运会是全国各族人民的共同心愿。绿色奥运是北京 2008 年奥运会的三大主题之一，如何尽快遏制沙患，改善首都及周边地区生态环境，把北京建设成为环境优美、空气清新的花园式国际大都市，为成功举办奥运奠定基础，实现中国政府做出的绿色奥运的庄严承诺、展示中国的能力和形象是当时摆在我们面前的一项十分紧迫而艰巨的任务。

④保障工农业生产、公路交通和航空运输正常、安全运行的需要。沙尘天气能见度低、风力大，可直接导致电力、通信中断，影响工矿企业的正常生产，容易引起交通事故。2000 年，首都机场因沙尘天气，多次关闭机场，给货物运输和旅客出行带来诸多不便，造成了巨大的经济损失。因此，加大北京及周边地区风沙的治理力度，减少风沙危害，是保障北京周围地区经济持续发展的客观要求。

⑤促进工程区经济发展和农牧民群众脱贫致富的需要。工程区由于各种因素和条件限制，特别是土地沙化、水资源开发利用程度低，水利设施不配套阻碍了当地群众的脱贫致富和经济的发展，不少县(市、区、旗)财政收不抵支，一些地方生产结构单一，经济效益低下，经济收入在全国平均水平以下。通过本工程的实施可以优化和调整农村产业结构，促进农牧民群众脱贫致富，加快地方经济的发展。

⑥提高人民生活质量的需要。多年来，北京及周边地区的人们一直受风沙危害和水土流失的困扰，空气中的浮尘严重影响人们的身体健康。为北京居民提供生活用水的官厅水库、潘家口水库、密云水库都位于风沙源，沙化土地的扩展、风沙危害的加剧对水库功能和人民生活用水质量带来严重威胁。因此，必须加快治理北京及周边地区风沙源，以改善

人民工作生活环境，提高人民的生活质量。

⑦拓展人民生存空间的需要。北京及周边地区沙化土地的扩展和风沙危害的加剧，不断吞食这一地区的农田和村庄，缩小了沙源区人民的生存空间。因此，只有加快北京及周边地区的治理，保护现有农田和村庄，才能进一步拓展人民的生存空间。

在过去治理和 2000 年试点的基础上，进一步加大对北京及周边地区生态环境进行综合治理，时机已经成熟：一是党中央、国务院高度重视这一地区生态建设，专门就这一地区的生态治理进行深入考察，并提出了明确的政策措施；二是国家综合实力的增强，已有能力集中一部分财力用于重点地区生态建设，尤其是我国粮食综合生产能力明显提高，粮食出现了阶段性相对过剩，为实施以粮食换林草提供了历史性机遇；三是在长期治沙实践中，积累了一些成功的治理模式和经验，有了一定的工作基础；四是这一地区的人民群众有改善生态环境的迫切要求。他们从自己的亲身实践中体会到再也不能走"越穷越垦、越垦越荒、越荒越穷"的恶性循环路子，迫切盼望政府能够帮助他们改善生态环境，走出一条早治理、早受益、早脱贫的路子。故此，在此时间节点下必须抓紧组织实施该工程。

## 4.4.3 工程建设范围

工程区西起内蒙古的达茂旗，东至内蒙古的阿鲁科尔沁旗，南起山西的代县，北至内蒙古的东乌珠穆沁旗，涉及北京、天津、河北、山西及内蒙古 5 省（自治区、直辖市）的 75 个县（旗）。工程区总人口 1958 万人，总面积 45.8 万 $km^2$，沙化土地面积 10.12 万 $km^2$。一期工程区分为 4 个治理区，即北部干旱草原沙化治理区、浑善达克沙地治理区、农牧交错地带沙化土地治理区和燕山丘陵山地水源保护区，治理总任务为 222 292 万亩，初步投资558 亿元。二期工程区范围由北京、天津、河北、山西、内蒙古 5 省（自治区、直辖市）的 75 个县（市、区、旗）扩大至包括陕西在内 6 省（自治区、直辖市）的 138 个县（市、区、旗），投资 877.92 亿元。

## 4.4.4 建设期限和建设目标

（1）建设期限

一期工程建设期 10 年，即 2001—2010 年，分两个阶段进行，2001—2005 年为第 1 阶段，2006—2010 年为第 2 阶段。二期工程建设期为 2013—2022 年。

（2）建设目标

①一期工程建设目标。到 2010 年，完成退耕还林 3943.61 万亩，其中退耕 2012.57 万亩，荒山荒地荒沙造林 1931.04 万亩；营造林 7416.19 万亩；草地治理 15 941.70 万亩，其中禁牧 8526.70 万亩，建暖棚 286 万 $m^2$，购买饲料机械 23 100 套；建设水源工程 66 059处，节水灌溉 47 830 处，完成小流域综合治理 23 445 $hm^2$；生态移民 18 万人，通过对现有植被的保护、封沙育林、飞播造林、人工造林、退耕还林、草地治理等生物措施和小流域综治理等工程措施，使工程区可治理的沙化土地得到基本治理，生态环境明显好转，风沙天气和沙尘暴天气明显减少，从总体上遏制沙化土地的扩展趋势，使北京周围生态环境得到明显改善。

②二期工程建设目标。到 2022 年，一期工程建设成果得到有效巩固，工程区内可治

理的沙化土地得到基本治理，总体上遏制沙化土地扩展趋势，生态环境明显改善，生态系统稳定性进一步增强，基本建成京津及华北北部地区的绿色生态屏障，京津地区沙尘天气明显减少，风沙危害进一步减轻。到2022年，整个工程区经济结构继续优化，可持续发展能力稳步提高，林草资源得到合理有效利用，全面实现草畜平衡，草原畜牧业和特色优势产业向质量效益型转变取得重大进展；工程区农牧民收入稳定在全国农牧民平均水平以上，生产生活条件全面改善，走上生产发展、生活富裕、生态良好的发展道路。

## 4.4.5　建设内容

在切实加强现有林草植被保护和管理的基础上，本着因地制宜、因害设防，宜乔则乔、宜灌则灌、宜草则草的原则和生物、工程措施相结合的方式进行工程建设，以实现区域生态环境的良性循环。建设内容分为造林营林、草地治理、水利配套设施建设和生态移民4个方面。

（1）造林营林

①退耕还林。2001—2010年退耕还林3943.61万亩，其中退耕2012.57万亩，荒山荒地荒沙造林1931.04万亩。退耕还林目标在2002—2006年即全部完成。

②造林营林。2001—2010年造林营林总规模7416.19万亩，其中人工造林1962.28万亩、封山育林2665.54万亩；飞播造林2788.37万亩。在荒山荒地荒沙造林、营林的同时，还大力营造农田、草场林网，其中农田裸露土地面积大，营造宽林带小网格林网；草场植被覆盖度大，营造宽林带大网格林网，以抵御风沙对农田、草场的侵袭。

③种苗基地及设施建设。2001—2010年种苗基地建设：示范基地0.48万亩；良种基地新建和改建2.39万亩；采种基地新建和改建44.48万亩；国有苗圃新建和改建1.18万亩。2001—2010年设施建设：种子加工设施27套；种子常温库16座；种子质量监督检查站（室）新建和改建30处；种苗信息化建设34套。所有建设内容在2001—2005年即全部完成。

（2）草地治理

2001—2010年草地治理总面积15 941.70万亩，建设暖棚286万 $hm^2$，购买饲料机械23 100台（套）。其中，人工种草2223.50万亩；飞播牧草428.00万亩；围栏封育4190.00万亩；基本草场建设515.00万亩；草种基地58.50万亩；禁牧8526.7万亩。

（3）水利配套设施建设

2001—2010年建立水源工程66 059处，节水灌溉47 830处，小流域综合治理23 445 $hm^2$。

（4）生态移民

2001—2010年完成生态移民18万人。

## 知识拓展

### 科学推进防沙治沙

加强荒漠生态保护：划定封禁保护区；提升封禁保护能力。

推进荒漠化综合治理：推进重点地区防沙治沙；建设防沙治沙综合示范区；提升沙尘暴灾害监测能力。

推进岩溶地区石漠化综合治理：加大植被保护与恢复；开展石漠化治理。

# 4.5 退耕还林还草工程

退耕还林还草工程是世界上许多国家普遍实施的一项旨在保护和改善生态环境与土地资源的战略性工程。我国从1999年在四川、陕西、甘肃3省率先开始实施退耕还林还草试点工作，2002年在全国范围内全面开展了退耕还林还草工程。实施退耕还林还草工程，不仅可以控制水土流失、改善生态环境、减少自然灾害、促进全国粮食生产的良性循环，同时，还能够促进区域产业结构合理调整，有利于社会经济可持续发展。

## 4.5.1 工程背景

长期以来，盲目地毁林开垦和进行陡坡地、沙化地耕种，造成了我国严重的水土流失和风沙危害，洪涝、干旱、沙尘暴等自然灾害频发，人民群众的生产、生活受到严重影响，国家的生态安全受到严重威胁。为从根本上改善我国生态急剧恶化的状况，1998年特大洪灾之后，党中央、国务院将"封山植树，退耕还林"作为灾后重建、整治江湖的重要措施。为了摸索经验，完善政策，从1999年开始选择若干具有代表性的地方进行了退耕还林试点。到2001年年底，全国先后有20个省（自治区、直辖市）和新疆生产建设兵团进行了试点。2002年，在试点成功的基础上，退耕还林工程全面启动。

## 4.5.2 工程范围

根据国务院《关于进一步做好退耕还林还草试点工作的若干意见》《关于进一步完善退耕还林政策措施的若干意见》和《退耕还林条例》的规定，原国家林业局在深入调查研究和广泛征求各有关省（自治区、直辖市）、有关部门及专家意见的基础上，按照国务院西部地区开发领导小组第二次全体会议确定的2001—2010年退耕还林1467万 hm² 的规模，原国家林业局会同国家发展和改革委员会（简称发改委）、财政部、国务院西部地区开发领导小组办公室、原国家粮食局编制了《退耕还林工程规划（2001—2010年）》。

工程建设范围包括北京、天津、河北、山西、内蒙古、辽宁、吉林、黑龙江、安徽、江西、河南、湖北、湖南、广西、海南、重庆、四川、贵州、云南、西藏、陕西、甘肃、青海、宁夏、新疆25个省（自治区、直辖市）和新疆生产建设兵团，共1897个县（市、区、旗）。根据因害设防的原则，按水土流失和风蚀沙化危害程度、水热条件和地形地貌特征，将工程区划分为10个类型区，即西南高山峡谷区、川渝鄂湘山地丘陵区、长江中下游低山丘陵区、云贵高原区、琼桂丘陵山地区、长江黄河源头高寒草原草甸区、新疆干旱荒漠区、黄土丘陵沟壑区、华北干旱半干旱区、东北山地及沙地区。同时，根据突出重点、先急后缓、注重实效的原则，将长江上游地区、黄河上中游地区、京津风沙源区以及重要湖库集水区、红水河流域、黑河流域、塔里木河流域等地区的 856 个县(市、区、旗)作为工程建设重点县。

## 4.5.3　工程任务和目标

工程建设的目标和任务：到 2010 年，完成退耕地造林面积 1467 万 hm²，宜林荒山荒地造林 1733 万 hm²(两类造林均含 1999—2000 年退耕还林试点任务)，陡坡耕地基本退耕还林，严重沙化耕地基本得到治理，工程区林草覆盖率增长 4.5 个百分点，工程治理地区的生态状况得到较大改善。

在 2012 年 10 月 13 日召开的全国巩固退耕还林成果部际联席会议第三次会议上，贵州、四川、甘肃等十几个省份明确要求重启退耕还林工程。许多省份都是在遭受干旱、地震、泥石流等重大自然灾害后，迫切要求扩大退耕还林面积的，如贵州省就提出增加退耕还林面积 300 万亩，云南省也希望国家安排退耕还林 400 万亩。

## 4.5.4　工程进展

1999 年，四川、陕西、甘肃 3 省按照"退耕还林、封山绿化、以粮代赈、个体承包"的政策措施，率先开展了退耕还林试点。经原国家林业局组织的检查验收，3 省共完成退耕还林任务 44.8 万 hm²，其中，退耕地造林 38.15 万 hm²，宜林荒山荒地造林 6.65 万 hm²。

2000 年 3 月，经国务院批准，退耕还林试点在中西部地区 17 个省(自治区、直辖市)和新疆生产建设兵团的 188 个县(市、区、旗)正式展开。国家共下达试点任务 87.21 万 km²，其中，退耕地造林 40.46 万 hm²，宜林荒山荒地造林 46.75 万 hm²。另外，京津风沙源治理工程在北京、河北、山西、内蒙古安排退耕地造林任务 2.8 万 hm²。9 月 10 日，国务院下发《关于进一步做好退耕还林还草试点工作的若干意见》。

2001 年，国家将洞庭湖流域、鄱阳湖流域、丹江口库区、红水河梯级电站库区、陕西延安、新疆和田、辽宁西部风沙区等水土流失、风沙危害严重的部分地区纳入试点范围，退耕还林试点扩大至中西部地区 20 个省(自治区、直辖市)和新疆生产建设兵团的 224 个县(市、区、旗)。全年国家下达试点任务 98.33 万 hm²，其中，退耕地造林 42 万 hm²，宜林荒山荒地造林 56.33 万 hm²。

2002 年 1 月 10 日，全国召开退耕还林工作电视电话会，宣布退耕还林工程全面启动。4 月 11 日，国务院下发《关于进一步完善退耕还林政策措施的若干意见》。2002 年，国家安排北京、天津、河北、山西、内蒙古、辽宁、吉林、黑龙江、安徽、江西、河南、湖北、湖南、广西、海南、重庆、四川、贵州、云南、西藏、陕西、甘肃、青海、宁夏、新疆 25 个省(自治区、直辖市)和新疆生产建设兵团退耕还林任务共 572.87 万 hm²，其中，退耕地造林 264.67 万 hm²，宜林荒山荒地造林 308.20 万 hm²。

2003 年，《退耕还林条例》正式施行。国家共安排 25 个省(自治区、直辖市)和新疆生产建设兵团退耕还林任务 713.34 万 hm²，其中，退耕地造林 336.67 万 hm²，宜林荒山荒地造林 376.67 万 hm²。各地克服多种不利因素的影响，认真贯彻落实《退耕还林条例》，狠抓任务和责任的落实，强化工程管理，圆满完成了各项任务。

2004 年，国家根据国民经济发展的新形势对退耕还林工程年度任务进行了结构性、适应性调整，退耕还林工作的重心由大规模推进转移到成果巩固上来。全年安排 25 个省（自治区、直辖市）和新疆生产建设兵团退耕还林任务 400 万 hm²，其中，退耕地造林 66.67 万 hm²，宜林荒山荒地造林 333.33 万 hm²。4 月 13 日，国务院办公厅下发《关于完善退耕还林粮食补助办法的通知》，原则上将向退耕农户补助的粮食实物改为补助现金。

2000—2004 年，国家为退耕还林工程累计投入 748.03 亿元，其中种苗造林补助费143.74 亿元，前期工作费 1.21 亿元，生活费补助 62.85 亿元，粮食补助资金 540.23亿元。

综上，1999—2004 年，国家共安排退耕还林任务 1916.55 万 hm²，其中，退耕地造林788.62 万 hm²，宜林荒山荒地造林 1127.93 万 hm²。目前，各地基本上完成了国家下达的计划任务，部分省份还超额完成了任务。各级检查验收结果表明，工程建设质量总体良好。

## 4.5.5 建设成效

（1）水土流失和土地沙化治理步伐加快，生态状况得到明显改善

退耕还林工程的实施，使我国造林面积由以前的每年 400 万~500 万 hm² 增加到连续 3年超过 667 万 hm²，2002 年、2003 年、2004 年退耕还林工程造林分别占全国造林总面积的 58%、68% 和 54%，西部一些省份占到 90% 以上。退耕还林调整了人与自然的关系，改变了农民广种薄收的传统习惯，工程实施大大加快了水土流失和土地沙化治理的步伐，生态状况得到明显改善。据长江水利委员会监测报告，2003 年长江上游宜昌站年输沙量减少80%，主要支流的输沙量低于多年平均值，寸滩以下各站的平均含沙量减少 50%~79%。专家认为，退耕还林是长江输沙量减少的主要原因。四川省 1999—2004 年实施退耕还林80.53 万 hm²，累计减少土壤侵蚀量 2.67 亿 t，年均减少 0.53 亿 t，占全省森林年滞留泥沙总量近 1/4，长江支流岷江、涪江每平方米河水含沙量分别下降了 60% 和 80%。可以说，退耕还林工程为我国生态建设步入"破坏与治理相持"的关键阶段做出了重要贡献。

（2）大大加快了农村产业结构调整的步伐

过去，山区、沙区干部群众明知坡耕地和沙化耕地种粮产量低，有调整结构的愿望，但苦于调整后短期内没有生计来源，导致结构调整缓慢。退耕还林给农村调整产业结构提供了一个较长的过渡期，为农业产业结构调整提供了良好机遇。各地把退耕还林作为解决"三农"问题的重要措施，合理调整土地利用和种植结构，因地制宜推行生态林草、林果药、林竹纸、林草畜以及林经间作、种养结合、产业配套等多种开发治理模式，大力发展生态产业和循环经济，促进了农业产业结构调整。延安市结合退耕还林工程建设，按照"壮大林果业，发展草畜业，开发棚栽业，推进加工业，带动劳务业"的思路进行农业产业结构调整，实现了耕地减少、粮食增产、农民增收。

（3）保障和提高了粮食综合生产能力

退耕还林后，由于生态状况的改善、生产要素的转移和集中，农业生产方式由粗放经

营向集约经营转变，工程区及中下游地区农业综合生产能力得到保障和提高。近年来，在全国粮食单产下降 3.67%、总产量下降 15.9% 的情况下，西部地区粮食单产由 1999 年的 3728kg/hm² 提高到 2003 年的 3951kg/hm²，粮食总产量仅下降 6.3%。贵州省、甘肃省、四川省凉山州、内蒙古赤峰市和乌兰察布市等地还实现了减地不减收。同时，退耕还林调整了土地利用结构，把不适宜种植粮食的耕地还林，有利于促进农林牧各业协调发展；退耕还林中还发展了大量的水果、木本粮油等林木资源，培育了丰富的牧草资源，不但能增加食物的有效供给，还能调整和优化食物结构。

（4）较大幅度增加了农民收入

一是国家粮款补助直接增加了农民收入。到 2004 年年底，退耕还林工程已使 3000 多万农户、1.2 亿农民从国家补助粮款中直接受益，农民人均获得补助 600 多元。据国家统计局农村住户调查，2003 年农民人均纯收入增速，西部地区高于全国平均水平，西部地区退耕农户高于没有退耕的农户。二是退耕还林收益成为农民增收的重要来源。在一些自然条件较好的地方，结合工程建设，因地制宜发展林竹、林果、林茶、畜牧等生态经济产业，增加了农民经济收入。统计时退耕还林营造的经济林木目前绝大部分还没有进入盛果期，再过几年，退耕还林对农民增收的贡献将越来越大。三是促进农村剩余劳动力向非农产业和多种经营转移，减轻了农民对坡耕地和沙化耕地的依赖。据四川省对丘陵地区的调查，大约每退耕 0.2hm² 土地就转移 1 个劳动力，全省丘陵、盆周地区大约有 200 万个劳动力因实施退耕还林得以转移，年劳务创收约 100 亿元。四是退耕还林使贫困农户稳定脱贫，大大缓解了因灾返贫的问题，在新时期扶贫开发中发挥了重要作用。

（5）促进了基层干部和广大群众思想意识的根本转变

退耕还林工程的实施，极大地增强了基层干部和群众的生态意识，特别是西部地区的干部群众更加认识到，生态恶劣是其贫困的主要根源，改善生态是改变自身生存和生活条件的根本出路，是发展和进步的前提。同时，通过实施退耕还林，各级政府加强了农田水利、农村能源、生态移民、舍饲圈养等配套措施建设，引导和鼓励退耕农户发展生态经济型后续产业以及进城务工，农民生产、生活条件得到明显改善，工程区干部群众看到了改变现状的希望和契机，使其生存、生活和发展的观念发生了根本性的变化。

## 4.5.6  退耕还林立地特点

我国《退耕还林条例》第十五条规定了下列耕地应当纳入退耕还林规划，并根据生态建设需要和国家财力有计划地实施退耕还林：水土流失严重的；沙化、盐碱化、石漠化严重的；生态地位重要、粮食产量低而不稳的。江河源头及其两侧、湖库周围的陡坡耕地以及水土流失和风沙危害严重等生态地位重要区域的耕地，应当在退耕还林规划中优先安排。

因此，退耕还林地的立地特点，主要取决于退耕地的范围。各地执行退耕还林政策时制定的退耕土地范围和具体的实施标准，是决定立地条件的根本因素，是影响相应的退耕还林技术模式的重要前提，是退耕还林工程最终目标能否实现的最重要技术保障。各地退耕还林的范围各不相同，但是，总的来说，退耕还林立地都具备条例所规定的特征。

### 4.5.6.1  黄河上中游及北方地区立地条件概述

黄河上中游及北方地区包括河北、山西、内蒙古、辽宁、吉林、黑龙江、河南、陕西、甘肃、青海、宁夏、新疆 12 个省（自治区）和新疆生产建设兵团。黄河上中游地区海拔相对较低，多在 1000~2000m，山体坡度也较缓，但流域内分布着大范围的黄土和沙化土地，水土流失严重，风沙肆虐。属温带及暖温带气候，气温低，气候干旱寒冷，降水量分布不均，年均降水量为 100~600mm。自然条件极为严峻，植被属温性落叶阔叶林和草甸草原、干旱半干旱草原，土壤多褐土、栗钙土。根据地形地貌、水热条件等自然特征以及水土流失和风蚀沙化程度，本区分为 7 个类型区。

（1）黄河源头区

黄河源头区位于青藏高原东北部、青海东南部。属于温带干旱区，日照时间长，昼夜温差大，平均海拔 2000m 以上。年平均气温 0~8℃，年均降水量为 300~600mm。土壤以黑钙土、灰褐土和山地草甸土为主。本区海拔高，气候寒冷，干旱少雨，风大沙多，植被低矮稀疏，生态条件非常脆弱。随着人类活动的扩大，黄河源头区的生态环境不断恶化，草场退化、沙化非常严重，水土流失逐渐加剧。

（2）黄土丘陵沟壑区

黄土丘陵沟壑区位于我国西北地区，主要分布在陕西、山西、内蒙古、宁夏、青海、河南等省（自治区）。黄土由于结构松散，在长期的冲刷切割作用下，形成了梁峁起伏、沟壑纵横、支离破碎的丘陵沟壑地貌。该区年均降水量为 350~500mm，而潜在的蒸发量为 700~1000mm，造成土壤水分亏缺。由于历史的原因，该区植被稀少，地形破碎而且陡峭，土壤瘠薄，干旱、风沙、水土流失十分严重，土壤瘠薄，肥力低下，再加上干旱、低温等因素，生态环境极其脆弱，森林植被恢复困难。

（3）风沙区

风沙区位于干旱半干旱的三北地区，主要包括新疆、内蒙古、青海、甘肃、宁夏，以及陕西北部、吉林西部、辽宁西北部。该区降水量少，气候干旱，年均降水量为 35~600mm；风大风多，沙尘暴天气多，风沙危害和土地风烛沙化较严重；冬冷夏暖，昼夜时差、温差大，许多地方冬季最低温度在 -20℃，植物越冬难；沙地渗水性强、保水性强、持水性弱，毛管孔隙度不发达，减少了水分蒸发量。沙区的干旱、低温、风沙、风大等因素，严重地制约着植被的生长繁育，又由于积水、蒸发量大，沙化地区低洼地的土壤都不同程度次生盐渍化，进一步恶化了自然条件。

（4）寒冷高山高原区

主要包括陇秦山地及六盘山、太行山、贺兰山、青海等高山高原区，平均海拔 1200~3700m，年平均气温 -0.9~7.5℃，大于或等于 10℃ 年有效积温 500~3600℃，年均降水量为 200~700mm。土壤主要为黑钙土、栗钙土、褐土、山地草甸土。本区气温低，降水少，多数为天然次生林分布区，高海拔区以荒漠草原为主。由于多种原因，目前森林植被资源逐年减少，生态环境日趋恶化。寒冷、干旱是本区限制林业发展的两个主导因子。

（5）北方干旱丘陵土石山区

主要包括河北、山西、内蒙古、陕西、甘肃、宁夏等省（自治区）的土质、石质山区。本区平均海拔不高，但气候比较寒冷，少雨干旱，年均降水量为 200~700mm，是典型的干旱、半干旱地区。主要土壤为黑钙土、栗钙土、褐土、山地草甸土。本区降水少，雨季短，旱季时间长，部分山地石质化严重，干旱、石质化是本区限制退耕还林的两个主导因子。

(6)河套灌区

河套灌区包括宁夏回族自治区及内蒙古自治区河套地区。本区属于温带干旱、半干旱地区，日照时间长，温度变化剧烈。降水稀少，蒸发力强，年均降水量为 150~400mm，并由西向东递增，年蒸发量多在 2000mm，干燥度在 1.5~7，风沙大。土壤多为灰钙土、栗钙土、棕钙土、漠钙土及灌淤土、冲积土、潮土、盐土，个别地区也有碱土、白僵土，但次生盐渍化土地分布较广。本区温度较低、温差大，土壤易次生盐渍化，须采用耐低温、耐盐碱的树种造林。

(7)东北山地区

本区包括辽宁、吉林、黑龙江 3 省以及内蒙古东北部大兴安岭山地丘陵地区，即通常说的东北林区。本区属于寒温带、温带润湿、半润湿气候，气候比较寒冷，降水量比较丰富，年均降水量为 250~1200mm。本区气候寒冷，植被生长缓慢，适生树种少，冬季漫长寒冷，部分地方冻害严重，新造林越冬困难。

### 4.5.6.2  长江上中游及南方地区退耕还林立地条件概述

长江上中游及南方地区包括江西、湖北、湖南、广西、重庆、四川、贵州、云南 8 省（自治区、直辖市），河南、陕西、甘肃、青海 4 省的长江流域所占比重小于黄河流域，其退耕模式已在前一节阐述。长江上中游及南方地区山峦重叠，高山峡谷纵横，海拔由东向西从 1000m 左右迅速抬高至 4000m 左右，山体坡度大，坡地开垦严重。本区属亚热带气候，气温较高，气候温暖湿润，年降水量多在 1000mm 以上。森林植被以常绿、落叶阔叶混交林为主，土壤多黄棕壤、棕壤。按水土流失和风蚀沙化危害程度、水热条件和地形地貌特征，将长江流域及南方地区划分为 7 个类型区。

(1)西南干热干旱河谷区

西南干热干旱河谷区包括四川、云南两省，贵州省也有分布。干热河谷区位于金沙江、大渡河、安宁河、赤水河等河谷地段，受"焚风效应"的影响，在海拔 1600m 以下的沿江两岸，面积近 7000km²。干热河谷热量丰富，干旱，年降水量小于 700mm，干燥度大于 1.5，大气和土壤水分亏缺，中心地段呈现"稀树草原"景观。该区土壤主要是山地黄壤，水土流失严重，泥石流、滑坡频繁；宜林荒山面积大。干旱河谷的特点冬暖夏凉，年较差小、日较差大，光照时间长，降水量少，气候干燥，年平均气温为 10~20℃，年降水量为 500mm，干燥度为 2.1~3.4。由于干旱少雨、土壤石质化、昼夜温差大等因素，人工造林与天然植被恢复困难。

(2)喀斯特山地区

喀斯特山地区主要分布在我国西南水热条件优越的地区，如贵州、广西、湖南西部、湖北西部、云南东部等地。这些地区喀斯特发育强烈、形态多样、景观独特，如广西桂林、阳朔山水、云南石林、贵州黄果树、地下龙宫等著名的喀斯特风景区。本区土壤母质主要以石灰岩、白云岩为主，部分地区有砂页岩分布。由于土层浅薄、岩石裸露，土壤渗漏性差、吃水量低，保水保肥能力差。土壤水分亏缺是本区影响造林成效和植被恢复的主要障碍性因子。

（3）长江上游源头区

长江上游源头区包括青藏高原东北部、川西北高原和通天河及其支流地区，总面积约15万km²。境内海拔4000~5000m，以山原地貌为主，在通天河东南部、金沙江、雅砻江上游有部分高山峡谷地貌分布，在上游和河源部分存在着大量的湖泊、沼泽和湿地。

本区气候寒冷，多数地区年均降水量在300mm以下，河川径流主要靠融雪补充。土壤主要为高山草甸土和沼泽土，有机质分解慢，有泥炭和潜育化现象。鉴于极端低温、高海拔、风大、冰蚀冻蚀等严酷的自然条件，植被天然恢复速度慢，人工造林难以成活。

（4）西南高山峡谷区

西南高山峡谷区主要分布于青藏高原东南边缘，包括金沙江、雅砻江、大渡河、岷江等流域的上游地区，总面积约29.9万km²。本区山高坡陡、冬寒夏凉，森林类型及组成多样，为西南最大的原始林区，也是我国珍稀动植物资源最丰富的地区之一。本区土地资源及其林业用地十分丰富，但水土流失面积大。鉴于海拔高、坡陡谷深、人口少等条件，人工造林的难度大，森林植被恢复速度慢。

（5）南方中低山丘陵区

南方中低山丘陵区主要分布于江西、河南、湖北、湖南4省，包括洞庭湖、鄱阳湖之间的幕阜山、九岭山、大别山以及桐柏山等地区，具有江南山地奇峰突起、沟壑险峻、基点海拔不高但相对高差较大的特点。多数山地海拔高度为300~1000m，以低山丘陵地貌为主体。年均降水量为1100~1500mm。本区山高坡陡，降水强度大，地表土层易受冲蚀、溅蚀，水土流失严重，生态环境脆弱，易发生严重滑坡、泥石流以及洪涝灾害。

（6）江河堤岸区

江河堤岸区特指长江中上游干流及其主要支流中下游的河谷地区。江河堤岸区内河床宽阔、河漫滩广布、河堤发育、谷坡形态复杂，是长江中上游区具有特殊意义的重要土地资源之一，同时也是保护和改善长江生态环境具有最直接意义的地带。沿江河两岸地表物质稳定很差，具有侵蚀容易、保护难的特点，水土流失严重，河堤抗洪能力降低和河流泥沙含量增高等生态环境问题。

（7）长江上中游及南方风景旅游区

长江上中游及南方地区有许多著名的风景旅游区，如三峡库区、湖南的张家界、四川的九寨沟、贵州的黄果树、广西的桂林和漓江等风景旅游区及其沿路地带，自然条件一般较好，降水充足，森林植被长势较好，交通也比较便利，对林业经营有利。但土地资源珍贵，人为破坏严重。

## 4.5.7 退耕还林技术模式

### 4.5.7.1 黄河上中游及北方地区退耕还林模式

根据黄河上中游及北方地区的立地条件的变化，以及退耕还林中林种、树种等不同选择，退耕还林模式可以分为7大类25小类。

（1）黄河源头区水源林模式

本区以封山育林、育草为主，结合人工造林种草，通过草场改良，营造防护林、水源涵养林，实行乔灌草、多林种有机结合，达到防止草场沙化、控制水土流失、增强保土蓄水功能的目的。主要树草种有青海云杉、紫果云杉、白桦、山杨、油松、山杏、花椒、沙棘、柠条、枸杞、柽柳、小檗等。主要还林模式有黄河源头高寒干旱区雨季直播造林模式、黄河源头高寒阴湿区水源林模式、黄河源头高寒干旱草原区灌草结合模式等。

（2）黄土高原区水土保持林模式

改善生态环境、根治水土流失，必须以恢复扩大森林植被为首要目标，以陡坡耕地还林为突破口，合理配置乔灌草种，营造水土保持林、水源涵养林。主要造林树种中乔木有刺槐、侧柏、油松、杨树、山桃、山杏、内榆等，灌木有紫穗槐、沙棘、枸杞、柠条、胡枝子，草本有菊科、禾本科、莎草科等植物。主要还林模式有黄土高原塬边水土保持林模式、黄土高原台塬旱地生态型经济林模式、黄土丘陵沟壑区刺槐等水土保持林模式、黄土丘陵沟壑区混灌混草经济林模式、黄土高原河流护岸林模式、黄土高原地埂林模式等。

（3）风沙区防风固沙林模式

选择风沙区的源头和边缘地带退耕还林还草，通过建立防风固沙林、锁边林，以阻止沙漠的进一步扩张。在风沙危害大的农区、草原区，建立农田林网，以改善农牧业的小气候。在条件许可的地方，退耕还林要设沙障，采用灌木、草、树枝、黏土、石块、板条等，在沙面上设置障碍物，以控制沙的运动方向、速度和结构，减少风蚀沙蚀。沙区还林还草要选择抗旱性强、抗风蚀沙埋能力强、耐瘠薄能力强的树草种，主要乔木包括胡杨、小叶杨、白榆、小青杨、旱柳等，主要灌木、半灌木包括紫穗槐、柽柳、沙棘、柠条、沙柳、油蒿、籽蒿等。主要还林模式有风沙区以乔木为主的还林模式、风沙区以灌木为主的还林模式、风沙盐渍区柽柳还林模式、风沙区护路林模式等。

（4）寒冷高山高原区水源林模式

退耕还林的首要目标是增加植被覆盖度，增强江河源头涵养水源的能力。可以通过人工造林与天然更新相结合的方法，恢复森林植被，增强该区的蓄水保土功能。主要造林树种有油松、侧柏、云杉、祁连圆柏、华北落叶松、白皮松等。主要还林模式有秦陇山地水源涵养林模式，河北坝上高原区水源涵养、防风固沙林模式，环青海湖区水源涵养、护牧林模式等。

（5）干旱丘陵土石山区水土保持林模式

本区退耕还林的首要目标是增加土石山区的植被，尽快改变荒山秃岭的面貌，以改良土壤并增强水土保持能力。可以选择耐性强的油松、侧柏、沙棘、柠条等树种，营造水土保持林。主要造林树种有油松、侧柏、落叶松、樟子松、桦树、杨树、柳树、榆树、刺槐、桑树、椿树、板栗、核桃、苹果、梨、山楂、辽东栎、山杏、紫穗槐、沙棘、柠条等。主要还林模式有干旱丘陵区抗旱造林模式，干旱丘陵区围山转模式，干旱丘陵区"阴阳结合"模式，干旱阳坡刺槐、侧柏、油松等还林模式，"和尚头"一坡双带模式等。

（6）河套灌区防护林模式

本区还林的核心是以保护和改善农业生产条件、提高农业经济效益为目标，重点建设好功能完备、生态效益稳定的农田防护林体系。同时，要发挥光、热、水、土资源的优势，建设有特色的经济林基地。主要造林树草种有槐树、臭椿、白蜡、胡杨、新疆杨、山杏、沙柳、沙枣、紫穗槐、枸杞、柽柳、沙棘、柠条、沙打旺、花棒、沙蒿等。主要还林模式有河套地区农田林网模式和河套地区盐碱地退耕还林模式。

（7）东北山地区护坡林模式

本区为我国重要林区，但林木生长期长，退耕还林的目标是营造护坡型用材林，一方面保护水土，另一方面培育国内外紧缺的大径材。主要造林树种有红松、落叶松、沙松、鱼鳞松、油松、樟子松、蒙古栎、辽东栎、小黑杨、白桦、黑桦、枫桦、水曲柳、核桃楸、黄菠萝、杨树、柳树、白榆、花楸、刺槐、苹果、梨、山楂等。主要还林模式有东北山地护坡型用材林模式和东北山地护坡水土保持林模式。

#### 4.5.7.2 长江上中游及南方地区退耕还林模式

根据立地条件的变化，以及退耕还林中林种、树种等不同选择，长江上中游及南方地区退耕还林模式可以分为7大类25小类。

（1）干热干旱河谷区困难地植被恢复模式

本区还林的首要目标是恢复和扩大森林植被，改善石质山体的土壤，增加水土保持功能。在树草种的选择上，主要引进本地或外地适生的耐热、耐旱、耐瘠树种。在育苗技术上，主要采取容器育苗，先催芽后播种，以解决苗木成活率低的问题。在林种搭配上，主要采取灌草结合、乔草结合的方式。主要树种、草种有赤桉、新银合欢、核桃、花椒、相思树、山毛豆，以及蓑草、黑麦草、柱花草、光叶、紫花苜蓿等。主要还林模式有干热河谷区桉类等生态林模式、干旱河谷区花椒等干、果经济林模式、干热河谷区乔灌林草结合模式、干热河谷区车桑子雨季点播模式等。

（2）喀斯特山地区困难地植被恢复模式

在缓坡、斜坡山地岩石裸露率40%以下的半石山、石砾土地段应以人工造林为主，辅以植被自然恢复，人工造林穴面要采取枯枝落叶、石块覆盖或地膜覆盖，保墒蓄水，克服土壤水分亏缺。具备天然下种能力或根株萌蘖能力的造林困难地段则以植被自然恢复的封山育林措施为主。主要营造水土保持林和土壤改良林。主要造林树种有滇柏、华山松、柳杉、枫木、藏柏、华山松、湿地松、麻栎、白栎、栓皮栎、檫木、黄柏、山苍子、龙须草等。主要还林模式有喀斯特山地爆破整地客土造林模式、喀斯特山地造封结合的还林模式、喀斯特山地点播还林模式、白云质喀斯特山地柏类容器苗还林模式等。

（3）长江上游源头区水源林模式

长江源头区的森林植被具有独特的地位和作用，因此，退耕还林的首要目标是恢复和扩大森林植被，增加水源涵养功能。在树草种的选择上，应选择抗逆性强、根系发达、深根性、耐风蚀、耐冻害的乡土灌木和乔木树种，还林时应采取乔灌草相结合。主要树草种有白桦、红桦、柳树、青海云杉、青杨、山杨、沙棘等。主要还林模式有长江源头区青海云杉等水源林模式、长江源头区混草林模式、长江源头区雨季点播灌木林模式等。

（4）高山峡谷区水源林模式

由于本区地处长江及其主要支流的上游，陡坡耕地的水土流失又是长江流域泥沙的重要来源，在保护好现有森林植被的前提下，退耕还林的首要目标是消灭陡坡耕地。造林方式可采取植苗、点播、封育相结合，主要营造水源涵养林和水土保持林。主要造林树种有川西云杉、粗枝云杉、岷江冷杉、械树、红桦、青杨、沙棘、红杉等。主要还林模式有高山峡谷区护坡水源林模式、高山峡谷区林草混作模式、高山峡谷区造封结合模式等。

（5）中低山丘陵区水土保持林模式

针对低中山山高坡陡、降水量大、水土流失严重等特点，退耕还林中采取人工造林种草与封育相结合，生物措施与工程措施相结合的综合治理方式，主要营造水土保持林体系和水源涵养林。主要造林树种有马尾松、湿地松、火炬松、云杉、冷杉、花椒、马桑、紫穗槐、刺槐、合欢、檫木、黄荆、胡枝子、竹子等。主要还林模式有丘陵山区侧柏等还林模式、丘陵山区山脊源头水源林模式、丘陵山区生态经济沟模式、丘陵山区一坡三带模式、竹林及其混交模式、采矿采石区植被恢复模式等。

（6）江河堤岸区护岸林模式

江岸带造林的主要目的在于护岸固坡、护堤稳基，减少江河泥沙，保护和改善长中上游沿江两岸生态环境。按照防护功能要求，江岸防护林主要是防冲林和防塌林。主要造林树种有杨树、枫杨、香椿、大叶桉等。主要还林模式有江河堤岸防冲防塌林模式、江河两侧防灾护岸护路林模式、江河两侧滞留林模式等。

（7）风景旅游区观光林业模式

生态旅游区及其沿路地带，还林时树种选择上应首先考虑观赏性较强、生态效益十分突出的树种，以便为景区、景点添光增彩。规划时既要考虑整齐统一性，还要考虑立体配置、水平混交等因素。整地不宜采用炼山、全垦、大穴等方式。主要造林树种中乔木有喜树、枫杨、枫树、樟树等，经济林树种有猕猴桃、柑橘、荔枝等，灌木树种有紫穗槐、剑麻等，有时还可以配置一些花草品种。主要还林模式有风景旅游区通道林模式和风景旅游区景观林模式等。

## 知识拓展

### 稳步有序开展退耕还林还草

以黄河、长江重点生态区和北方防沙带等为重点，落实国务院批准的退耕还林还草任务，推进水土流失治理和生态修复。加强退耕还林还草抚育和管护。完善投入政策，建立巩固成果长效机制。

## 4.6 速生丰产用材林基地建设工程

根据《中华人民共和国森林法》（以下简称《森林法》）规定，森林分为公益林和商品林两大类。商品林是以生产林产品，发挥最大的林业经济效益为目的的森林，商品林分为用材林、薪炭林和经济林三类。其中用材林是指：以生产木材为主要目的的森林和林木，包括以生产竹材为主要目的的竹林。速生丰产用材林的内涵为，通过使用良种壮苗和实施集约化经营，缩短培育周期，提高单位面积产量，获取最佳经济效益，为制浆、造纸、人造板等林产工业和建筑、家具、装修等行业提供原料或大径级用材的林分。其中，原料材要求培养目标明确、生长周期短、高产量，大径级用材要求材质好、产量高。考虑到基地建设内涵丰富，南北方水热条件差异较大，原则上速生丰产用材林每公顷年蓄积生长量应达到 15m³ 以上。

## 4.6.1 工程背景

我国速生丰产用材林基地建设起步于 20 世纪 70 年代初，到 20 世纪 80 年代中期发展加快。1988 年国家计委批准了林业部制定的《关于抓紧一亿亩速生丰产用材林基地建设报告》，1989 年国务院批准实施《1989—2000 年全国造林绿化规划纲要》，将速生丰产用材林基地建设推向一个新的高潮。截至 1997 年，我国速生丰产用材林基地建设累计保存面积约 533.3 万 hm²，其中 1989—1997 年共建速生丰产用材林 416.7 万 hm²。浙江、安徽、福建、江西、湖北、广东、广西、四川、贵州、湖南 10 省(自治区)造林面积较大，占总面积的 70% 以上。近年来，随着我国速生丰产用材林基地建设布局的调整和扩大，河北、内蒙古、山东、黑龙江、辽宁、河南、云南、山西、甘肃、宁夏、新疆等省(自治区)的速生丰产用材林造林面积也在迅速增加。就地域来看，速生丰产用材林基地集中分布于 20 大片和 5 小片的基地群内。

速生丰产用材林基地建设初期，基地建设布局限于南方 12 个省的 212 个县，在造林树种的选用上，以杉木为主，树种比较单一。随着我国速生丰产用材林经营目标的多样化，目前的造林树种也逐渐丰富起来，主要包括杉树、松树、杨树、泡桐和桉树等树种，这些树种占速生丰产用材林造林总面积的 70%～80%。近年来，速生丰产用材林经营技术和管理水平不断提高，从后期林分生长状况看，速生丰产用材林一般都好于其他类型人工林。我国利用世界银行(以下简称世行)贷款营造的速生丰产用材林，造林质量都达到或超过部颁标准，受到世行专家的好评。早期营造的速生丰产用材林已逐步进入成熟期，正在成为可观的木材供给储备，经济效益也日益明显。因此，适时开发利用速生丰产用材林，将对缓解目前我国木材供需矛盾具有重要作用。

## 4.6.2 基地建设存在的主要问题

采取集约经营的方式，以较少的土地和较短的周期，建设速生丰产用材林，在为国民经济建设提供大量木材，加快造林绿化步伐，以及推动社会经济发展等方面发挥了重要作用。但是，速生丰产用材林建设中也存在一些不容忽视的问题。

### 4.6.2.1 投入严重不足，制约建设进程

速生丰产用材林必须高投入才能高产出，仅造林投入每亩需 400 元左右，是一般造林的几倍。目前，速生丰产用材林基地建设资金多以林业项目贴息贷款及世行贷款为主，辅以地方配套及群众投工投劳。即使部分企业出于企业自身发展的需要投入一些资金建设工业原料林基地，但相对于整个地区速生丰产用材林基地发展的所需，仍显严重不足。许多造纸、人造板企业、营林投资公司，地方政府都已制定了发展速生丰产用材林的规划，但资金很难落实，迟迟不能启动。从 1998 年开始，林业项目贴息贷款纳入国家商业银行管理，加上林业生产周期长，贷款落实难度增大，投入严重不足，滞缓了速生丰产用材林基地的建设速度。据统计，1989—1997 年全国共建速生丰产用材林 416.7 万顷*，仅占

---

* 1 顷 ≈ 6.667hm²。

《1989—2000 年全国造林绿化规划纲要》中规划任务的 41.8%。

#### 4.6.2.2 税费负担过重，阻碍了资本流入

税费问题也是制约速生丰产用材林发展的主要障碍之一。我国木材税费达 20 多项，占一次销售价的 50%以上。有的地方"搭车收费""乱收费"现象严重，木材税费高达木材销售价的 70%以上。税费征收部门有 3 类：一是国家税收，包括农林特产税、增值税、城市建设税、教育费附加等；二是林业部门征收的费，主要有育林基金、维简费、林区建设保护费等；三是地方附加费，主要是县、乡统筹，村提留等。过多的税费，造成森林培育的收入分配税费占大头，经营者得小头，甚至无利可图，使投入速生丰产用材林建设的积极性受到严重影响，阻碍了社会各项生产力要素向林业建设流动。

#### 4.6.2.3 培育与加工脱节，影响了建设效益发挥

在现行的体制下，木材加工业与速生丰产用材林培育分属不同部门管理，这种管理上的分割使木材生产与加工利用很难做到一体化。目前，以木材为原料的企业，根据产品的市场前景和企业的规模效应，发展规模越来越大，特别是我国实施天然林保护工程后，原料供应短缺的问题越来越突出。加上速生丰产用材林建设的相关政策不完善，造成企业投资速生丰产用材林基地的林木归属和处置没有保障，企业对原料来源既担心又无能为力。多数地区还是由林业部门造林，企业收购木材，不能使有限的资源发挥最大的综合效益。

#### 4.6.2.4 树种单一、纯林多、林地隐患重重

目前，我国营造的速生丰产用材林主要造林树种单一，结构简单、稳定性差，如大面积的杉木纯林、马尾松纯林、落叶松纯林、杨树纯林等，导致大面积林木病虫害不断发生，危害严重，林木生长达不到规定的技术指标。大面积的纯林，尤其是针叶树纯林，连作栽培现象较多，导致立地质量日益下降，地力衰退。上述现象很大程度上与人们在经营上片面追求高产量，忽视群落结构的合理调整有关。

#### 4.6.2.5 生产周期较长，经营风险较大

营造速生丰产用材林周期虽然在营林的范畴内相对较短，但与一般种植业、养殖业等其他产业相比生产周期还是较长，短期内经济效益相对较差，加上森林火灾和病虫害等风险较多，缺少必要的转化和分散风险的保险体系，导致吸引资金比较困难。另外，速生丰产用材林生态、社会效益"外溢"，又缺少必要的社会补偿机制，以致比较收益率低，再加上国家扶持政策的不完善，严重影响了各方面、各种经济成分参与速生丰产用材林建设的积极性。

### 4.6.3 工程建设的必要性和紧迫性

#### 4.6.3.1 有利于缓解木材供需矛盾，保障天然林资源保护工程顺利实施

解决木材供需矛盾是保护天然林资源的关键。我国实施天然林保护工程后，长江上游、黄河中上游已全面停止天然林商品性采伐，东北、内蒙古等重点国有林区大幅度调减木材产量。木材的供需矛盾进一步加剧。近年来，我国木材不断增加进口，以满足市场需求，但从长远来看，我国的木材和林产品的供应，主体上只能立足国内。根据我国现有林

地条件和发展潜力，借鉴林业发达国家的先进经验，用较少的土地，高投入、高产出，实行高度集约化经营，大力营造速生丰产用材林、短周期工业原料林，增加木材和林产品的供给，是解决我国木材供需矛盾，实现采伐天然林为主向采伐人工林为主的转变，顺利推进天然林保护和其他生态工程实施的重要保证。

#### 4.6.3.2 有利于促进林业两大体系建设协调发展

新时期的林业建设必须以现代林业思想为指导，以建立比较完备的林业生态体系和比较发达的林业产业体系为目标，以保护和改善生态环境为重点，对林业进行分类经营，从而实现林业的可持续发展。目前，国家实施了天然林保护、退耕还林、三北防护林等重大生态工程，对有效缓解环境与发展的矛盾，促进经济、社会的可持续发展具有重要的战略意义。结合林业自身的特点和规律，以分类经营为基础，在搞好林业生态建设的同时，在我国林业产业发展较为集中和水热条件比较优越的地区，建设速生丰产用材林和工业原料林基地，重点解决木材的长期供给问题，这对促进林业两大体系建设具有重要的意义。

#### 4.6.3.3 有利于促进农村产业结构调整，增加农民收入

长期以来，农、林、牧的传统的生产方式没有重大突破，产业结构调整很难取得重大进展。随着农业生产技术的发展，即高科技、高品质、高效益"三高"的实现，以及农村人口的增加和劳力的过剩，城镇待业青年和部分下岗职工要求就业，安置农村剩余劳动力、城镇待业青年和部分下岗职工已经成为当前的社会问题。同时，近年来，粮食生产过剩，农民收入增长缓慢等问题越加突出。而加快速生丰产用材林基地建设，不仅可以改善当地的生态环境，解决木材加工企业和社会对木材的需求，对有效调整农村的产业结构，增加农民收入，加快当地群众脱贫致富的步伐也具有十分重要的作用。

#### 4.6.3.4 有利于资源培育与加工利用的结合，推进林纸、林板一体化发展

经过几十年的发展，1998年我国纸及纸板的产量达到2800万t，居世界第3位；消费量为3370万t，居世界第2位；人均消费量为26kg，为世界人均消费量的一半。我国已经成为纸张生产大国、消费大国和进口大国。但木浆生产发展缓慢，国产木浆年产量仅占造纸原料的10%左右，远远低于世界90%的平均水平。为解决以木浆为原料的高档印刷纸、强韧包装纸等需求，国家每年不得不花费大量外汇，进口木浆、纸板和纸制品。据海关统计，1996—1998年，我国每年进口木浆和纸板400万~500万t，进口纸和废纸200万~300万t，进口依存度20%，已成为仅次于钢铁和化肥的第3位进口使用外汇大户。另外，我国人造板工业呈迅猛发展的态势，总产量为1600万m³，已跃居世界第2位，据资料统计，我国商品材中60%以上为人造板材和锯材消耗，由于受到木材原料供应的制约，人造板生产能力远没有充分发挥。因此，为使我国木浆和人造板项目健康稳定地发展，通过该工程的实施，建设一批定向培育的工业原料林基地，将木浆造纸和人造板工业建设成为林业乃至国民经济的支柱产业，保证供应数量充足、品质优良、持续均衡、价格低廉的浆纸和人造板原料，加快工程建设步伐十分必要。

### 4.6.4 工程建设范围

根据森林分类区划的原则，在现有速生丰产用材林基地建设的基础上，主要选择在

400mm 等雨量线以东、优先安排 600mm 等雨量线以东范围内自然条件优越、立地条件好（原则上立地指数在 14 以上），地势较平缓，不易造成水土流失和对生态环境构成影响的热带与南亚热带的粤桂琼闽地区、北亚热带的长江中下游地区、温带的黄河中下游地区（含淮河、海河流域）和寒温带的东北以及内蒙古地区，具体建设范围涉及河北、内蒙古、辽宁、吉林、黑龙江、江苏、浙江、安徽、福建、江西、山东、河南、湖南、湖北、广东、广西、海南、云南等 18 个省（自治区）886 个县（市、区、旗）、114 个林业（草）局（场）。

## 4.6.5　指导思想与建设原则

### 4.6.5.1　指导思想

以现代林业理论为指导，以实施森林分类经营为基础，以市场需求为导向，以追求最大经济效益为目标，依靠科技进步，提高经营水平，采取定向培育、定向利用，实行企业化经营管理，大力推进基地建设的产业化，促进原料基地和后续利用企业的一体化发展，优化林业产业结构及其布局，转变林业经济增长方式，全面推进林业产业向纵深和高效发展，满足国民经济与社会可持续发展对木材和林产品的需求。

### 4.6.5.2　基本原则

①坚持统一规划、分步实施、突出重点、稳步推进，新造与中幼林改造相结合的原则。即根据森林分类经营区划，考虑林产工业规划，统一规划、分年度实施，对符合改培速生丰产用材林条件的现有中幼龄用材林，通过施肥、抚育、间伐等措施进行培育。

②坚持以市场为导向，适应市场供求变化，实现资源培育与产业发展相结合，促进原料林基地与后续利用企业一体化原则。即以木材相关企业为龙头，以其生产规模确定基地建设规模，以其产品方案确定树种及培育周期。

③坚持因地制宜、适地适树、区域发展、规模经营、定向培育的原则。

④坚持依靠科学技术，突出科技保障的原则。基地建设采用优质品种、优良苗木，合理施肥、科学培育。

⑤坚持多种经营方式并存，多渠道、多层次、多形式筹资，"谁投入，谁开发，谁受益"的原则。

## 4.6.6　工程建设目标及实施步骤

### 4.6.6.1　建设目标

根据《中华人民共和国国民经济和社会发展第十个五年计划》，原国家计委《造纸产业发展政策》及补充意见，原国家轻工业局《造纸工业"十五"计划和 2015 年长远规划》，以及对我国纸、纸板及木浆总量的需求与人造板对木材原料的需求预测，考虑到速生丰产用材林基地建设的可能（包括新建基地和改培现有林基地），工程建设的总体目标是，到 2015 年，完成南方速生丰产用材林绿色产业带建设，能提供国内生产用材需求量的 40%，加上现有森林资源的采伐利用，国内木材供需基本趋于平衡。其阶段发展目标包括以下 3 项。

①至 2005 年。建设速生丰产用材林基地 469 万 hm²。基地建成后，每年可提供木材

4905 万 m³，可支撑木浆生产能力 620 万 t、人造板生产能力 640 万 m³，提供大径级材 337 万 m³。

②至 2010 年。建设速生丰产用材林基地 920 万 hm²。基地建成后，每年可提供木材 9670 万 m³，可支撑木浆生产能力 1190 万 t、人造板生产能力 1315 万 m³，提供大径级材 732 万 m³。

③至 2015 年。建设速生丰产用材林基地 1333 万 hm²。全部基地建成后，每年可提供木材 13 337 万 m³，可支撑木浆生产能力 1386 万 t、人造板生产能力 2150 万 m³，提供大径级材 1579 万 m³。

#### 4.6.6.2　工程实施步骤

整个工程建设期确定为 2001—2015 年。鉴于工程建设内容多、规模大，涉及范围广，区域条件差异较大等特点，将工程建设期分成两个阶段，按三期实施。

(1) 第 1 阶段

即 2001—2005 年，实施一期工程，建设以南方为重点的工业原料林产业带。

(2) 第 2 阶段

即 2006—2015 年，分两期实施，其中，2006—2010 年为二期，2011—2015 年为三期，全面建成南北方速生丰产用材林产业带。

### 4.6.7　总体布局

根据我国新时期林业建设总体部署及整合后重点工程的布局，我国林业建设布局发生了变化，长江上游和黄河上中游地区成为我国生态建设的核心区，而自然地理条件优越的南方和东南部地区成为我国林业产业发展较为集中的地区，重点建设速生丰产用材林和工业原料林基地等，解决林产品的长期供给问题。在布局上重点考虑以下几个方面。

①为确保天保工程顺利实施，考虑西部地区特别是天保工程建设区的特殊性，基地布局主要分布在天保工程建设区外。

②自然地理条件优越地区，年降水量在 400mm 以上，或具有灌溉条件的地区。

③基地建设在机制上有新的突破。围绕木浆造纸和人造板等项目的布局和资源结构，本着靠近原料基地建厂、靠近工厂造林，集中连片，便于管理与运输，林工一体化、产供销一体化的原则来安排基地的布局和建设规模。

④具有多年速生丰产用材林基地建设经验，地方政府和群众积极性高。

按照自然条件相近，造林树种、培育周期、培育措施相同的省(自治区)划分在一个区域，即形成南亚热带的粤桂琼闽、北亚热带的长江中下游、暖温带的黄河中下游和温带的东北、内蒙古四大片，分区叙述如下。

#### 4.6.7.1　粤桂琼闽地区

①范围。位于我国热带和南亚热带气候区，包括广东、广西、海南和福建 4 省(自治区)。依据林业分类经营，并考虑立地条件、相关龙头企业合理的供材半径、以往营造速生丰产用材林的经验及当地参与的积极性，选择基地建设范围由 4 省(自治区)的 201 个县(市、区)和 15 个林业(草)局(场)组成。

②建设条件。该片自然条件得天独厚，年降水量在 1000mm 以上，年均气温在 16℃ 以上，自然状况下完全可以满足速生丰产树种的生长要求。此外，交通便利、人工用材林发展较快、经营水平普遍较高、现有林业基础设施较为完善，是我国发展短轮伐期工业原料林基地的重点地区。片内现有林业用地面积 3420.3 万 hm²。根据《全国生态环境建设(林业专题)》，该片划分的商品林经营区面积 2074 万 hm²，其中现有商品林 1016.1 万 hm²，宜林地 462.9 万 hm²。

该区域内分布有建成、在建或拟建的湛江纸浆厂、广州造纸有限公司、南宁凤凰纸浆厂、贺州纸浆厂、海南纸浆厂、福建南平纸业股份有限公司、青山纸业股份有限公司等多家大中型浆纸企业。年浆纸生产能力约 120 万 t，年需要浆纸材原料 600 万 m³。"十五"期间规划新建或扩建到年产浆纸 425 万 t 左右，对浆纸材原料的年需求量将增至 2000 万 m³ 以上。该区域内分布有连州人造板公司、威华人造板公司、梅县人造板厂、光大人造板公司、鱼珠人造板集团、梧州木材厂、福州人造板厂等多家大中型人造板企业，年生产能力约 125 万 m³，年需要人造板原料 250 万 m³。"十五"期间规划扩建到年产人造板 210 万 m³ 左右，对人造板原料的年需求量将增至 420 万 m³。

该片沿海丘陵台地地域适宜发展以桉树、相思树为主的浆纸原料林基地，低山丘陵地域适宜发展以马尾松、加勒比松、湿地松等为主的浆纸或人造板原料林基地，以及柚木、桃花心木、西南桦等珍贵大径级用材林基地；桉树、相思树(新造)轮伐期为 4～7 年，国外松、马尾松(新造)轮伐期为 12～20 年，国外松、马尾松(改培)轮伐期为 4～10 年，珍贵大径级用材树种(新造)轮伐期为 25～30 年，珍贵大径级用材树种(改培)轮伐期为 10～15 年。

#### 4.6.7.2　长江中下游地区

①范围。位于我国亚热带气候区，包括江苏、浙江、安徽、江西、湖北、湖南 6 省，以及云南省思茅区。基地建设范围由 7 省的 349 个县(市、区)组成。

②建设条件。该片自然条件优越，雨量适中，温度适宜，年降水量在 800mm 以上，年均温在 14℃ 以上，自然状况下完全可以满足适宜的速生丰产树种正常生长，土地肥沃、树种资源丰富、人工林发展较快、经营水平较高，是我国发展速生丰产用材林的重点地区之一。该区林业用地面积 4087.38 万 hm²。根据《全国生态环境建设(林业专题)》，该片内商品林经营面积 1476.8 万 hm²，其中现有商品林 1217.6 万 hm²，宜林地 258.8 万 hm²。

在该区域内分布有镇江纸业、富阳国泰实业公司、新加坡亚洲浆纸业股份有限公司、江西纸业股份有限公司、远林集团、岳阳纸业集团有限公司、怀化纸业集团、云南景谷林业发展有限公司等多家大中型浆纸企业，浆纸生产能力为年产 183 万 t，年需浆纸材原料超过 900 万 m³，"十五"期间规划新建或扩建到年产浆纸 342 万 t 左右，对浆纸材原料的年需求量将增至 1700 万 m³ 以上。区域内还分布有丹阳人造板厂、东方人造板厂、胜阳木业集团、杭州木材总厂、安庆华林人造板有限公司、滁州皖华人造板有限公司、合肥光大林木有限公司、金安林产工业有限公司、阜阳人造板有限公司、俑桥区人造板厂、砀山人造板厂、崇义华森有限公司、景德镇木材厂、湖北吉象人造板公司、兴林集团、湖南人造板厂、衡阳木材总厂等多家大中型人造板企业，年生产能力约 680 万 m³，年需要人造板原料 1360 万 m³；"十五"期间规划扩建到年产人造板 880 万 m³ 左右，对人造板原料的年需求量将增至 1760 万 m³ 以上。

该片内长江沿岸及洞庭湖、鄱阳湖等湖区适宜发展欧美杨、池杉等工业原料林基地；在低山丘陵区适宜发展马尾松、湿地松、火炬松和竹类工业原料林基地。杨树类(新造)轮伐期为 6~12 年，松类(新造)轮伐期为 13~15 年，松类(改培)轮伐期为 5~10 年，大径级树种(新造)轮伐期为 25 年左右，大径级树种(改培)轮伐期为 10 年左右。

#### 4.6.7.3 黄河中下游地区

①范围。位于我国暖温带气候区，包括河北、山东、河南 3 省黄河流域以及海河、淮河流域的冀中、冀南、鲁西、豫东地区。基地建设范围由 3 省的 215 个县(市、区)组成。

②建设条件。该片气候温暖，光照充足，年均降水量在 500mm 以上，年均气温在 11℃ 以上，正常条件下基本能够满足速生丰产用材林适宜树种的生长需求，仅在特别干旱的春季需要通过人工灌溉措施来保证树木正常生长。此外，地势平坦，土层深厚，多数地区已具有良好的灌溉条件。该区林业用地面积 1205.52 万 hm²。根据《全国生态环境建设(林业专题)》，该区商品林经营区面积 365.7 万 hm²，其中现有商品林 254.7 万 hm²，宜林地 110.0 万 hm²。

在该区域内分布有武安纸业有限公司、青县纸业有限公司、定州造纸厂、山东圣龙造纸厂、博汇纸业有限公司、原济南军区黄河三角洲生产基地 9737 造纸厂、鲁光造纸集团、高唐纸业集团、鲁能发展有限责任公司、成武纸业集团、兖州太阳纸业集团、武陟造纸厂、滑县华森纸业有限公司、华豫木业集团等多家大中型浆纸企业，浆纸生产能力为年产 217 万 t，约需浆纸材原料在 1000 万 m³ 以上。"十五"期间规划新建或扩建到年产浆纸 447 万 t 左右，对浆纸材原料的年需求量将增至在 2200 万 m³ 以上。区域内还分布有河北赛博板业集团、安平中纤板厂、河北人造板厂、德州人造板厂、济南人造板厂、东营人造板厂、河南人造板厂、洛阳人造板厂、开封人造板集团、华森实业有限公司等多家大中型人造板企业，年生产能力约 170 万 m³，年需要人造板原料 350 万 m³；"十五"期间规划扩建到年产人造板 260 万 m³，对人造板原料的年需求量将增至 530 万 m³ 以上。

该区适宜发展三倍体毛白杨、欧美杨、构树等优良工业原料林基地，提供短纤维漂白浆纸原料及人造板原料。超短轮伐期为 3~5 年，短轮伐期为 5~8 年，人造板原料林轮伐期为 8~12 年。

#### 4.6.7.4 东北、内蒙古地区

①范围。位于我国温带气候区，包括黑龙江、吉林、内蒙古大兴安岭和大兴安岭林业公司等国有林区，以及黑龙江、吉林和辽宁的集体林区。基地建设范围由 4 省(自治区)的 121 个县(市、区)和 99 个林业(草)局(场)组成。

②建设条件。该区位于我国温带气候区，是我国森林资源最为丰富的地区，也是我国目前最大的木材生产基地，地势较为平坦、土壤肥沃，土层深厚，年均降水量在 500mm 以上，年均气温在 0℃ 以上，无霜期较短，林木生长周期较长，生长速度较慢，是我国北方发展速生丰产用材林基地的重要区域。该区林业用地面积 6777.36 万 hm²。根据《全国生态环境建设(林业专题)》，该区商品林经营区面积 1497.3 万 hm²，其中现有商品林 983.3 万 hm²，宜林地 513.2 万 hm²。

该区域内分布有扎兰屯纸浆厂、牙克石纸浆厂、乌兰浩特造纸厂、白城市造纸厂、牡丹江造纸厂、吉林开山屯造纸厂、石砚造纸厂、佳木斯纸业集团有限公司、齐齐哈尔造纸有限公司、大兴安岭造纸厂、黑龙江斯达造纸有限公司、丹东造纸厂、鸭绿江造纸厂、金城造纸厂等多家大中型浆纸企业，年生产浆纸能力约162万t，约需要浆纸材原料在800万 $m^3$ 以上。"十五"期间规划新建或扩建到年产浆纸260万t左右，对浆纸材原料的年需求量将增至在1300万 $m^3$ 以上。区域内还分布有兴安林华公司、乌兰浩特刨花板厂、龙江集团人造板厂、吉林森工人造板厂、延边森工人造板厂、桓仁人造板厂、义县纤维板厂、阜新中密度板厂、朝阳人造板厂等多家大中型人造板企业，年生产能力约173万 $m^3$，年需要人造板原料350万 $m^3$；"十五"期间规划扩建到年产人造板190万 $m^3$ 左右，对人造板原料的年需求量将增至380万 $m^3$ 以上。

该区适宜发展以大青杨、甜杨、山杨、白城杨等阔叶树种和兴安落叶松、长白落叶松、日本落叶松等针叶树种为主的浆纸或人造板原料林基地，红松、水曲柳、胡桃楸、黄菠萝、云杉、落叶松等珍贵或大径级用材林基地。杨树类原料林轮伐期为10~15年，落叶松原料林（新造）轮伐期为18~20年，落叶松原料林（改培）轮伐期为7~10年，珍贵大径级用材林（改培）轮伐期为20~30年。

### 4.6.8 工程投资

根据工程实施内容和规模及有关投入标准测算，工程的总投资为718亿元，其中，营林费638亿元，占比为89%；固定资产投资48亿元，占比为7%；其他费用32亿元，占比为4%。按工程建设期划分，一期工程投资256亿元，占比为36%；二期工程投资246亿元，占比为34%；三期工程投资216亿元，占比为30%。资金来源分为国家投资、银行贴息贷款以及企业自筹资金3个渠道。

①国家投资。林业生产周期长，速丰林经营虽然以提供木材为经营目的，但同时也具有生态效益和社会效益，世界各国都在不断加强对森林的保护，木材越来越成为一种战略资源，国家必须在投入方面制定优惠政策，对速生丰产林建设给予必要扶持，吸引社会各方面力量投入速生丰产用材林建设中。国家投资主要用于优良种苗补助，以及森林防火、病虫害防治、营林基础设施建设、新技术开发推广等。

②银行贴息贷款。贷款主要用于基地营造林建设及幼林抚育，按整个项目建设资金的70%计，需要贷款502亿元，贷款利率按国家基准利率执行，中央和地方政府给予贴息。

③企业自筹资金。自筹资金主要为基地建设吸纳相关龙头企业和社会的资金，用于项目建设及管理方面。基地建设除国家补助、贴息贷款资金外，其余均由企业自筹资金解决。

### 知识拓展

#### 做优做强林草产业

贯彻落实习近平总书记"坚持绿色发展、生态惠民"重要指示精神，发挥林草资源优势，巩固生态脱贫成果，做优做强林草产业，推动乡村振兴。

巩固拓展生态脱贫成果同乡村振兴有效衔接：深度融入乡村振兴；巩固脱贫成果。

发展优势特色产业：推进产业升级，如国家储备林、油茶等木本油料产业、竹产业、花卉苗木产业、林草中药材产业、牧草产业。

培育产业新业态：林下经济、生态旅游业、"互联网+"林草产业。

做强传统产业：经济林、木竹材加工、林产化工、制浆造纸。

提升林草装备水平：推动林草机械化技术研发；提升林草机械化装备水平。

## 思考题

1. 我国六大林业生态工程都是什么？
2. 三北防护林体系建设工程的建设背景、建设目的、建设内容是什么？
3. 速生丰产林用材林基地建设工作与其他五大林业生态工程的关系是什么？

# 单元5　北方常见林业生态工程建设技术

## 5.1　水源涵养林生态工程

水源涵养林，是指以调节、改善、水源流量和水质的一种防护林，也称水源林，是以涵养水源、改善水文状况、调节区域水分循环、防止河流、湖泊、水库淤塞，以及保护可饮水水源为主要目的的森林、林木和灌木林。主要分布在河川上游的水源地区，对调节径流，防止水、旱灾害，合理开发、利用水资源具有重要意义。

水源涵养林可用于控制河流源头水土流失，调节洪水、枯水流量，具有良好的林分结构和林下地被物层的天然林和人工林。水源涵养林通过对降水的吸收调节等作用，变地表径流为壤中流和地下径流，起到显著的水源涵养作用。为了更好地发挥这种功能，流域内森林需要均匀分布、合理配置，并达到一定的森林覆盖率和采用合理的经营管理技术措施。

### 5.1.1　主要功能

森林的形成、发展和衰退与水分循环有着密切的关系。森林既是水分的消耗者，又起着林地水分再分配、调节、储蓄和改变水分循环系统的作用。因此，水源涵养林主要有以下功能。

（1）调节坡面径流

水源涵养林能调节坡面径流，消减河川汛期径流量，具有水土保持功能。一般在降水强度超过土壤渗透速度时，即使土壤未达饱和状态，也会因降水来不及渗透而产生超渗坡面径流；而当土壤达到饱和状态后，其渗透速度降低，即使降水强度不大，也会形成坡面径流，称过饱和坡面径流。但森林土壤因具有良好的结构和植物腐根造成的孔洞，渗透快、蓄水量大，一般不会产生上述两种径流；即使在特大暴雨情况下形成坡面径流，其流速也比无林地大大降低。在积雪地区，因森林土壤冻结深度较小，林内融雪期较长，在林内因融雪形成的坡面径流也减小。森林对坡面径流的良好调节作用，可使河川汛期径流量和洪峰起伏量减小，从而减免洪水灾害。结构良好的森林植被可减少水土流失90%以上。

（2）调节地下径流

水源涵养林能调节地下径流，增加河川枯水期径流量。中国受亚洲太平洋季风影响，雨季和旱季降水量悬殊，因而河川径流有明显的丰水期和枯水期。但在森林覆被率较高的流域，丰水期径流量占30%~50%，枯水期径流量也可占到20%左右。森林能增加河川枯水期径流量的主要原因是把大量降水渗透到土壤层或岩层中并形成地下径流。在一般情况下，坡面径流只要几十分钟至几小时即可进入河川，而地下径流则需要几天、几十天甚至更长的时间缓缓进入河川，因此可使河川径流量在年内分配比较均匀，提高了水资源利用系数。

(3)滞洪和蓄洪功能

河川径流中泥沙含量的多少与水土流失相关。水源涵养林一方面对坡面径流具有分散、阻滞和过滤等作用，另一方面其庞大的根系层对土壤有网结、固持作用。在合理布局情况下，还能吸收由林外进入林内的坡面径流并把泥沙沉积在林区。

降水时，由于林冠层、枯枝落叶层和森林土壤的生物物理作用，降水被截留、吸持、渗入、蒸发，减小了地表径流量和径流速度，增加了土壤拦蓄量，将地表径流转化为地下径流，从而起到了滞洪和减少洪峰流量的作用。

(4)枯水期的水源调节功能

水源涵养林的涵养水源作用主要表现在对水的截留、吸收和下渗，在时空上对降水进行再分配，减少无效水，增加有效水。水源涵养林的土壤吸收林内降水并加以储存，对河川水量补给起积极的调节作用。其原理是森林凋落物的腐烂分解，改善了林地土壤的透水通气状况，使森林土壤具有较强的水分渗透力，因而有林地的地下径流一般比裸露地的大。随着森林覆盖率的增加，地表径流减少，地下径流增加，使得河川在枯水期也不断有补给水源，增加了干旱季节河流的流量，使河水流量保持相对稳定。

(5)改善和净化水质

造成水体污染的因素主要是非点源污染，即在降水径流的淋洗和冲刷下，泥沙与其所挟带的有害物质随径流迁移到水库、湖泊或江河，导致水质浑浊恶化。水源涵养林能有效地防止水资源的物理、化学和生物的污染，减少进入水体的泥沙。降水通过林冠沿树干流下时，林冠下的枯枝落叶层对水中的污染物进行过滤、净化，所以最后由河、溪流出的水的化学成分发生了变化。

(6)调节气候

森林通过光合作用可吸收二氧化碳，释放氧气，同时吸收有害气体及滞尘，起到清洁空气的作用。森林植物释放的氧气量比其他植物群落高 9~14 倍，占全球总量的 54%，同时通过光合作用储存了大量的碳源，故森林在地球大气平衡中的地位相当重要。林木通过抗御大风可以减风消灾。另外，森林对降水也有一定的影响，多数研究者认为森林有增水的效果。森林增水是造林后改变了下垫面状况，使近地面的小气候发生变化而引起的。

(7)保护野生动物

水源涵养林给生物种群创造了生活和繁衍的条件，使种类繁多的野生动物得以生存，且水源涵养林本身就是动物的良好栖息地。

## 5.1.2 营造技术

营造技术包括树种选择和混交、林地配置与整地方法、经营管理等内容。

(1)树种选择和混交

在适地适树原则指导下，水源涵养林的造林树种应具备根量多、根域广、林冠层郁闭度高(复层林比单层林好)、林内枯枝落叶丰富等特点。因此，最好营造针阔混交林，其中除主要树种外，要考虑合适的伴生树种和灌木，以形成混交复层林结构。同时，选择一定比例深根性树种，加强土壤固持能力。在立地条件差的地方，可考虑以对土壤具有改良作用的豆科树种作为先锋树种；在条件好的地方，则要用速生树种作为主要造林树种。

（2）林地配置与整地方法

在不同气候条件下取不同的配置方法。在降水量多、洪水危害大的河流上游，宜在整个水源地区全面营造水源林。在因融雪造成洪水灾害的水源地区，水源林只宜在分水岭和山坡上部配置，使山坡下半部处于裸露状态，这样春天下半部的雪首先融化流走，上半部林内积雪再融化就不致造成洪灾。为了增加整个流域的水资源总量，一般不在干旱、半干旱地区的坡脚和沟谷中造林，因为这些部位的森林能把汇集到沟谷中的水分重新蒸腾到大气中，减少径流量。总之，水源涵养林要因时、因地、因害设置。水源林的造林整地方法与其他林种无重大区别。在中国南方低山丘陵区降水量多，要在造林整地时采用竹节沟整地造林；西北黄土区降水量少，一般用反坡梯田（见梯田）整地造林；华北石山区采用"水平条"整地造林；在有条件的水源地区，也可采用封山育林或飞播造林等方式。

（3）经营管理

水源林在幼林阶段要特别注意封禁，保护好林内死地被物层，以促进养分循环和改善表层土壤结构，利于微生物、土壤动物（如蚯蚓）的繁殖，尽快发挥森林的水源涵养作用。当水源林达到成熟年龄后，要严禁大面积皆伐，一般应进行弱度择伐。重要水源区要禁止任何方式的采伐。

# 5.2　农田防护林业生态工程

农田防护林是防护林体系的主要林种之一，是指将一定宽度、结构、走向、间距的林带栽植在农田田块四周，通过林带对气流、温度、水分、土壤等环境因子的影响，来改善农田小气候，减轻和防御各种农业自然灾害，创造有利于农作物生长发育的环境，以保证农业生产稳产、高产，并能对人民生活提供多种效益的一种人工林。

农田防护林带由主林带和副林带按照一定的距离纵横交错构成格状，即防护林网。主林带用于防止主要害风，林带和风向垂直时防护效果最好。但根据具体条件，允许林带与垂直风向有一定偏离，偏离角不得超过30°，否则防护效果将明显下降。副林带与主林带垂直，用于防止次要害风，增强主林带的防护效果。农田防护林带还可与路旁、渠旁绿化相结合，构成林网体系。

## 5.2.1　发展概况

（1）发展阶段

在平原地区营造防护林始于19世纪初，英国最早在滨海地区营造海岸防护林；此后，苏联和美国等国家有计划、大规模地营造农田防护林。中国营造农田防护林有100多年的历史，至今大体可分3个阶段。

①第1阶段。一百多年前以防治风沙的机械作用为目的，由农民自发营造的自由林网阶段。主要由群众自发在田边地角、风口处营造的，不同规格的，网眼小、不规则、零散

的小林网,除去防风作用外,还可以取得一些薪柴作燃料。

②第2阶段。中华人民共和国成立至20世纪60年代末,以全面改善农田小气候为主要目的国家或集体有计划、大规模营造的防护林带,如东北、华北、西北和东南海滨边缘建立的防护林,主带与主风带相垂直,带间距为200~500m,已经初具规模。

③第3阶段。自20世纪70年代始,以改造旧有农业生态系统为目的,实行综合治理,建立农田防护林综合体系的阶段。该阶段把农田防护林作为农田基本建设的一项重要内容,实现山、水、田、林、路综合治理,出现了一个地区或几个地区连片的方田网格。在此期间,林业六大工程启动,包括1978年提出的三北防护林体系建设工程。

(2)自然区划

我国营造的农田防护林,按其所在的地理位置、气候特征,大致可分为7个主要农田防护林区,每个区又都具有各自不同的亚区。

①东北西部内蒙古东部农田防护林区。包括东北西部、内蒙古东部。

②华北北部农田防护林区。位于内蒙古高原的南部,东起锡林郭勒盟,西至贺兰山阴山脚下,南接华北平原和黄土高原,北到国境线。

③华北中部农田防护林区。包括淮河以北、黄河中下游,以及永定河、海河流域,即渭河平原、汾河平原、华北大平原。

④西北北部农田防护林区。包括新疆、甘肃、青海等省(自治区)以及内蒙古贺兰山以西的地区。

⑤长江中下游农田防护林区。指长江中下游沿江两岸的冲积平原和湖积平原,包括洞庭湖区、江汉平原、鄱阳湖区、安庆至芜湖的沿江平原、苏南和苏北平原以及苏北沿海地区。

⑥东南沿海农田防护林区。包括福建、广东、广西沿海和台湾、海南以及其他沿海岛屿的平原或低丘平原地带。

⑦西藏拉萨河谷农田防护林区。位于西南边陲、西藏自治区南部,包括雅鲁藏布江、狼楚河和印度河上中游的山间宽谷湖盆地带。

## 5.2.2 林带结构及防护特征

### 5.2.2.1 林带结构

林带结构是指林带内树木枝叶的密集程度和分布状况,也就是林带内通风孔隙的大小、数量、分布状况。

(1)紧密结构

带幅较宽,栽植密度较大,一般由乔、灌木组成。生叶期间从林冠到地面,上下层都密不透光,透光度几乎为零,透风系数在0.3以下。

紧密结构的林带内和背风林缘附近,有一静风区,容易导致林带内及四周林缘积沙,一般不适用于风沙区。由于林带不透风,大部分气流由林冠上部越过,林带改变气流结构的作用即相当于涡旋形成物的作用。最小风速发生在林带背后1H处,相当于旷野风速的10%,能降低风速20%的范围,可达15~20H。这种结构林带,其降低风速显著,但防风范围小,而且风速恢复得也迅速。

（2）疏透结构

带幅较前者窄，行数也较少。一般由乔木组成两侧或仅一侧的边行，配置一行灌木，或不配置灌木，但乔木枝下高较低。最适宜的透光度为 0.3~0.4，透风系数为 0.3~0.5。

大部分气流（50% 甚至 60% 以上）不改变运行方向，少部分气流在树冠中上部密集枝叶处越过林冠，林带改变了气流结构，气流在运行过程中逐渐消耗了能量，致使风速降低。风速降低缓慢，增加也缓慢，最低风速出现在林带后 3~5H 或 3~8H 范围内，但降低风速的绝对值比紧密结构林带要小。能降低风速 20% 的范围在 25H 内。

防护效果大于紧密结构，防护距离小于通风结构，适用于风沙区。

（3）通风结构

林带幅度、行数、栽植密度，都少于前两者。一般为乔木组成而不配置灌木。

林冠层有均匀透光孔隙，下层只有树干，因此形成许多通风孔道，林带内风速大于无林旷野，到背风林缘附近开始扩散，风速稍低，但仍近于旷野风速，易造成林带内及林缘附近处的风蚀。生叶期的透光度为 0.4~0.6，透风系数大于 0.5。

树冠部分较紧密不通风，因而在树干部分有大量气流直穿而过，又由于浓缩气流力量强大，林带下部气流穿过树干时，风速略有增加；到一定距离后，气流因断面加大而辐散，同时与上部气流汇合，由于上下部气流速度不同汇合时会使风速减低。因此，这种结构林带在背风林缘附近，其减低风速不明显，甚至不减低，随后风速缓慢减弱，而且恢复风速亦缓慢，最低风速出现在林带后 6~8H 或 5~10H。减低风速 20% 的范围在树高 28H 距离内。受强大气流的影响，促使林带防护范围向前推进，因而防护范围比前两种结构林带要大，但降低风速的绝对值比稀疏结构要小，在林缘附近有不同程度的风蚀现象。

### 5.2.2.2　疏透度

因林带宽度，行数，乔、灌木树种搭配和造林密度而有差异，表现出透光度与透风系数的变化。

透光度，又称疏透度（$\beta$），是林带纵断面的透光面积与其纵断面的总面积的比值。

$$\beta = \frac{F}{S} = \frac{\sum F_i}{\sum S_i} \tag{5-1}$$

式中　$S$——林带垂直断面上投影面积；

　　　$F$——林带垂直断面上透光面积；

　　　$i$——将林带划分的格数；

　　　$F_i$、$S_i$——每格透光面积、总面积。

### 5.2.2.3　防护距离与防护范围

（1）防护距离

防护距离是指林带附近某一高度（一般取 1~2m）处风速第一次由较小值恢复到旷野值的距离。一般以林带平均高（H）为计算单位。

（2）有效防护距离

指林带附近风速减小到有害值以下的距离。在迎风面防护距离一般为 5~10H，背风面为 30~50H。林带在背风面使有害风速降为无害风速的距离，称为林带的有效防护距离，林带的配置应以有效防护距离为依据。

（3）防护范围

防护范围是指在林带附近范围水平方向和垂直方向上，风速第一次由较小值恢复到旷野值的整个空间区域。

（4）有效防护范围

有效防护范围是指风速开始减弱到有害值以下的空间范围。

#### 5.2.2.4 防护效益

（1）改善小气候

主要是通过对气流结构和风速的影响，使风速在有效防护距离内与空旷农地相比，平均降低 20%～30%。风速降低后，其他气象要素的改善使土壤水分蒸发减少 20%～30%，土壤含水量增加 1%～4%，空气相对湿度提高 5%～10%，缩小昼夜和季节气温变幅，形成有利于农作物生长发育的小气候。

（2）增加农作物产量

一般谷类作物增产 20%～30%，瓜类和蔬菜增产 50%～70%。在风沙、干旱灾害严重的地区和年份，林带的增产效果更为显著。

（3）降低地下水水位

农田防护林可以降低地下水水位，改良土壤，提供一定的林副产品，还可以美化环境和净化空气。

### 5.2.3 营造技术

（1）林带设置

农田防护林宜与农田基本建设同时规划，以求一致。平原农区的田块多为长方形或正方形，道路则与排灌渠和农田相结合设置。据此，林带宜栽植在呈网状分布的渠边、路边和田边的空隙地上，构成纵横连亘的农田林网。每块农田都由 4 条林带所围绕，以降低或防御来自任何方向的害风。

（2）网格大小

因带距大小而有不同，而带距又受树种、高生长和害风的制约。一般土壤疏松且风蚀严重的农田，或受台风袭击的耕地，主带距可为 150m，副带距约 300m，网格约 4.5hm²。有一般风害的壤土或砂壤土农区，主带距可为 200～250m，副带距为 400m 左右，网格为 8～10hm²。风害不大的水网区或灌溉区，主带距可为 250m，副带距 400～500m，网格为 10～15hm²。因高生长和害风情况而有不同。

（3）树种选择

宜选择生长迅速、抗性强、防护作用及经济价值和收益都较大的乡土树种，或符合上述条件而经过引种试验、证实适生于当地的外来树种。可采取树种混交，如针、阔叶树种混交，常绿与落叶树种混交，乔木与灌木树种混交，经济树与用材树混交等。采用带状、块状或行状混交方式。

（4）造林密度

一般根据各树种的生长情况及其所需的正常营养面积而定，如单行林带的乔木，初植株距 2m；双行林带株行距 3m×1m 或 4m×1m；3 行或 3 行以上林带株行距 2m×2m 或 3m×2m。视当地的气候、土壤等环境条件和树种生物学特性而异。

## 5.2.4　抚育管理

在新植林带内须除草、灌水和适当施肥。幼林带郁闭后进行必要的抚育。但修枝不可过度，应使枝下高约占全树高的 1/4，成年林带树木的枝下高不宜超过 4～5m。间伐要注意去劣存优、去弱留强、去小留大的原则，勿使林木突然过稀。幼林带发现缺株或濒于死亡的受害木时应及时补植。

## 5.2.5　林带更新

树木的寿命是有限的，当达到自然成熟年龄时，生长速度开始减退，进而出现枯梢、病虫害等，最终全株自然枯死。随着林带树木的逐渐衰老、死亡，林带的结构也逐渐变得稀疏。因此，防护效益也逐渐降低。要保证林带防护效益的永续性，就必须建立新一代林带——接班林，代替自然衰老的林带，这便是林带的更新。

（1）更新方法

主要有植苗更新和萌芽更新两种方法。植苗更新就是在需要更新的地段栽植苗木从而形成林带。萌芽更新是利用某些树种萌蘖力强的特性，采取平茬或断根的措施进行更新的一种方法。

（2）更新方式

在进行林带更新时，要避免一次将所有林带全都砍光，以致对该地区的防护作用影响太大，因此林带更新要按照一定的顺序在时间和空间上做到合理安排，一定区域内不能一次性同期更新。就一条林带或一段林带而言，可以有全带更新、半带更新、带内更新和带外更新 4 种方式。

①全带更新。就是将衰老林带一次性全部伐除，然后在林带迹地上建立起一新林带。适用于风沙不太严重的风害区，一般多采用植苗造林，可直接结合育苗进行林带更新，也可用大苗在林带迹地上造林。

②半带更新。是将衰老林带一侧的数行伐除，然后采用植苗或萌芽等更新方法，在林带采伐迹地上建立新一代林带。等新林带郁闭，发挥防护作用后，再去掉保留的部分林带。半带更新受原林带的影响，因此，植苗造林比较困难，对萌芽能力强的树种最好采用萌芽更新。

半带更新适于风沙比较严重的地区。首先伐除林带阳侧的一半行数，然后将伐根均匀培土。萌条长到一定程度按株距定株。新林带成林后，再伐去保留带。这种更新节省土地，也节省苗木和劳力，适用于宽林带的更新。

③带内更新。在林带内原有树木行间或伐除部分树木的空隙地上进行带状或块状整地、造林，并依次逐步实现对全部林带的更新。带内更新既不多占用土地，又可使林带连续发挥防护作用，但往往形成不整齐的林相。

④带外更新。在林带的一侧（最好是阳侧）按林带设计宽度整地，用植苗造林或萌芽更新的方式营造新林，等新植林带郁闭后再伐除原林带。

这种方式占地较多，因此适于窄林带的更新，或地广人稀的非集约经营农业地区林带的更新。

(3)更新年龄

从农田防护林的基本功能出发，林带的更新年龄应该主要考虑林带防护效能明显降低的年龄，并结合伐后木材的经济利用价值以及林况等因素综合确定。杨树、柳树一般更新年龄为20~25年，油松、樟子松、落叶松等针叶树种一般为40~80年。

**知识拓展**

2016年5月16日农业市场新闻频道从河南省林业科学院获悉，河南已经形成的多树种、多林种、多功能的综合性农田防护林体系，有效抑制了多种自然灾害，每年使粮食增产达百亿公斤。

目前，河南省有566万hm²以上的农林间作的土地，有94个平原县、半平原县全部达到了平原绿化高级水平，1000多万亩沙化土地变成了良田。

河南省林业科学院林业研究所所长李良厚认为，多年实践证明，提高粮食产量，最有效最根本的措施之一就是发挥农田防护林体系的生态屏障作用。河南省农林部门长期观测显示，农田林网有效抑制了干热风等自然灾害，能使农作物平均增产10%。

河南省农田林网等平原林业在带来巨大生态效益的同时，正成为当地农民增收的新增长点。据有关部门统计，通过林粮间作、林菜间作、林药间作等方式，2015年河南省平原地区每位农民的林业收入约占人均收入的17%。

## 5.3 沿海防护林业生态工程

### 5.3.1 建设分区

我国沿海地区的主要自然灾害有台风、暴雨洪涝、滑坡、泥石流等。在夏秋季节我国东南沿海地区经常遭受台风的袭击，台风是发源于热带洋面的大气涡旋，台风过境时，通常出现狂风暴雨天气。暴雨洪涝和滑坡则是由于台风带来强降水使沿海水量增加、水位上涨而泛滥以及山洪暴发造成的。泥石流的形成多是在山区或者其他沟谷深壑、地形险峻的地区，因为暴雨、暴雪或其他自然灾害引发的山体滑坡并挟带大量泥沙以及石块的特殊洪流。

海岸线是陆地与海洋的交界线。一般分为岛屿海岸线和大陆海岸线。我国海岸线总长度达3.2万km，其中大陆海岸线1.8万km，岛屿海岸线1.4万km。

#### 5.3.1.1 沿海地区

沿海地区包括天津、河北、辽宁、山东、江苏、上海、浙江、福建、台湾、广东、香港、澳门、广西、海南。工程建设区域包括辽宁、天津、河北、山东、江苏、上海、浙江、福建、广东、广西、海南11个省(自治区、直辖市)。

#### 5.3.1.2 海岸类型

(1)沙质海岸

陆地岩石风化或河流输入的沙砾堆积在海边形成的沙质海岸。

（2）淤泥质海岸

淤泥质海岸是由淤泥或杂以粉砂的淤泥组成，多分布在输入细颗粒泥砂的大河入海口沿岸。

（3）岩质海岸

多由花岗岩、玄武岩、石英岩、石灰岩等各种不同山岩组成。

#### 5.3.1.3  类型区划分

根据沿海地带的地貌特征、土壤类型、气候条件，将我国沿海防护林体系建设区域划分为 3 个类型区和 12 个自然区。

①以沙质海岸为主的台地丘陵防风固沙、水土保持治理类型区。

②以淤泥质海岸为主的平原风、潮、旱、涝、盐、碱治理类型区。

③以岩质海岸为主的山地丘陵水土保持、水源涵养治理类型。

### 5.3.2  构成与配置

#### 5.3.2.1  体系构成

以海岸基干林带、海岸消浪林带为主，与纵深防护林等有机配合，共同构成沿海防护林体系。广东全省 3207.9km 的宜林海岸已营建防护林带 2885km，宜林海岸线绿化率达 89.9%，居全国前列（图 5-1）。

**图 5-1  广东省沿海防护林体系**

#### 5.3.2.2  体系类型

（1）泥质海岸防护林体系

从海岸带适宜造林的地方起向内陆延伸，形成以海岸消浪林带、海岸基干林带为主，与纵深防护林相结合的综合防护林体系。

（2）沙质海岸防护林体系

从海滩适宜造林的地方起向内陆延伸，形成以海岸基干林带为主，与纵深防护林相结合的综合防护林体系。

（3）岩质海岸防护林体系

从最高潮位线起向内陆延伸，形成以海岸基干林带为主，与纵深防护林相结合的综合防护林体系。

在湖南省昌江海尾镇，全长 63.7km 的海岸线上筑起了一座绿色长城，形成了一道亮丽的生态屏障。昔日寸草不生、风起沙飞的荒漠，如今变成绿树成荫、风景秀丽的滨海旅游区（图 5-2）。

图 5-2  高空俯视海南省昌江海尾镇木麻黄树林景观

### 5.3.2.3  功能配置

沿海防护林体系功能配置可分为海岸基干林带、海岸消浪林带、纵深防护林。

（1）海岸基干林带

泥质海岸选择耐盐碱、抗风折、耐涝、易繁殖的树种；沙质海岸选择抗风沙、耐瘠薄、根系发达、固土能力强的树种；岩质海岸选择抗干旱、耐瘠薄、固土护坡能力强的树种。

林带走向与海岸线一致；泥质海岸段，宽度不小于 200m；沙质海岸段，宽度不小于 300m；岩质海岸段，临海第一层水脊线以内。

（2）海岸消浪林带

红树林选择抗污染、根系发达、自我更新能力强，防浪促淤、固岸护堤能力强的乔灌木种类。柳林以乡土树种为主，适当引进其他耐水浸、耐盐渍、抗风、固岸护堤能力强的树种。

可采用篱式、丛状、团块状或行状等配置方式。根据造林地的立地条件和树种特性营造混交林带。

（3）纵深防护林

严格执行相关造林标准，结合水土保护林、水源涵养、农田防护、村镇绿化等相应需求进行选择。

**知识拓展**

1991年，全国沿海防护林建设第一期工程正式启动。

2021年国家林业和草原局统计数据显示，经过30年艰苦卓绝的努力，沿海防护林体系建设工程区累计完成营造林面积在400万 $hm^2$ 以上。其中，人工造林230万 $hm^2$，封山育林150万 $hm^2$，工程区森林覆盖率提高到39%左右。

# 5.4 山地水土保持林业工程

## 5.4.1 土壤侵蚀概况

### 5.4.1.1 土壤侵蚀概况

我国是个多山国家，山地面积占国土面积的2/3；我国也是世界上黄土分布最广的国家，山地丘陵和黄土地区地形起伏，黄土或松散的风化壳在缺乏植被保护情况下极易发生侵蚀。我国大部分地区属于季风气候，降水量集中，雨季降水量常达年降水量的60%～80%，且多暴雨。综上，易于发生水土流失的地质地貌条件和气候条件是造成我国水土流失的主要原因。

《中国大百科全书·水利卷》(1992)对土壤侵蚀的定义：土壤侵蚀是指土壤及其母质在水力、风力、冻融、重力等外营力作用下，被破坏、剥蚀、搬运及沉积的过程。

水土流失危害使大量肥沃的表层土壤丧失，导致土壤肥力下降。据统计，我国每年流失土壤约50亿t，损失氮(N)、磷(P)、钾(K)元素4000万t以上。造成水库淤积，河床抬高，通航能力降低，洪水泛滥成灾，威胁工矿交通设施安全。在高山深谷，水土流失常引起泥石流灾害，危及工矿交通设施安全。

### 5.4.1.2 土壤侵蚀的形式

(1)水力侵蚀

水力侵蚀也称水蚀，是指土壤在水力作用下发生的侵蚀现象，按其发生、发展过程，可分为面蚀、沟蚀、山洪侵蚀。

①面蚀。是指由于雨滴击溅和分散的地表径流冲走坡面表层土粒的一种侵蚀现象。

②沟蚀。是指汇集在一起的地表径流冲刷破坏土壤及其母质，形成切入地下沟壑的土壤侵蚀形式。

③山洪侵蚀。在地形起伏的山区、丘陵区，一遇大雨或暴雨，坡面很快产生径流，并从坡面挟带大量固土物质泄入沟道，使沟道水流骤然高涨，形成突发洪水，冲出沟道向河道汇集，并冲刷河床和沟岸。这种山区河流洪水对沟道堤岸的冲淘、对河床的冲刷或淤积过程称为山洪。山洪具有流速高、冲刷力大和暴涨暴落的特点，因而破坏性极强。

(2)风力侵蚀

风力侵蚀简称风蚀，是指土壤颗粒或沙粒在风力作用下脱离地表，被搬运和堆积的过程，以及随风运动的沙粒在打击岩石表面过程中，使岩石碎屑剥离出现擦痕和蜂窝的现象。

（3）重力侵蚀

重力侵蚀是以重力作用为主引起的土壤侵蚀，主要有陷穴、泻溜、崩塌和滑坡。

（4）冻融侵蚀

冻融侵蚀主要包括冻融土侵蚀和冰川侵蚀。

①冻融土侵蚀。是在我国北方寒温带，由于土壤冻融具有时间和空间上的不一致，当上部土体解冻，而下部仍处冻融状态时，下部土层即为一个近似绝对不透水层，水分沿交接面流动，从而引发的侵蚀。

②冰川侵蚀。主要发生于青藏高原和高山雪线以上地区，由于冰川运动对地表土石体造成机械破坏作用的一系列现象，称为冰川侵蚀。

（5）泥石流侵蚀

泥石流是一种包含大量泥沙、石块等固体物质的特殊洪流。在适当的地形条件下，水的渗透使山坡或沟床的固体堆积物的稳定性降低，在流水冲力和自身重力作用下发生运动，形成泥石流。

## 5.4.2　影响因素分析

一般认为影响水土流失的因素，可分为两大类：一是自然因素，二是人为因素。自然因素是影响水土流失发生和发展的潜在因素，人为因素是影响水土流失发生、发展和保持水土的主导因素。

### 5.4.2.1　自然因素

水土流失是一个严重的全球性问题，影响水土流失的自然因素主要有气候、土壤、地质、地形和植被等。

（1）气候因素

气候条件对土壤侵蚀发展特点与危害程度有很大影响，温度、湿度等因素通过调节植物生长从而间接地影响水土流失程度，而降水强度则直接影响着地表径流的形成和水土流失状况。

降水量多的地区发生侵蚀的危险性大；降水强度越大，发生地表径流与土壤侵蚀的危险性越大。

（2）土壤因素

在水土流失过程中，土壤是被破坏的对象，在一定地形和降水条件下，地表径流与水土流失程度与土壤透水性、土壤的抗蚀能力、土壤的抗冲性有关。

①土壤透水性。取决于土壤机械组成、土壤结构、土壤孔隙度、土壤的构造及含水量。砂质土不易产生土壤径流，这是由于砂质土比壤质土及黏砂质土的孔隙度大，渗水力强，从而减少了地表径流；在壤质土及黏质土上，有团粒结构的土壤透水能力强，不易产生径流；土壤的孔隙度越大，渗水能力就越强，就越不易产生地表径流；土壤的含水量越大，也就是说土壤越湿润，则吸水能力越弱，引起的径流量就越大；土壤冻结时，春季融雪也会造成大量土壤流失。

②土壤的抗蚀能力。是指土壤抵抗雨滴击打和径流悬浮的能力。其大小主要取决于土粒和水的亲和力，亲和力越大，土壤越易分散悬浮，土壤团粒聚体越易受到破坏解体。

③土壤的抗冲性。是指土壤抵抗径流和风等侵蚀力、机械破坏作用的能力。黏重、紧实的土壤抗冲性强。另外，由于植物根系网络和固结作用，可增强抗冲性。

（3）地形因素

地形因素是影响水土流失的重要因素之一，地形因素主要包括坡度、坡长、坡形及坡向。

①坡度。土壤侵蚀量随坡度增加而增加。地表径流所具有的冲刷力，随径流速度的增大而增大，径流速度的大小取决于径流深度和地面坡度，当其他条件相同时，地面坡度越大，径流流速越大，径流的冲刷能力就越强，土壤侵蚀量就越大。

②坡长。坡面是地表径流汇集的场所，在相同条件下，坡面越长，汇集的径流量就越多，径流冲刷能力就越强，土壤侵蚀就越严重。

③坡形。主要有直线形斜坡、凸形斜坡、凹形斜坡和阶梯形斜坡 4 种。

直线形斜坡主要与坡度、坡长有关，坡度大，距分水岭远，汇集的地表径流就大，水土流失就严重。凸形斜坡的坡度随着距分水线距离的加大而增加，由于坡度和坡长同时增加，集水区面积增加，将引起径流量和流速的增加，土壤流失量也随之增加。凹形斜坡的上半部坡度较陡，下半部坡度较缓，常使水土流失停止甚至发生沉积。阶梯形斜坡发生的可能性相对而言要小，较平缓的台阶部位水土流失较轻。

④坡向。阳坡的水土流失程度大于阴坡。阳坡由于吸收的阳光多，春季融雪快而尚未解冻的表层土壤面侵蚀发展快；夏天土壤易干燥，不利于植物生长，易发生水土流失。

（4）植被因素

植物在保持水土方面具有重要的地位，几乎在任何条件下，都有阻缓水蚀和风蚀的作用，能覆盖地表、截持降水、减缓流速、分散流量、过滤淤泥、固结土壤和改良土壤，以减少或防治水土流失。

①可拦截降水，降低雨滴能量。植物的地上部分能够拦截降水，减小到达地面的降水强度极限，也就减少雨滴对地面的打击破坏作用，植被盖度越大，郁闭度越高的林分减少地表径流就越多，减小雨滴直接打击土壤的强度就越大。

②地表枯落物可吸收、阻拦和过滤地表径流。枯枝落叶层像海绵一样，接纳透过树冠到达地面的雨水，使之慢慢渗入林地变为地下水，不易产生径流。枯枝落叶还有保护土壤增加地表粗糙度、分散径流、减缓流速以及拦截泥沙等作用。

③死亡的根系和枯落物可以改良土壤结构，提高土壤透水和持水量。枯枝落叶腐烂、分解易形成腐殖质、胶结土壤颗粒，形成水稳性团粒，改良土壤结构，提高土壤的抗蚀、抗冲和渗透能力，从而减少地表径流和土壤冲刷作用。枯枝落叶的积累和分解，促进了土壤生物的增加，土壤生物活动及根系死亡、分解留下的孔道，增加了土壤的渗透性，从而减少地表径流。

④植物根系对土体有穿插、网络和固持作用。根系缠绕可将表土、心土、母质和基岩连成一体，提高土体稳定性，对防止崩塌、滑坡等侵蚀有一定作用。植被削弱地表风力，起到保护土壤、减轻风力侵蚀危害的作用，不同植被类型防止土壤侵蚀的作用不同，其中森林的作用最大，其次是草原植被，最后是农作物。

#### 5.4.2.2 人类活动

人类活动，一方面加剧了水土流失的进程；另一方面，也可通过人类活动对水土流失加以控制。

（1）加剧土壤侵蚀的人类活动

①土地利用结构不合理。随着人口的剧增，为了生存而毁林开荒的情况愈加严重，造成坡耕地比重过大，导致水土流失加剧，形成"人口增加—过度开发—水土流失加剧—环境恶化和土地退化—地区贫困化"的恶性循环。

②森林经营技术不合理。人们在重利用、轻保护的观念指导下，无计划、无节制地砍伐，使森林遭到破坏失去了保持水土、涵养水源的作用。在水土流失严重的地区大面积皆伐作业，造成地面裸露，直接遭受雨滴打击、破坏，以及流水和风的危害。少数地区的"烧山"，烧掉了大量生物，使有机质及营养元素丧失，地表裸露，增强了水土流失。

③陡坡开荒。陡坡开荒，顺坡直耕，容易破坏地面植被，也易引起水土流失，《中华人民共和国水土保持法》规定坡地垦荒只限25°以下，而国外一些国家更为严格规定15°以下。

④不合理的耕作方式。顺坡直耕是加剧水土流失的根源。缺乏轮作和不合理施肥也会使地力减弱，破坏土壤团粒结构和抗蚀、抗冲性能，从而加剧土壤侵蚀。此外，坡地上广种薄收的不良耕作习惯，也会直接引起土壤侵蚀。

⑤过度放牧和铲草皮。过度放牧使山坡和草原植被遭到破坏导致退化，地表覆盖度降低，易遭受水蚀和风蚀，引起水土流失，风沙危害。铲草皮更是直接破坏地表覆盖状况，使土壤失去植物根系的固持作用，遇暴雨、大风易造成水土流失。

⑥工矿、交通、基本建设工程。开矿、冶炼、采石、修路、伐木等活动，一方面使地表植被遭到破坏，引起水土流失；另一方面遗弃的表土、碎石、废渣不妥善处理，冲进江河、河道，引发间接污染和破坏。

（2）控制土壤侵蚀的人类活动

要控制土壤侵蚀首先要纠正人类破坏自然的活动，其次是改造自然。

①调整农、林、牧比例。使土地利用结构合理，改变不合理的森林经营技术、经营和采伐森林，改善耕作方式，防止过度放牧和铲草及工矿建设。

②改善地形条件。由于坡度在地形条件中对水土流失的影响最大，因此可在山坡上修水平梯田、挖水平阶、开水平沟、培地埂等以减缓坡度、截短坡长、改变小地形，从而减轻土壤侵蚀。陡坡造林可实施鱼鳞坑、反坡梯田等水土保持整地方法，改变局部小地形。

③改良土壤性状。通过改善土壤的通透性、抗蚀性、抗冲性，来增强土壤的抗侵蚀能力，在砂质土壤中适当掺黏质土，在重黏土中适当掺砂土，多施有机肥，深耕、深锄。

④改善植被状况。通过造林种草、封山育林以及农作物的合理密植、草田轮作、间种、套种等措施来增加植被盖度。

### 5.4.3 水土保持工程措施

水土保持工程是改变小地形，控制坡面径流，治理沟壑，防止水土流失，建设旱涝保收高产稳产基本农田，保障农业生产的重要措施。工程措施主要有坡面治理工程、沟道治理工程。

### 5.4.3.1　坡面治理工程

人们在与水土流失、干旱作斗争的过程中，通过生产实践，创造了各种各样的坡面治理工程，如梯田、水平沟、水平阶、鱼鳞坑等，在防止坡面径流、保持水土、促进农业生产中发挥了重要作用。它们都是通过在坡面上沿等高线开沟筑埂，修成不同形式的水平台阶，即改变小地形的方法，发挥蓄水保土作用。

### 5.4.3.2　沟道治理工程

沟道治理工程是丘陵山区水土流失治理的重要工程内容，是防止侵蚀沟壑进一步恶化，变荒沟为良田的重要措施。

(1)沟壑治理的全面部署

无论发育在何种土壤、地形条件下的侵蚀沟，在治理过程中都应遵循从上到下、从坡到沟、从沟头到沟口，全面部署、层层设防的原则，既要解决侵蚀发生的原因，又要解决侵蚀产生的结果。

①第 1 道防线。加强沟头以上集水坡面治理，山顶部位营造水源涵养林和水土保持林；山坡部位修筑梯田或采取等高种植，做到水不出田、土不离宅，从根本上控制沟壑进一步发展的水源和动力。

②第 2 道防线。在临近沟头的地方，修防护工程，将地表径流分散拦蓄，防止坡面径流从沟头下泄，控制沟头发展。

③第 3 道防线。在侵蚀沟的沟坡上根据不同条件，分别采取修鱼鳞坑、水平沟、反坡梯田等工程，结合造林种草，防止坡面冲刷、沟岸坍塌，减少下泄到沟底的地表径流。

④第 4 道防线。在沟底根据不同条件，分别采取修谷坊、淤地坝等工程措施，达到巩固和抬高侵蚀基准、拦泥淤地的目的。

(2)沟头防护工程

沟头防护工程是防止沟头径流冲刷而发生沟头前进和扩张的工程，有蓄水式和排水式两种类型。无论哪种类型都应与造林植草密切结合起来，使之更有效地保持水土，如蓄水式沟头防护工程和排水式沟头防护工程。

(3)沟底工程

沟底工程(5m 以下)，从本质上讲，就是修坝，即建设各种不同形式的坝，主要有谷坊和淤地坝。

## 5.4.4　水土保持林草措施

水土保持林草措施是水土保持措施体系中的重要组成部分，它与水土保持农业措施、工程措施一起构成水土保持措施体系。

水土流失造林区的特点是土壤侵蚀严重、土壤贫瘠、土地生产力低下、区域环境恶化、生物多样性低。

### 5.4.4.1　造林树种选择

造林树种选择根系发达、根蘖性强、须根较多的树种；枝叶茂密、树冠结构紧密的树种或常绿树种；耐干旱、瘠薄和适应性强，能够迅速生长成林的树种；河滩、塘库区要选择分枝多、耐水湿、耐盐碱的树种；速生、短期内能见效，且易繁殖的先锋树种，并要和后继树种相结合；抗病虫害和不易被动物危害的树种；有利于土壤改良、提高土壤肥力的树种。

综上，要遵循"先灌木，后乔木；先先锋树种，后目的树种；先阔叶树种，后针阔混交"的原则。

### 5.4.4.2 造林树种配置技术

(1)造林密度确定

合理的造林密度应根据不同的树种、气候、土壤和混交方式而定。一般山坡地每亩可栽乔木200~400株，灌木600~700株。实际规划中应以发挥最大的拦阻地表径流、保持水土、防止冲刷作用为前提，综合考虑经济效益。立地条件好，气候湿润、土壤肥沃的阴坡地，冲刷不太严重，树木成活容易，可稀植；反之，阳坡气候干燥，土层瘠薄，树木成活较难，需要密植才能确保成活株数，提早郁闭。生长慢，耐阴或树冠较小的树种要密一些，阔叶树比针叶树稀一些。水土流失严重或潜在危险性大的地区，造林密度要大。植苗造林要大行距、小株距。

(2)种植点的配置

种植点的配置主要指种植点在造林地上的排列方式和间距。

①行状配置。种植点在造林地上分布均匀，相邻行的植株间常排列呈"品"字形配置，山坡地造林，行向宜与坡向垂直。

②群状配置。如块状密植。块状地面积1~2m²，块间距为5m，有利于林木提早郁闭，抵抗不良环境。

(3)树种配置技术

单纯林不如混交林的水土保持效果好，在混交树种的选择上，要充分利用树种间的有利一面，尽量在生态关系上有互补性，如喜光与耐阴，常绿与落叶，深根与浅根，树冠的不同位置与形状等。例如，马尾松与麻栎、桤木与柏树混交。

### 5.4.4.3 造林设计

在造林施工前，本着宜林则林和本地区水土保持规划要求，按山头、地块设计造林技术措施，并落实到小班，作为施工、检查、验收、建立档案、加强管理的依据。

(1)整地设计

整地设计即根据造林地的立地条件差异程度不同，树种特性，结合水土保持工程措施不同，因地制宜地设计整地方式、整地规格等。

整地的标准应根据苗木规格、造林方法以及地形、植被、土壤等状况，结合水土流失等综合决定，以满足造林需要且不浪费劳力为原则。

(2)造林方式设计

造林方式要根据造林树种和当地的自然条件确定。

①植苗造林。是将苗木直接栽植在造林地上，促其生长成林，苗木是在苗圃中较好条件下培育出来的，根系完整、抵抗力强、幼林郁闭早、节约种子。其要经过育苗、起苗、

运苗、栽植工序，费工、成本高，须带土移植。

②播种造林。是将种子直播于造林地上，使其发芽生长的造林方法。其优点是无须移栽，根系不受伤，成活后生长稳定；不用育苗和移栽，操作简便、成本低、节省劳力。缺点是用种量大，幼林阶段生长缓慢，种子幼苗易遭受鸟、兽、杂草以及干旱等危害。

### 5.4.5  水土保持农业措施

在水土保持技术体系中，农业技术措施是保持水土的基本措施，其投资小、见效快、简便易行，是治理和改造坡耕地的重要措施。

中华人民共和国成立初期，我国的总耕地面积约 1 亿 hm²，至 2018 年耕地面积约 1.5 亿 hm²，但其中已经修成水田和梯田的只有很少一部分，而旱地大部分为坡耕地和风蚀地，其也正是水土流失发生的主要地区。受人力、物力、财力的影响，这些地区不可能变为水地或短期内修成梯田，因此只有通过水土保持耕作措施来控制旱地环境发展农业。水土保持的主要耕作措施有以下几种。

①改变小地形的水土耕作措施。主要有等高耕种、沟垄种植、水平犁沟等。

②增加地面覆盖的水土保持耕作措施。如草田带状间作、间作混作、套种复种、覆盖耕作等。

③增加土壤入渗的水土保持耕作措施。如深松耕法、增肥改土、草田轮作等。

## 知识拓展

### 坚持生态优先，搞好五个结合
#### ——济宁市水土保持工作特色突出成效明显

济宁是孔孟之乡，礼仪之邦。地处鲁西南腹地，独特的地形地貌，赋予了济宁良好的自然生态禀赋。但因水文地质条件、人为活动等原因导致水土流失现象比较严重。中华人民共和国成立以来，历届济宁市委、市政府高度重视水土保持工作，带领群众坚持不懈地开展了水土流失综合治理工作，取得了明显成效。特别是党的十八大以来，全市紧紧围绕建设生态济宁这个中心，牢固树立"山水林田湖草是生命共同体"的理念，充分发挥水土保持综合治理在生态建设中的强基固本作用，将水土保持工作与精准扶贫、美丽乡村、海绵城市、生态水系、生产建设项目建设相结合，水土资源得到有效保护和高效利用，如今济宁大地到处呈现出天蓝、地绿、水清、人和的美丽景色。

(1)抓好水土保持与精准扶贫相结合

绿水青山就是金山银山，怎样让穷山恶水变成绿水青山、怎样让绿水青山转变成金山银山？济宁市在多年的治山治水实践中，进行了大胆的尝试和探索，走出一条水土保持与精准扶贫相结合的成功之路。

泗水县的南仲都村因水土流失比较严重，群众广种薄收，曾是远近闻名的贫困村。近年来，南仲都村在水利等有关部门大力扶持下，依据山区优势，积极开展清洁型小流域建设，按照"山顶松柏戴帽，中间果树缠腰，山沟层层拦蓄，山下高效农业，村里综合整治"

的发展模式，共营造水保林 1200 亩，种植桃树等经济林 900 余亩，林草覆盖率达 85%；建设拦蓄工程 12 处，拦蓄地表水近 10 万 $m^3$，建设冬暖式大棚 71 个，种植草莓、油桃、火龙果等名优特品种，每个大棚年均收益 5 万元以上。村中 23 个贫困户参与分红并可进社打工。贫困户年可分红 5000 元、打工人员年收入可增加 6000 元，使村里的贫困户普遍脱贫致富。"十二五"时期以来，全市共综合治理小流域 168 条，治理水土流失面积 311$km^2$，完成投资 4.7 亿多元。通过水土保持综合治理，年减少土壤流失量 190 万 t，年可增加蓄水量 2000$m^3$ 以上，治理区群众年人均收入增加近 1000 元，受益人口达 85 万人。

(2)抓好水土保持与美丽乡村建设相结合

过去的农村，往往给人留下的印象是雨天踩泥窝，晴天尘土飞，污水满街流。为改善农村生产、生活环境，济宁市采取了生态清洁小流域与美丽乡村建设有机结合的方式。

邹城市香城镇石鼓墩村在美丽乡村建设中，秉承水土保持新理念，在农村水系整治方面，坚持村里村外相沟通，村南的丝弦河通过清淤、建坝、栽植水草，成了小湿地，村内生活污水引入湿地后，解决了农村污水处理老大难的问题。村东的丝弦湖，经过清淤扩容、生态护岸、绿化美化，成了村里的可靠的水源地，村内排洪沟引入水库后，既解决了村内排水问题，又增加了水库的水源。如今"梦回乡音，缤纷石鼓"的石鼓墩村成为远近闻名的乡村旅游特色村。

济宁市将水土保持与美丽乡村建设相结合，让许多昔日又脏又乱的旧乡村，变成了"望得见山、看得见水、记得住乡愁"，让城里人向往的新农村。

(3)抓好水土保持与海绵城市建设相结合

昔日金乡县城留给人的印象是"小、乱、脏"。近年来，金乡县把水土保持理念深深地融入城市建设和管理中，因地制宜地推进海绵城市建设，在确保城市排水防涝安全的前提下，最大限度地实现雨水在城区的自然积存、渗透和净化，促进雨水资源的利用和生态环境保护，实施了"五河九湖"治理工程。同时，积极推进公共用地使用植草砖、透水砖、透水路面等透水性铺装工程，既涵养了水源，又滋润了万物。今日的金乡县城城水相依、步步皆诗意、处处是美景，令人刮目相看。

金乡县水土保持与海绵城市建设结合是济宁市海绵城市建设的缩影。济宁市在海绵城市创建过程中，运用水土保持新理念，在城市建设中采取植树种草、涵养水源、降水蓄渗等措施，充分利用雨水资源，提高生态系统功能。在已建成的居住小区、公园、绿地、道路、下凹式立交桥及其他人口密集、地势低洼场所等区域建设雨水控制与利用工程。对新建、改建和扩建生产建设项目，引导建设集雨式绿地、透水铺装、雨水集蓄利用等设施，对公共停车场、人行道、步行街和休闲广场、室外庭院等场所进行透水铺装，有效控制地表径流，充分利用雨水资源。目前，济宁市海绵城市创建工作初见成效。

(4)抓好水土保持与生态水系建设相结合

水土保持是江河治理的根本性措施。一些水利工程，在规划建设时，往往只注重主体工程，而水土保持投资常常落实不到位，造成工程完工之日就是水土流失之时，许多新建堤坝岸坡经雨水冲刷产生的雨淋沟密布，泥沙就地淤积，大大影响了工程安全、效益和美观。济宁市在加强河湖流域范围内水土保持综合治理的同时，加大河湖自身水土流失防治力度，将开挖、疏浚、筑堤与堤岸生态护坡措施相结合，通过植树种草、恢复植被、建设湿地等措施，建设生态水系。

"十二五"时期以来，对洸府河、蓼沟河、小沂河等 21 条总长度超过 160km 的河道进行综合生态治理、绿化美化，"水土保持一条河"随处可见。目前，济宁市建设的生态水系已有 7 个被评定为国家水利风景区，17 个被评定为山东省水利风景区。

（5）抓好水土保持与生产建设项目建设相结合

防治生产建设项目造成的水土流失是水土保持工作的一项重点工作，也是难啃的"硬骨头"。一些生产建设单位为赶进度、省资金，在生产建设中，不注重水土资源的保护和利用，乱采乱挖、乱堆乱放，造成的"渣土随意丢、雨水白白流，杂草丛生没看头"现象特别严重。为减少开发建设项目对生态环境造成的影响，济宁市坚持预防为主、保护优先的新时期水土保持工作方针，依法行政，督导生产建设单位按照水土保持设施与主体工程"同时设计、同时施工、同时投产使用"的"三同时"原则。在水土保持方案审批过程中，坚持便民、高效、务实原则，对项目建设单位报送的送审稿一般 3 天内完成审查。在审查中，水保专家积极为生产建设单位建言献策，优化方案，提出了许多水土保持的金点子，绿化美化的好主意。对符合编制要求的生产建设项目水土保持方案审批及时办理，水土保持方案审批已成为生产建设项目实现经济效益、生态效益双赢的"助推器"。同时，加强事中事后监管，使大批水土保持生态文明工程不断涌现。

唐口煤矿是一家年产 500 万 t 的煤炭企业，在建设运行中，秉承水土保持生态文明建设新理念：对矸石有效拦挡，高效利用；结合矿区建设，打造"矿区生态一条河"，将矿井水、地表水高效集蓄利用。如今河内鱼儿戏水，河岸杨柳依依，矿区内有花、有树、有果，成了一座大花园，2012 年唐口煤矿被评为"中国最美矿山"。

当前，济宁市上下正在为奋力走在前列，实现全面转型发展、全面建成小康社会而努力奋斗。作为美丽生态济宁建设的重要助力，水土保持工作任重道远，在生态文明建设的征程中，济宁市水利系统有决心、有信心、有能力，一定要让水土保持工作更上一层楼，为建设生态美丽济宁做出新的、更大的贡献。

## 5.5　矿山土地复垦林业工程

### 5.5.1　工程简介

矿山土地复垦，又称土地复垦，是采矿权人按照矿产资源和土地管理等相关法律、法规的要求，对在矿山建设和生产过程中，因挖损、塌陷等造成破坏的土地，采取整治措施，使其恢复到可供利用状态的活动。矿山土地复垦是对因采矿弃置的土地进行勘测规划、填平整治和开发利用的方法和过程。采矿作业造成土地破坏和荒芜，是世界各国普遍存在的一个严重问题。

据统计，20 世纪 80 年代美国矿山占地面积已达 2.3 万 $km^2$，且以每年 600 $km^2$ 的速度增加，中国矿山占地面积达 2 万 $km^2$，每年以 270 $km^2$ 的速度增加。土地是人类赖以生存和繁衍的场所，对人口众多、耕地较少的国家来说，其意义尤为重要。无论是采矿场、废石场、尾矿场还是地表沉陷区，都属于破坏性占地，它严重破坏生态平衡和自然景观，造成环境污染的扩大，影响深远。因此，必须正确处理发展矿业与保护环境的矛盾，将采矿作业破坏了的土地及时复垦，予以充分利用。矿山土地复垦是一个综合性的多学科课题，涉及面广。但从矿山环境工程的角度来看，其基本内容应包括勘测与规划、重整土地、开发与利用和经济评价。

## 5.5.2 勘测与规划

编制矿山土地复垦规划时，应详细掌握矿山场地和生产的实际情况。矿山土地复垦一般有两种方法：一种是采后复垦，另一种是交替复垦，两者的勘测和规划略有区别。

(1) 采后复垦

采后复垦要求对矿区界线，地表和地下水文资料，废石堆和其他外露物质的理化性质，废石堆和采空区的体积和位置，矿井、断层和不稳定的尾矿场等危险地段的位置进行勘测，并对矿区自然和社会环境状况进行调查。根据以上资料，能够初步确定复垦后的土地用途和复垦方案。

(2) 交替复垦

矿山土地复垦规划应与矿山开采规划应同时考虑。除开采规划中需要的资料外，要求对土地资源的现状、矿区周围环境素质和社会环境状况进行调查，提出环境影响报告书，进行可行性研究，制订最佳开采、复垦的可行方案，评价土地资源恢复和再利用的途径。

矿床开采的环境影响评价方法有重叠法、矩阵法等。这些方法都是将矿区环境作为一个完整的系统进行综合分析。重叠法是将矿区的地形、地质、生物、景观等调查资料和开采、复垦工程分别标注和绘制在有网格的地图上，这类地图互相重叠，可以帮助了解环境变化状况，从而确定开采复垦的最佳方案。矩阵法是把开采行为和受影响的环境特征或条件组成一个矩阵，在开采行为和环境影响之间建立起直接的因果关系，定量或半定量地说明工程对环境的影响的方法。

## 5.5.3 重整土地

根据规划方案和矿山具体情况，确定重整土地的内容和方法。重整土地作业一般有以下几种。

(1) 保存表土

在矿山进行基建时，铲出 0.3~0.5m 厚的表土，储存备用。这项作业往往由铲运机完成，也有使用推土机或其他设备的。

(2) 回填

采空区或废石场的回填作业可由采矿设备完成，作业同时要根据用途确定填表土的厚度，当采用交替法复垦时，废石可直接排放到采空区充填，具体回填方法包括索斗挖掘机开采复土法、汽车回运复土法、沿等高线分区段剥离开采复土法等。

(3) 平地

为了便于种植农作物，防止水土流失，土地坡度一般不超过 10%，坡度再大就必须修台阶。通常可采用推土机、索斗挖掘机等设备进行平地。

(4) 修整边坡

为了防止滑坡，应将原采区和废石堆的边坡进行修整和加固处理。

### 5.5.4　开发与利用

土地的用途和功能，应根据矿区开采后的破坏程度和范围，以及当地的自然环境和社会环境等因素来确定，开发利用的一般原则是，人多耕地少的地区，可种植农作物；靠近城市的地区，可修建公园、娱乐场所，靠近风景区的地区，可营建休养旅游设施；与地表或地下水连通的露天采空区，可辟为水库、鱼塘、人工湖泊或水上娱乐场所，有的矿井可作为仓库等。总之，无论作为何种用途，即便是暂时未利用的边远地区，为了保护环境，也应在重整土地的基础上种草植树，促使生态演替。在条件成熟后，可开辟为牧场。

土地开发和利用的技术内容包括以下几点。

（1）改善岩土性状

通常废石尾矿中存在一系列不利植物生长的因素，这些因素包括重金属污染、pH 小于 5 或大于 8.5、含水量不平衡、颗粒尺寸的级配不稳定、缺乏养分、表土不稳定等。因此，即便是种草植树，也需要对其进行必要的处理，最有效的处理方法是回填一定厚度的表土。废石中如果不添加表土，则除硫化氧化菌外，其土壤植物区系和动物区系通常是不存在的。因此，培养能进行必要的养分循环的土壤有机体，对于在废石尾矿培植能维持自身延续的植物而言十分重要。

（2）种植方法

通常情况下，很难在光秃的岩石或矿山边坡上进行种植。可行的种植方法有两种：一种是寻找小石穴、山麓碎石和裂隙，将植物种植其中；另一种是人工穴种，用少量炸药控制爆破，形成植坑，填入表土后再种植。种植方法取决于植物的种类，草本植物用种子播种，木本植物用植株栽种。

（3）植物选择

在废石上种植植物通常有两种方法：一种是按贫瘠土壤的现状，选择有耐力的植物，这一方法称为生态法，即选择在自然环境下，可以忍受严酷环境的先锋树种在裸地上定植，这类植物的种植和成长，可改变或改善环境，使其他植物得以生长；另一种是改变土壤条件，使其适于所选择的特定植物的生长，这是通常采用的方法。当然，这两种方法也可以结合使用，通常称为合成生态系统法。总之，在矿山土地复垦工作中，必须根据当地具体条件来选择植物品种。

### 5.5.5　展望

矿山土地复垦的发展方向是，推广交替复垦工艺和废石尾矿充填采矿法，做到矿山无废石排放，完善和推广废石周缘堆置法，及时控制环境污染和破坏，研制高效整地设备。加快复垦速度，因地制宜种植耐性强的优良植物。加速绿化进程，以矿山土地复垦为中心，统筹规划，扩大周边劣质土地的改造，增加耕地和林木覆盖面积，提高土地的使用价值，促进生态环境的自然良性演变。

## 5.6　农林复合经营技术

农林复合经营是指在同一土地经营单元上，按照生态经济学的原理，将农林牧副渔等多种产业相结合，实行多物种共栖、多层次配置、多时序组合、物质多级循环利用的高效生产体系，其具有复合性、系统性、集约性、灵活性、地域性、产业性、本质性、最优性等特点。

农林复合经营，又称为农用林业、混农林业或农林业，是指为了一定的经营目的，在综合考虑社会、经济和生态因素的前提下，在同一土地经营单元上，遵循生态学原理，以生态经济学为指导，有目的地将林业与农业(包括牧业、渔业)有机结合起来，在空间上按一定的时序安排以多种方式配置在一起，并进行统一、有序管理的土地利用系统的集合；是一种充分利用自然力的劳动密集型集约经营方式，有复合性、系统性、集约性、高效性以及尺度的灵活性等特征。现代农林复合经营的发展始于20世纪50年代，经过多年的不断探索和发展，我国农林复合系统现已形成了以农田林网为主体结合各类农林间作模式，带、网、片、点合理配置，多林种和多树种有机结合，时间上有序列，空间上有层次，三大效益兼备的农林复合体系。农林复合经营不仅产生了显著的生态效益、可观的经济效益、良好的社会效益，更使生态景观得到极大改善。研究表明，农林复合生态系统建成后，能够对农业生态环境起到一定的调节作用，特别是对局部小气候因子、水土保持、土壤肥力、空气中的二氧化碳和降尘以及生物多样性等方面均产生良好的影响。还有研究表明，发展农林复合经营是实现生态效益和经济效益双赢的战略措施。

## 5.6.1 发展概况

当今世界各国正面临"人口激增、资源匮乏、环境恶化"三大危机。随着人口的迅猛增长，耕地面积不断减少，许多国家和地区出现"毁林种粮、弃林从牧"等现象，导致农林争地的矛盾日趋严重，林业资源被过度消耗，引起水土流失、气候失调、环境恶化等一系列问题，严重影响人类社会的可持续发展。因此，改变传统的林业经营方式迫在眉睫。如何高效、集约经营利用土地已成为世界各国，特别是发展中国家普遍关注和研究的热点问题。

(1)国外农林复合经营的发展概况

农林复合系统研究在国外起步较早。1950年史密斯(Smith)所著的《树木作物：永远的农业》第一次提出了农林复合的概念，该书被认为是第一部关于农林复合生态系统的专著，但实际上当时并未受到人们的重视。

缅甸是第一个实践农林复合生态系统模式的国家，1806年，在该国出现了一种称为塔亚的系统，此系统实行了农作物或用材林的间作。1873年，塔亚系统被引入印度尼西亚；1887年引入南非；1890年被印度和孟加拉国所采用；20世纪被引入泰国。此后，这种系统在亚洲、非洲和拉丁美洲的许多热带和亚热带地区得到了进一步完善和发展。农林复合经营研究在亚洲、非洲国家兴起后，欧美一些发达国家也逐步认识到其所具有的独特优势，开始对农林复合经营开展广泛的研究。自20世纪90年代以来，多用途树种(MPTS)筛选以及经营管理软件的开发应用，促进了农林复合经营研究的发展并形成了全球的研究网络，这些网络使农林复合经营形成了一个从研究到推广的完整体系，提升了各地区农林复合系统研究水平。

(2)国内农林复合经营的发展现状

我国农林复合经营的发展可分为原始农林复合经营、传统农林复合经营和现代农林复合经营 3 个阶段。农林复合经营在我国有悠久的历史，华北平原和中原地区是我国农林复合经营类型非常丰富的地区之一。而林粮间作是最普遍的类型，据初步估计在林粮间作中采用的树种已有 150 种以上，其中以泡桐、枣树、杨树为突出代表，特别是泡桐与农作物间作，不论其应用范围还是研究的深度都达到了相当的水平。农林复合经营的应用自 20世纪 70 年代以来便在我国有了蓬勃的发展，如国家级防护林工程——三北防的护林工程、长江中下游防护林体系、长江中上游水源涵养林体系、沿海防护林体系等都是农林复合经营系统在客观水平上应用的光辉典范。20 世纪 70 年代末，在海南和云南南部发展林-胶-茶间作模式，该模式在 20 世纪 80 年代有了更大的发展，在长江中下游丘陵区发展松茶、乌桕-茶间作和泡桐-茶间作等。20 世纪 80 年代，在江苏里下河地区的湿地，发展了林-渔-农复合经营系统。20 世纪 90 年代，在西南山地、丘陵地区发展的等高植物篱技术—— 在坡地沿等高线布置灌木或矮化乔木作为植物篱带，带间种农作物，能有效地防止水土流失和提高土壤肥力，取得良好的经济效益、生态效益和社会效益。其他地区如东北的林参间作、华北的果农间作，各地林药间作、林草间作等也有很大的发展，改善了生态环境，提高了农民收入。

## 5.6.2  主要特点分析

### 5.6.2.1  农林复合系统的种间互作

农林复合系统中存在多种生物，一种生物通过改造环境可直接或间接地影响相邻生物，即种间互作，其作用方式有减弱光强、改变光质、蒸腾水分、改变土壤湿度、吸收限制性养分、提供固氮、遮阴或防护牲畜、促进或削弱病原体活动、增加土壤有机物、解毒以及改变土壤反应等。根据种间互作发生的空间位置可分为地上部分互作和地下部分互作两大类。前者主要是农林复合系统中林木通过改变小气候来影响林下的农作物，后者则是林木与农作物对土壤中水分及养分资源的竞争或互利，两者共同决定了农林复合系统的资源利用模式。

（1）地上部分相互作用

植物间争夺光能是地上部分相互作用最直接的表现。许多研究表明，由于农林复合系统中林木的遮阴，一般会引起林下农作物的光合效率下降，从而导致农作物产量降低。

（2）地下部分相互作用

农林复合系统中林木和农作物对水分及养分的利用率决定了各部分的生长状况。林木与农作物对水分及养分作用体现在竞争和互利两方面。竞争作用最可能发生在系统不同组分的根系从同一土层获取生长资源时，特别是当浅根林木与农作物间作时，它们的根系分布在相同土层，对水分及养分的竞争更加激烈。屏障处理后土壤含水量增加，如棉花生长状况较好，产量也较高。然而当深根林木与浅根农作物配置时，则是以互利的方式利用水分及养分。林木通过细根周转，向作物输送氮素和有机质，从而降低养分的淋溶率。同时，林木的根系对水分的吸收可以降低排水，从而影响养分的淋溶率，这主要是林木根系的"安全网"作用。

植物间化感作用是地下部分相互作用研究的重要内容。化感作用机理可以概括为一种植物产生的化感物质通过多种机制如植物残体分解、根分泌和淋洗等释放到根际，影响受体植物细胞膜的透性、营养元素的吸收和运输、有机物质的代谢、光合作用、呼吸作用以及植物体内酶的活性和激素活性等。

不同浓度的同一化感物质对同一作物或同一种化感物质对不同作物的他感作用效果是不同的。还有研究认为，季节、生长时期、土壤水分、养分、光、温度等也是影响化感作用效果的因素。

### 5.6.2.2 农林复合经营能量流动和物质循环

（1）能量流动

能量流动是农林复合系统的基本功能之一，但各种系统中各组分及量比关系不同，其能流路径、效率也不同，进而决定整个系统生产力的高低。研究者对银杏采叶园、银杏果-叶-农复合园、银杏材-农复合园3种模式内植物种群对光能的削弱和截获进行了模型分析，结果表明：银杏果-叶-农复合园具有最好的复合光效益，光能截获率可达92%，光合有效辐射（PAR）在植冠层的削弱过程遵循比尔-兰伯特（Beer-Lambert）定律，可为探讨银杏复合最优模式提供理论依据。据四川旱坡地植物篱农作系统能流特征研究的结果，作物-果树-植物篱系统输入能总量和有机能输入量大幅度增加，有利于优化输入能结构，从而促进坡地生态系统良性循环和集约高效农业发展。

（2）物质循环

农林复合系统中物质循环主要体现在养分、水分的循环。物质的循环与平衡直接影响生产力的高低和系统的稳定与持续，是系统中各生物得以生存和发展的基础。通过研究农林复合系统的物质循环过程，揭示其循环的特点及其与各因素的相互关系，不仅可以丰富农林复合系统的理论，而且可以指导生产实践。

### 5.6.2.3 效益评价

（1）生态效益

农林复合经营在水土保持、增加土壤肥力、防风、净化二氧化碳（$CO_2$）及保护生物多样性等方面发挥着重要作用。实行农林复合经营后，树冠能有效地拦截降水，从而改变雨滴落地的方式，枯落物和低矮农作物构成的地表覆盖物还可降低雨滴的冲击力及片蚀。同时枯落物也是土壤养分来源之一，其分解后可提高土壤肥力和增加土壤有机质含量，并增大土壤团聚体大小、稳定性和孔隙度，提高土壤渗透性，减少土壤水分和养分的流失，从而改善林下层农作物的生长环境。

（2）经济效益

农林复合经营是以系统性、社会经济可行性、效益最高性以及长短利益结合为原则，根据经营目的，主要从物种组成、空间结构及时间变化等方面来设计的，因此农林复合经营可实现一地多用和一年多收的目标，促进了资源的高效利用，尤其在造林初期农作物能充分利用林地中空间、气候和土壤等资源，可取得较好的近期经济效益，达到以短养长的目的；同时进行林下农作物中耕、除草、施肥等管理以耕代抚，既可改善幼树的生长环境，提高幼树的成活率，也可降低抚育成本。农林复合经营模式所带来的经济效益是非常可观的。

（3）社会效益

首先，农林复合经营有多种产品输出，如粮食、油料、畜禽、果品、蔬菜、药材、木材等，可满足社会多方面的需求。其次，农林复合经营具有集约性的特点，要求投入密集的劳动力，在收购、运输、批发、零售、加工等各个环节实现大量人员短期就业，有利于安排农村的剩余劳动力，增加就业机会。因此，此类经营不但能够增加长期收入，而且可显著增加短期收入，从而调动农民的积极性。此外，农林复合经营还培养了大批的农业和林业的科技人员，他们在长期的实践过程中熟练掌握了农林复合的经营技术，解决了技术人员短缺的问题。最后，在农林复合经营模式的生产过程中，还能够带动区域经济发展。

### 5.6.3 存在的问题与建议

农林复合经营作为一种高效的土地利用途径已广泛应用于实践，并取得了良好的综合效益，但是农林复合经营在研究中仍存在许多问题。

例如，基础理论及系统研究不够，农林复合经营的基础理论研究包括种群互作、化感作用及养分循环机理等，其中许多机理还不甚明晰；缺乏区域的最优化模式研究，目前大多数的研究主要是针对各个区域内现有的农林复合经营模式进行分析比较，而缺乏对当地最优模式的探讨；社会经济学与生态学等理论研究不够，农林复合经营在农村发展中的社会经济学(社会效应、经济效应)研究不够、研究方法不完善，对生态效益、生态环境效应也研究较少，导致人们不能客观全面地评价农林复合经营的总体效益，因此急需建立客观的总体效益评价指标；缺乏品种和无性系层次上的研究；缺乏立地生产力长期变化及可持续经营的研究；大量研究表明，林农复合经营能够改善土壤肥力和结构等，但这一结论并没有长期跟踪研究的试验证据。

针对农林复合经营研究中存在的问题，应加强以下几个方面的研究。

①加强最优模式及其配套技术体系的研究。农林复合经营作为生态农业的一种形式，其研究在理论上要以生态学生态经济学原理为基础，根据生物与环境的协同进化原理、整体性原理、边际效应原理、地域性原理及限制因子原理，因时因地制宜，研究出布局合理、立体间套、用养结合、互生共利的最优模式。在配套技术方面，通过研究各模式内生物间、生物与非生物间的相互作用来探讨最适的管理技术，从而提供各模式相应简明实用、合理先进及简化高效的技术体系。

②转变研究方式和改进研究手段。林农复合经营是一门边缘性交叉学科，涵盖了林学、农学、畜牧学、草学、水产学等学科，因此其研究方式应注重多专业、多学科、多部门间的联合和渗透，以发挥整体研究优势，实现研究、教育、推广、生产一体化，将研究成果更好地应用于农林复合经营生产。在理论分析的基础上，需要注重试验研究和模拟研究相结合。

③广泛开展农林复合经营应用技术的研究。从单项技术研究向组装配套技术研究转变，完善和制定复合经营规范规程和标准，探索经营的最优模式，解决农林复合经营工作中的问题，使复合经营具有科学的理论基础和技术依据。

④深入研究农林复合可持续经营的关键问题。从立地生产力、基础理论、病虫害综合防治等方面，增强农林复合经营发展的科技支撑力，实现从短期经营向可持续经营转变。

## 5.7 沙地防护林生态工程

土地沙漠化简单地说即是指土地退化，是狭义上的荒漠化。1992 年，联合国环境与发展大会对荒漠化的概念作了这样的定义，荒漠化是由于气候变化和人类不合理的经济活动等因素，使干旱、半干旱和具有干旱灾害的半湿润地区的土地发生了退化。1996 年 6 月17 日，第二个世界防治荒漠化和干旱日，联合国防治荒漠化公约秘书处发表公报指出：当前世界荒漠化现象仍在加剧。全球现有超过 12 亿人受到荒漠化的直接威胁，其中有1.35 亿人在短期内有失去土地的危险。荒漠化已经不再是一个单纯的生态环境问题，而且演变为经济问题和社会问题，它给人类带来贫困，影响社会稳定。截至 1996 年，全球荒漠化的土地已达 3600 万 $km^2$，占到整个地球陆地面积的 1/4，相当于俄罗斯、加拿大、中国和美国国土面积的总和。全世界受荒漠化影响的国家有 100 多个，尽管各国人民都在进行着同荒漠化的抗争，但荒漠化却以每年 5 万 $km^2$ 的速度扩大，相当于一整个爱尔兰的面积。在人类当今面临的诸多的环境问题中，荒漠化是最为严重的灾害之一。对于受荒漠化威胁的人们来说，荒漠化意味着他们将失去最基本的生存基础——有生产能力的土地。

### 5.7.1 中国沙漠、沙地概况

#### 5.7.1.1 术语概述

①沙地。是指砂质沉积地或沙丘地，它是由大量细小的石英等矿物粒所组成的疏松聚积物，处于成土过程中的初级阶段，并且易受风、水的作用而移动。

②荒漠。是指那些具有稀少的降水和强盛蒸发力而极端干旱的、典型大陆性气候的地区或地段。

③沙漠。是指荒漠中的一个类型，即干旱地区地表为大片沙丘覆盖的砂质荒漠。

④戈壁。是指砾质荒漠。

需注意，沙漠包含大陆干旱气候和地带性的含义，而沙地在各种地带都有分布。

#### 5.7.1.2 中国沙漠沙地分布状况

中国的沙漠分布在新疆、内蒙古、陕西、青海、甘肃。

（1）中国的八大沙漠

八大沙漠分别是塔克拉玛干沙漠、古尔班通古特沙漠、巴丹吉林沙漠、腾格里沙漠、柴达木盆地沙漠、库姆塔格沙漠、乌兰布和沙漠、库布齐沙漠。

①塔克拉玛干沙漠。位于中国新疆的塔里木盆地中央，是中国最大的沙漠（世界第 10位），也是世界第二大的流动沙漠。总面积约 33.76 万 $km^2$。

②古尔班通古特沙漠。位于新疆准噶尔盆地中央，玛纳斯河以东及乌伦古河以南，是中国第二大沙漠，同时也是中国面积最大的固定、半固定沙漠。总面积约 4.88 万 $km^2$。

③巴丹吉林沙漠。位于内蒙古西部阿拉善盟，是中国第三大沙漠，同时也是世界最大的鸣沙区。总面积约 4.43 万 $km^2$。

④腾格里沙漠。位于内蒙古西部和甘肃中部，东至贺兰山，南越长城，西至雅布赖

山，是中国第四大沙漠。总面积约 4.23 万 $km^2$。

⑤柴达木盆地沙漠。位于青海西北部柴达木盆地中，是世界海拔最高的沙漠。总面积约 3.49 万 $km^2$。

⑥库姆塔格沙漠。地处塔里木盆地罗布泊洼地南缘，南以阿尔金山为界，北抵阿奇克堑谷地，向东延伸至甘肃境内（敦煌鸣沙山便为其前沿），总面积约 2.28 万 $km^2$。

⑦乌兰布和沙漠。分布在内蒙古河套平原西南，黄河西岸，地处阿拉善和巴彦淖尔。总面积约 0.99 万 $km^2$。

⑧库布齐沙漠。位于内蒙古鄂尔多斯高原北部，黄河河套南部，是中国第七大沙漠。总面积约 1.61 万 $km^2$。

（2）中国的四大沙地

四大沙漠分别为科尔沁沙地、毛乌素沙地、浑善达克沙地、呼伦贝尔沙地。

①科尔沁沙地。位于西辽河中下游，行政区域涉及内蒙古赤峰和通辽两市、吉林西部、辽宁西北部，面积约 6.36 万 $km^2$，是中国面积最大的沙地。

②毛乌素沙地。位于鄂尔多斯高原东南部，面积约 5.55 万 $km^2$。行政区域涉及内蒙古鄂尔多斯，陕西榆林，宁夏银川（兴庆区）、石嘴山和吴忠。

③浑善达克沙地。位于内蒙古锡林郭勒高原中部，主要涉及内蒙古锡林郭勒、赤峰克什克腾旗和河北承德围场县的一部分，面积约 3.96 万 $km^2$。浑善达克沙地多为固定或半固定沙丘，沙丘大部分为垄状、链状，少部分为新月状，呈北西向南东方向展布，丘高 10~30m，丘间多甸子地，多由浅黄色的粉沙组成。

④呼伦贝尔沙地。位于呼伦贝尔高原上，主要分布在呼伦贝尔的鄂温克族自治旗、新巴尔虎左旗、新巴尔虎右旗、陈巴尔虎旗、海拉尔区，面积约 0.74 万 $km^2$。

## 5.7.2  风沙运动规律

### 5.7.2.1  沙粒运动形式

沙粒在风沙流中有 3 种运动方式，即蠕动、跃动和悬移。

①蠕动。是指沙粒粒径较大的颗粒沿土壤平面呈翻动或滚动状态，一般是粗砂或相当于粗砂粒径的土壤颗粒。

②跃动。是指沙粒从地表跃起，沿抛物线轨迹运动，然后降落到地面，再跃起，呈跳跃式运动，一般是中砂、细砂或相当于中砂、细砂粒径的土壤颗粒。

③悬移。是指沙粒中极细小的粉砂或黏粒升入空中随风飘移，可升入 1000km 以上高空，能运动至数百千米以外。尘暴和黑风暴就是小土粒在空中作悬移运动。

### 5.7.2.2  沙丘移动

沙丘是沙粒的集合体，当运动中的沙粒速度减弱或遇到障碍物时，就会落下来形成沙堆。随着沙子的堆积，沙堆体积增大，最后发展成沙丘。新月形沙丘是在单一主风作用下，或两个大小不同方向相反的风力下，逐渐形成的，移动速度快，危害较大。新月形沙丘链一般由 3~4 个新月沙丘链接而成。另外，还有格状沙丘和格状沙丘链。

（1）沙丘移动方式

沙丘移动方式主要有前进式、往复前进式、往复式 3 种。

①前进式。受一个方向的风力作用而形成的向前移动，这种移动方式的沙丘危害最大。

②往复前进式。是在两个方向相反、大小不等的风力情况下形成来回摆动而又稍向风力较强的一个方向移动。

③往复式。是在两个方向相反、但大小大致相等的风力情况下产生的，沙丘停在原地摆动或稍向前移动，这种情况一般较少。

（2）沙丘移动速度

单个沙丘移动快；沙丘链移动较慢，链子越长移动越慢。沙丘较高，体积较大，移动速度则慢。沙丘排列紧密，间距小，移动速度慢；反之则快。地形平坦，起伏不大，地表光滑，粗糙度小，沙丘移动快；反之则慢。

### 5.7.3 沙区立地条件和立地类型

#### 5.7.3.1 沙区立地条件

（1）气候条件

沙区气候干旱，雨量稀少、蒸发量大。降水从东至西呈递减，降水量为400mm以下，内蒙古东部、东北西部为250~400mm，宁夏、甘肃西部的阿拉善地区为50~150mm，新疆东部塔克拉玛干沙漠的中、东部仅为25mm。蒸发量为1400~3000mm。

热量资源丰富，温差大。全年日照2500~3000h，无霜期120~300d，大于或等于10℃积温除内蒙古东部地区外一般在3000~5000℃，平均年温差30~50℃，昼夜温差变化显著。

风沙频繁，风力大。常见风速可达5~6级以上，塔克拉玛干沙漠南部风沙日可达145d。

植被稀疏而低矮，为适应干旱气候条件，叶子退化变小或呈针刺、棒状，叶部气孔下陷，角质加厚，营养器官为肉质，枝干灰白色以反射强烈光照，典型植物如白茨。

（2）沙地土质状况

沙丘下伏物为黏质、壤质间层且深度较深时，土壤肥力较高，保水性能好，可选择乔木树种；当沙地下伏物为基岩、卵石、粗砂时，土壤肥力低，保水性差，只能选择灌木树种。

（3）地下水状况

沙漠沙地河流大部分为内流河，为无地表径流形成的河流。地下水位不超过1m，水质淡的潮湿地，适宜栽喜湿树种如杨、柳等。水位1~2m的湿润沙地，一般沙生树种即可栽植；水位2~5m，沙地比较干燥，应选用耐干旱的乔灌木树种；水位低于5m的只能选用耐旱的沙生灌木。

（4）土壤盐渍化程度

土壤含盐量是树种限制因素之一。含盐量0.2%以下时，一般树种均可生长；含盐量在0.2%~0.5%，只有比较耐盐的少数树种可以适应，如柽柳、白刺、沙枣、胡杨、酸刺、紫穗槐等耐盐树种；土壤含盐量大于0.5%时，只能先进行土壤改良。

（5）流动沙丘不同部位

流动沙丘的迎风坡下部、上部、丘顶及背风坡的水分及风蚀沙埋情况，对造林成活及植物生长有很大影响。

中小型沙丘迎风坡中、下部，风蚀较轻，水分条件好，采用沙障固沙措施后，可栽植根系发达、固沙能力强的灌木树种，如梭梭、沙拐枣、白刺等；迎风坡上部及落沙坡，沙层干燥疏松，不宜造林；背风坡脚，可根据沙丘大小及移动情况，留出一定空地后，选择耐沙埋、抗干旱的乔灌木树种造林。

（6）沙地机械组成

沙地机械组成中粉粒和物理性黏粒数量越大，就越能增加土壤的持水量和有用化学成分的含量，土壤营养元素含量也就越高。

细粒沙地在草原地带可以生长乔木；粗粒沙地，树木生长差。

（7）植被覆盖度

一般裸露沙地，覆盖度小于 15%；半固定沙地，覆盖度 15%～40%；固定沙地，覆盖度 40% 以上。植被覆盖度越高，立地条件越好，造林种草越易成功。

### 5.7.3.2　沙区立地类型划分

主要以沙丘高度、植被盖度、沙丘间地的宽度等因子为主导因子进行立地条件划分。

## 5.7.4　沙区造林

（1）树种选择

坚持适地适树、因地制宜、以乡土树种为主的原则。

乔木树种应具有耐瘠薄、干旱、风蚀、沙割、沙埋，生长快，根系发达，分枝多，冠幅大，繁殖容易，抗病虫害，改良沙地见效快，经济效益高等优点。如樟子松、胡杨、旱柳、榆树、油松等。

灌木树种应具有防风效果好、抗干旱、耐沙埋、枝叶繁茂、萌蘖力强、木材产量高、质量好等优点。同时具有改良土壤，有效提供饲料、木料、肥料、燃料，耐平茬，啃食，适口性好的树种。如沙柳、沙棘、花棒、紫穗槐、柠条、梭梭、沙蒿、沙打旺等。

（2）树种组成

在干旱缺水的沙区，造林时应避免树种单一，要以灌木为主，乔灌混交。单一树种，易导致病虫害的发生，且种内竞争激烈，容易提前衰败。

在树种上，要按各种植物的生态特性合理进行搭配。例如，固沙先锋植物与旱生植物搭配，宜根性与浇根性植物搭配，灌木与半灌木搭配，使植物充分利用不同部位的沙地水分与养分，减少竞争，尽快发挥防护效益。

（3）造林密度

造林密度的确定要根据造林地的立地条件、树种的生物学特性以及主要植被的种类合理确定。

①固定沙地。乔木与灌木比例为 1∶2 或 1∶1；杨、柳、榆栽植密度为 300～1200 株/hm²；樟子松、侧柏栽植密度为 1500～4500 株/hm²。

立地条件较差的流动或半流动沙地采用沙障固沙造林，以灌木为主。单行或双行带式密植，株距 1～1.5m，行带距 3～6m，1050～3000 株/hm²。

②丘间低地造林。丘间低地水分条件较好，宜营造乔灌混交林，一般行距 2～2.5m，

乔木株距 1.5~2m，灌木 1~1.5m。

(4)造林季节

①春季造林。春季造林，宁早毋迟。早春土壤蒸发和植物蒸腾作用较低，苗木根系生长力旺盛，造林后有利于苗木成活生长。过晚则不利于成活生长。

②秋季造林。植苗造林在苗木刚落叶后进行，但应用较少。而对于插条造林，秋季比春季造林成活率高。

③雨季造林。雨季造林也是宜早不宜迟，过迟幼苗当年木质化程度差，影响越冬。沙蒿、油蒿、花棒、杨柴、柠条、胡枝子等可雨季播种。

(5)造林整地

①营造乔木林。在北方中轻度风蚀区的杂草丛生的草滩地、质地较硬的丘间地和固定沙丘等，应于前一年秋末冬初整地，翌年春季造林。流动沙丘或半流动沙丘造林不宜整地。

②营造纯灌木林。可随整地随造林。

③营造乔灌混交林。可参照乔木造林整地。

整地方式为带状犁耕，带向与主风方向垂直，整地宽 0.6~1m，保留宽 1m，速地深度12~20cm，在基上再挖穴栽植。

(6)造林方法

①植苗造林。

a. 穴植法：穴的大小和深浅应根据苗木大小和湿沙层情况而定，高度要达到湿沙层、大于苗木主根长度，宽度大于根幅，深度不小于 50cm。栽时保证深栽踏实根舒展。

b. 小坑垂直壁栽植法：顺坡刨坑，坑深 40~50cm，上口宽 30~40cm，底宽 15cm，栽时将苗木根系靠垂直壁放正，然后填土踏实。

c. 缝植法：适用于干沙层比较薄的造林地，苗木根系不太大的均可采用。先拔去植苗点表层干沙，再用植苗铲垂直插入沙层里，推挤成深约 50cm 以上，口宽 15cm 的裂缝，然后把苗木顺缝深插，并稍加提苗，使苗木栽至所需深度后，再在离缝隙 10cm 左右处，将植苗铲垂直插入，先拉后推，挤合土壤，再用脚踏实。

②分殖造林。

a. 插条造林：选择插条规格时，乔木一般长度为 40~50cm，灌木 20~30cm，粗度 1~2cm。上端剪成平口，下端斜口。造林前浸水 5~7d，每天换水 1~2 次。扦插深度春不露头，秋略埋 3~5cm。

b. 插干造林：适用于杨柳树。选择 3~4 年生的粗壮枝干，长 2~4m，粗 4~6cm。提前 20d 将枝干基部 15~20cm 浸入水中，10d 后将枝条全部浸泡，当树皮出现白色或浅黄色凸起后，取出栽植。地下水位不到 2m 的沙地深栽 0.8~1m，地下水位大于 2m 的沙地，深栽 1~1.2m，随挖坑随栽，用湿土分两层埋，再用锹把捣实。

③直播造林。适用于平缓沙地和种子萌发力强的树种，如沙蒿、白刺、柠条、花棒、沙拐枣等。小粒种子可混沙撒播，易被鸟兽采食的种子必须拌农药，易被风吹走的种子还要裹泥浆。

## 5.7.5　造林模式

### 5.7.5.1　丘间低地造林

选择沙丘背风坡的丘间低地，留出一段空地后种植乔灌草，翌年在沙丘前移的退沙畔再造林草，连续 3~4 次，将沙丘拉平(图 5-3)。

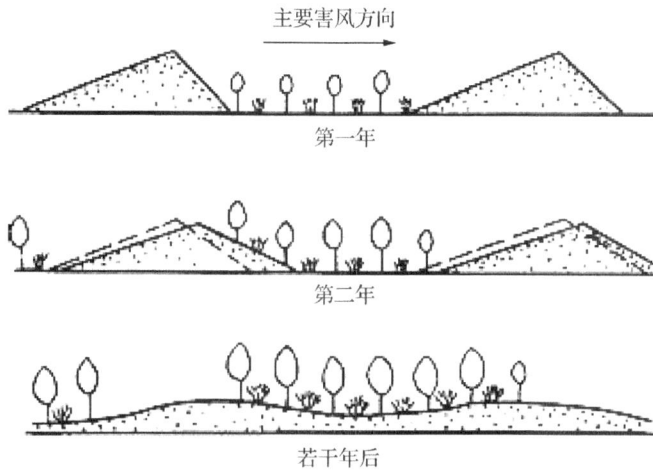

图 5-3　丘间低地造林

### 5.7.5.2　流动沙丘固沙造林(图 5-4)

(1)前挡后拉

前挡是指在沙丘背风坡后的丘间低地栽植 10~20 行乔、灌木林带，以阻挡沙丘前移；后拉是指在沙丘迎风去坡下栽植 30~50 行灌木，固定该部位流沙，并在灌木作用下削平沙丘顶部，起到固定流沙作用(图 5-4)。

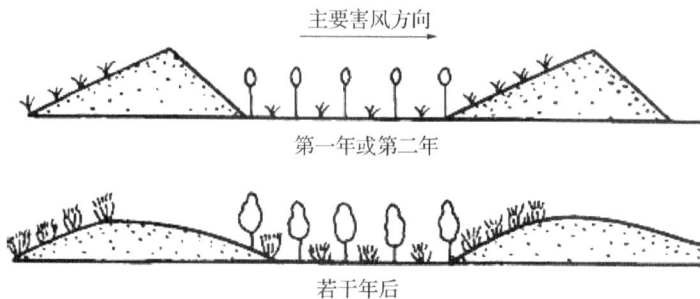

图 5-4　流动沙丘固沙造林

(2)固身削顶

对于 6~7m 以下的中、小型流动沙丘，先在沙丘迎风坡 2/3~3/4 坡面上设置行列式黏土沙障。在沙障内营造梭梭、沙拐枣等灌木，再进行顺风推进造林，直至占领整个迎风坡。在沙丘迎风坡固沙造林的同时，在丘间低地距背风坡脚留出一段空地，留作沙丘顶部下削前伸的缓冲地段,并在丘间低地先用沙枣、旱柳、榆树、花棒、柠条、柽柳等乔灌木树种,营造阴沙林带,使流沙平摊在林内,将流沙固定。

(3)截腰分段、分期造林,固定流沙

对于8m以上大沙丘,先在沙地水分条件较好的迎风坡中下部设置黏土沙障,障内营造灌木林,固身削顶。若干年后沙丘顶部前移,逐渐演变成较低的另一沙丘形态,如前法再造林,直至完全固定。

(4)撵沙腾地

在中小沙丘迎风坡基部犁耕促进风蚀,使沙丘矮化后造林草。

(5)又固又放

隔丘立沙障或造林草。

(6)环丘造林,固定流沙

对于降水量少的地区,可用土埋沙丘,然后在丘脚周围密植沙拐枣等耐旱灌木,外围栽植沙枣、杨树、柳树、柠条等乔木或乔灌木混交林,将沙丘包围在林中,即使土埋沙丘失效后,流沙也只能散布积聚在林地内,而不会外移危害(图5-5)。

图5-5 沙障固沙

## 思考题

1. 什么是水源涵养林?
2. 水源涵养林有哪些作用?
3. 什么是农田防护林的林带结构?
4. 稀疏结构林带有哪些特点?
5. 什么是农田防护林的疏透度?
6. 什么是防护距离?
7. 如何确定农田防护林的林带方向?
8. 农田防护林的更新方式有哪些?
9. 我国沿海地区的海岸类型主要有哪几种?
10. 试述沿海防护林体系的构成。
11. 如何配置泥质海岸基干林带?
12. 什么是土壤侵蚀?
13. 土壤侵蚀的形式有哪些?

14. 影响土壤侵蚀的因素有哪些？

15. 什么是矿山土地复垦？

16. 矿山复垦重整土地作业包括哪些内容？

17. 矿山复垦如何完成重整土地的回填？

18. 矿山复垦的开发利用技术内容有哪些？

19. 如何评价农林复合经营的经济效益？

20. 什么是沙漠化？

21. 沙地和沙漠有何区别？

22. 沙粒的移动方式有哪几种？

23. 如何营造前挡后拉林？

24. 简述我国的八大沙漠和四大沙地。

# 单元6 林业生态工程设计与管理

## 6.1 林业生态工程项目管理

### 6.1.1 管理意义

林业生态工程项目建设是一个投资大、时间持续长、见效慢的过程。目前，我国的经济实力还不够雄厚，能够用于林业生态工程项目建设的投资很有限，因此，必须用好国家投资、自筹资金和银行贷款这些资金，以少的投入换取更高的效益。

实行项目管理是实现项目决策科学化的必经途径。项目立项前认真详细的可行性研究与评估，是减少决策盲目性、避免投资失误的关键环节。在实施的过程中，通过一系列必要的项目管理手段，才能保证项目按设计要求顺利进行，并取得预期的经济效果。因此，为了搞好林业生态工程建设，必须以改革的精神，认真总结经验，借鉴国外先进技术，尽快使林业生态工程项目管理工作走向科学化、程序化和制度化，以保证建设项目选择得当，计划周密、准确，并保持项目管理工作的高效性。

### 6.1.2 管理程序

林业生态工程项目从提出到实施再到建成产生效益，需要一定时间、一定程序。为了把项目管理好，一般把项目建设过程分成几个工作阶段，这几个阶段相互密切联系并遵循合乎逻辑的前进程序，只有做好了前一阶段的工作，才能开始项目下一阶段的工作。

林业生态工程项目分为前期工作、实施建设和竣工验收3个阶段，项目机构应按程序进行工作并严格管理。

项目的前期工作阶段是最重要的项目阶段，通过一系列规范系统的分析、研究决策以保证林业生态工程建设资金用于最有效的地区，形成最佳的建设方案，达到预期的开发目标和良好的投资效果。各级项目机构必须高度重视项目前期工作，这是改变以往先拨款、后立项，不注重效益等问题的强有力手段。

项目的前期工作是指项目实施前的全部工作，有一套严格的程序。

①提交林业生态工程项目规划，这是一个项目的起始工作。

②项目规划经批准进行项目的可行性研究工作。

③对项目的可行性研究报告进行论证评估，确认立项。

④按批准的可行性研究报告和评估报告进行初步设计，提出投资概算。

林业生态工程项目建设的前期工作中的林业生态工程规划、项目建议书(大项目一般均有此项)、项目可行性研究、项目评估、项目确立初步设计等内容，它们不是平行的、同时进行的，而是有着严格的先后顺序，前一项工作是后一项工作的必要条件，没有做好前一项工作就不能进行后项工作。在项目前期工作阶段的各项程序中，项目评估和立项是由上一级机构(投资机构)组织进行的，项目规划、可行性研究和初步设计则是由项目执行单位负责进行的。初步设计完成后就等待列入国家的投资计划。一旦列入年度计划，项目即进入了实施建设阶段。

(1)林业生态工程规划

林业生态工程项目建设的产生来自林业生态工程规划，可分长期(10~20年)、中期(5~10年)和短期(3~5年)3种。项目规划的主要内容包括该项目建设的必要性、项目的地域范围和规模、资源条件、工程任务量和投资额的初步估计、投资效果的初步分析。在项目规划报告中，应该突出说明在这一地区进行该建设的必要性和作用，分析资源潜力，对项目实施后新增生产能力和社会效益进行初步预测。

项目规划报告是一个申报文件。项目规划报告经投资单位筛选审批同意，提出项目规划报告的单位即可着手组织项目的可行性研究。

(2)项目建议书

项目建设书是根据已审批的规划内容，从中提出近期有可实施的项目，进行论证研究后编制而成，一般只是规划部分内容，有时规划内容少，也可一次全部提出。如项目较小，也可不做项目建议书，由上级部门直接下达可行性研究任务书。项目建议书的内容和编制方法与可行性研究基本相同，只是线条更粗一些。

(3)项目可行性研究

可行性研究是项目准备的核心内容，其目的是从技术、组织管理、社会生态、财务、经济等有关方面论证整个项目的可行性和合理性。如果可行，还要设计和选择出最佳的实施方案。

可行性研究是一项政策性、技术性很强的工作，工作量很大。一般地说，一个项目的可行性研究时间最短要花3个月时间，最长则要2年或2年以上的时间。进行可行性研究的费用也是较多的，通常相当于整个项目成本的5%。要保证这笔费用落实到位，因为做好了可行性研究后，将能成倍地节约项目成本或增加项目效益。

项目的可行性研究应委托经过资格审定的技术咨询、设计单位或组织有关的技术、经济专家小组承担。他们应对工作结果的可靠性、准确性承担责任。有关主管部门要为可行性研究客观地、公正地进行工作创造条件，任何单位和个人不得干涉或施加影响。

可行性研究完成后要编制可行性研究报告。可行性研究报告一般应包括以下8个方面的内容：项目建设的目的根据；建设范围和建设治理规模；资源、经济、社会、技术条件分析；治理技术方案和建设治理内容，各项工程量；建设工期；投资估算；达到的综合效益；项目可行性的理由，指出可能存在的风险。

项目的可行性研究报告经同级政府审定后，即可上报上一级的投资批准单位。

(4)项目评估

项目评估是项目准备中的关键环节，是能否立项的重要步骤。项目评估的任务有两个：一是对可行性研究报告的可靠程序作出评价，二是从国家宏观经济角度全面、系统地检查项目涉及的各个方面，判断其可行性和合理性。

项目评估与可行性研究有着密切的关系，没有项目的可行性研究就没有项目评估；不经过评估，项目可行性研究报告也不能成立，是无效的。

有权批准投资项目的单位在收到上报的可行性研究报告后，应及时进行审查，组织评估工作，通常是组织一个由农业、林业、水保、土壤、经济等专家组成的评估小组，到项目所在地区会同项目可行性研究小组和当地主管部门，着重就项目的技术、财务、经济、组织等方面进行论证，对可行性研究报告进行审查、评估。评估小组完成评估工作以后，应对项目提交评估报评估意见。评估意见可分同意立项、需修改或重新设计、推迟立项和不同意立项4类。

（5）项目确立

经过评估，对项目可行性的确认是立项的先决条件。但可行的项目是否能立项，或是否能马上立项，还受当时的财力、物力等因素的限制，国家将按择优的原则审批。

对林业生态建设项目，在评估和决定能否立项时，应遵循的原则是突出开发重点，综合片区建设，投资与效益挂钩。要有独立、健全、有效的项目管理机构，能保证按项目评估报告的要求实施各项管理。评估论证确认可行的项目，经投资决策部门审查批准后正式立项。

（6）初步设计

林业生态工程项目立项以后，项目的前期工作还没有结束，项目执行单位还必须根据已批准的可行性研究报告和评估报告，按国家基本建设管理程度，组织编制项目的初步设计文件。尽管可行性研究报告和评估报告的内容已经较为详尽，但对项目的实施仍是很粗的框架，不可能直接用于制订项目的实施计划。初步设计的工作就是解决这一问题的。

初步设计主要包括以下内容。

①项目总体设计，包括指导思想、骨干工程规模、设计标准和技术的选定，主要设备的选用，交通、能源、苗木及产、供、销的安排等。

②主要建筑物和配套设施的设计以及主要机器设备购置明细表。

③主要工程数量和所需苗木、化肥等的数量。

④项目投资总概算及技术经济指标分析。

⑤项目实施组织设计，包括配套资金筹措、材料设备来源、施工现场布置、主要技术措施及劳力安排等。

⑥项目概算包括定额依据和条件、单价和投资分析等。

初步设计是一件技术性极强的细致工作，应委托经过资格审定的设计单位进行编制并按国家基本建设程序报批。未经审查批准的初步设计，不得列入国家投资建设计划。

初步设计是项目实施阶段中制订年度工程计划、安排投资内容和投资额、检查实施进度和质量、落实组织管理、分析评价项目建设经济效益的主要依据。初步设计经批准并列入国家投资建设计划后，项目就进入实施建设阶段。

林业生态工程项目实施建设阶段完工后，即进入竣工验收阶段。这时，上一级项目管理机构应对所完成项目逐项进行验收，验收依据是批准的项目可行性研究报告、评估报告和初设文件。验收后应写出竣工验收报告，报告经批准后，表示该项目的建设任务已完成，可转入运营阶段。项目进入运营阶段后，往往不再由项目机构具体管理，而是交给有关部门去管理。因此，项目经竣工验收合格，就可认为其建设已完成和结束，项目阶段也到此终止，项目管理机构的工作也将转向新的建设项目。

有时，在项目运营若干年后，还要对实际产生的结果进行事后评价，以确定项目目标是否真正达到，并从中吸取经验，供将来进行类似项目时参考，这种事后评价也可看作项目阶段的延伸，项目后评价即成为项目的第 4 阶段。

## 6.2　林业生态工程项目建设的前期工作

### 6.2.1　工程规划

#### 6.2.1.1　规划的概念

认真做好林业生态工程规划设计，是项目的前期基础工作。把好规划设计关，是各项目间协调、相互作用、发挥整体作用、保护生态环境的关键。因此，要让一些有资质的专业设计部门承担此重任。严格规划审批，以此作为计划下达的依据和检查验收的依据。林业生态工程是一个涉及面广，投入物力、财力较多，延续时间长，范围大的劳动生产活动，在相当程度上具有基本建设的性质，特别对于一些规模较大的重点林业生态工程，施工前必须完成立项程序，全面调查项目实施区土壤植被、立地类型、社会经济等条件，进行科学规划，以避免由于缺乏调查了解，掌握信息不够而造成的方案不合理现象。

林业生态工程规划是一项基础性工作，其内涵就是查清工程实施区域的自然条件、经济情况和土地情况；根据自然规律和经济规律，在合理安排土地利用的基础上，对宜林荒山、荒地以及其他绿化用地进行分析评价，按立地类型安排适宜的林草工程，真正地做到适地适树(草)。通过林业生态工程规划可以加强林业生产的计划性，克服盲目性，避免不必要的损失浪费。各省(自治区、直辖市)经验表明：只有真正搞好林业生态工程规划，才能为下一步决策与设计，以及施工提供科学依据。

#### 6.2.1.2　规划的任务、内容和程序

(1)林业生态工程规划的任务

林业生态工程规划的任务：一是制订林业生态工程的总体规划方案，为各级领导部门制定林业发展计划和林业发展决策提供科学依据；二是为进一步立项和开展可行性研究提供依据。具体来讲有以下几点。

①查清规划区域内的土地资源和森林资源、森林生长的自然条件和发展林业的社会经济情况。

②分析规划地区的自然环境与社会经济条件，结合我国国民经济建设和人民生活的需要，对天然林保护和经营管理、可能发展的各类林业生态工程提出规划方案，并计算投资、劳力和效益。

③根据实际需要，对与林业生态工程有关的附属项目进行规划，包括灌溉工程、交通道路、防火设施、通信设备、林场和营林区址的规划等。

④确定林业发展目标、林草植被的经营方向，大体安排工程任务，提出保证措施，编制造林规划文件。

（2）林业生态工程规划的内容和深度

林业生态工程规划的内容是根据任务和要求决定的。一般来说，其内容主要是查清森林资源，落实林业生态工程建设用地，做好土壤、植被、气候、水文地质等专业调查，划分立地类型（生境类型），进行各项工程规划，编制规划文件。但是，由于工程种类不同，其内容和深度是不同的。

①林业生态工程总体规划（区域规划）。主要为各级领导宏观决策和编制林业生态建设计划提供依据。内容较广泛，规划的年限较长，主要是提出林业生态建设发展远景目标、生态工程类型和发展布局、分期完成的项目及安排、投资与效益概算，并提出总体规划方案和有关图表。

总体规划要求从宏观上对主要指标进行科学的分析论证，因地制宜地进行生产布局，提出关键性措施，规划指标都是宏观性的，并不作具体安排。

②林业生态工程规划（单项工程规划）。是针对具体的某项工程进行规划，其是在总体规划的指导下进行，是为下一步立项申报做准备。不同类型的林业生态工程，如水土保持林业生态工程规划、天然林保护规划、城市林业生态环境建设规划等，随营造的主体林种或工程构成不同，其内容也有差异。例如，三北防护林工程规划要着重调查风沙、水土流失等自然灾害情况，在规划中坚持因地制宜、因害设防，以防护林为主，多林种、多树种结合，乔、灌、草结合，带、网、片结合。而长江中上游防护林工程，则是以保护天然林、营造水源涵养林为主进行规划。内容大体包括工程项目构成（相当于林种组成）和布局，各单项工程实施区域的立地类型划分与评价，工程规模，预期安排的树种草种，采用的相关技术及技术支撑，配套设施如机械、路修、管理区等，工程量、工程投资及效益分析。

林业生态工程总体规划指导单项规划，同时单项工程规划是总体规划的基础。总体规划的区域面积大，涉及内容广，一般至少以一个县或一个中流域为单元进行。单项工程的规划面积可大可小，但内容涉及面小。在一个大区域内，多个单项工程规划（面积不一定等同）是一个总体规划的基础资料和重要依据。

（3）林业生态工程规划的工作程序

林业生态工程规划是工程实施的前期工序，按一般工程管理程序，是一个重要的环节，它可估算出工程规模、工程完成年限及投资额等。

一般来说，首先，应在当地林业生态环境建设规划（无此项规划的地区可以林业区划为依据）基础上，结合国家经济建设的需要和可能，对项目区进行初步调查研究，提出规划方案，以确定该项工程的规模、范围及有关要求。其次，对工程进行全面调查规划，提出工程规划方案，作为编制林业生态工程项目可行性报告的依据。

### 6.2.1.3 规划的具体步骤

总体规划与单项工程规划在步骤上是基本相同的，只是调查内容上有所不同。调查规划手段和方法因区域面积大小而不同，大区域范围的规划采用资源卫星资料、大比例尺图件，并进行必要的实地抽样调查资料等。小区域范围内则采用大比例尺图件，并进行全面实地调查。收集资料的粗细程度、内容要求上前者更宏观。

(1)基本情况资料的收集

①图面资料的收集。图面资料是林业生态工程规划中普遍使用的基本工具，大区域规划(县级以上中流域以上)采用资源卫星资料、小比例尺航空照片(1∶25 000～1∶5000)和地形图(1∶50 000)；小区域规划(县级以下，中流域以下)，采用近期大比例尺地形图和航空照片(1∶10 000～1∶5000)。此外，还应收集区域内已有的土壤、植被分布图，土地利用现状图，林业区划、规划图，水土保持专项规划图等相关图件。

②自然条件资料的收集。通过查阅林业生态工程项目所在地区(邻近地区)气象部门、水文单位的实测资料及调查访问其他有关单位，收集所在地区(邻近地区)下列资料。

a.气温：年平均温度，年内各月平均气温，极端最高气温及极端最低气温(出现的年月日)；气温最大年较差，最大日较差，大于或等于10℃的活动积温，无霜期天数；早、晚霜的起始、终止日期，土壤上冻及解冻日期，最大冻土深度，完全融解的日期等。

b.降水：年平均降水量及在年内各月分配情况，年最大降水量(出现年)；最大暴雨强度(mm/min，mm/h，mm/d)，等于10℃的积温期间降水量；年平均相对湿度、最大洪峰流量、枯水期最小流量、平均总径流量、平均泥沙含量、土壤侵蚀模数。

c.土壤成土母质：土壤种类及其分布，土壤厚度及土壤结构、性状等，土壤水季节性变化情况，地下水深度、水质及利用情况等。

d.植被：天然林与人工林面积、林种、混交方式、密度及生长情况等；果树及经济树种种类、经营情况、产量等；当地主要植被类型及其分布、覆盖度，如包含城市，调查城市绿化情况等。

应该特别说明，在进行林业生态工程项目规划设计时，必须收集中华人民共和国成立以来，特别是近几年来林业生态工程项目所在地区的自然区划、农业区划、林业区以及森林资源清查、土壤普查、城市绿地规划、风景名胜区规划、村镇规划(大村镇)资料，以便借鉴和利用。因为这些资料虽然有其各自的主要目的，但都是建立在实际调查研究的基础上，它们从不同角度以不同的侧重点对当地的自然条件做了描述和分析。

③社会经济情况资料的调查收集。收集林业生态工程项目所属的行政区及其人口、劳力、耕地面积，人均耕地平均亩产量、总产量，人均粮食、人均收入情况；种植作物种类，农、林、牧在当地经济中所占的比例(重)；农业机械化程度及现有农业机械的种类、数量、总千瓦；群众生活状况，生活用燃料种类、来源；大牲畜及猪、羊头数；群众家庭副业及其生产情况；集体合资办的副业、企业等；其他凡与规划设计有关的情况。

④资料的整理、检查。以上资料收集完毕后，应进行整理，检查是否有漏缺，对规划有重要参考价值的资料，应补充收集。

(2)土地利用现状调查

进行林业生态工程项目规划，是为了解决项目区土地的合理利用问题。因此，在规划之前，首先摸清项目区的土地资源及目前的利用情况，以便对"家底"有个全面的掌握，使规划(以及其后的设计)建立在可靠的基础上。

①土地利用现状的调查和统计。

a.土地利用现状的调查：可按土地类型分类量测、统计。土地类型的划分可根据国家土地利用分类及城市用地分类等标准，根据当地实际情况和规划要求增减。以黄土地区（未涉及城市绿化）为例，土地类型常分为以下几类。

耕地：旱平地、坡式梯田、水平梯田、沟坝地、川台地。

林地：有林地（郁闭度 ≥ 0.31，还可按林种细分）、灌木林地、疏林地（郁闭度 ≤ 0.31）、未成林造林地、苗圃。

园地：经济林地（现多单列一项）、果园（现在多单列一项或与经济林合并）。

牧业用地：人工草地、天然草地、改良草地。

水域：河流水面、水库、池塘、滩涂等。

居民点及工矿用地：城镇、村庄、独立工矿用地。

交通用地：铁路、公路、农村道路等。

难利用地：地坎、荒草地以及其他暂难利用地。

b. 土地单元的分级：土地单元分级的多少依项目区面积的大小来定，县级以上或中流域以上可用大流域（省、自治区、地）→中流域（省、自治区、地、县）小流域（县、乡）→小区（或乡），一般不到地块，具体用哪几级根据实际情况确定。县级以下或小流域时，可用流域（或乡）→小区（村）→地块（小班）3级划分方式。地块（小班）是最小的土地单元。小流域林业生态规划，可依据具体情况将项目区划分为若干个小区，每一小区又可划分为若干个地块，小区的边界可以根据明显地形变化线或地物（如侵蚀沟沿线、沟底线、道路、分水岭等）划定，也可以行政区界，如村界划分（便于以后管理）。地块划分应尽可能地连片。地块划分的最小面积根据使用的航片比例尺而定，一般为图面上的 0.5~1.0cm。

c. 地类边界的勾绘：可用目视法直接在地形图上调绘，或采用航片判读。大流域利用资源卫星数据（或卫片）进计算机判读，并抽样进行实地校核。小流域应采用 1：5000~1：1000 地形图或航片，直接实地调绘。

勾绘程序如下：第一，首先勾绘项目区边界线，并实地核对。第二，划分小区并勾绘其边界，也应实地核对。当小区界或地块界正好与道路、河流界重合时，小区或地块界可用河流、道路线代替，不再画地块或小区界。第三，以小区为一个独立单元，小区内再划土块，并编号，编号可根据有关规定进行（如"I-4"即表示第2小区的第4个地块）。小区和地块编号一般遵循从上到下、从左到右的原则，各地块的利用现状用符号表示。最后，将所勾绘的地块逐一记载于地块调查规划登记现状表（可根据有关规范制表）。

在绘制时应当注意为：第一，如果在一很小利用范围内，土地利用很复杂，地块无法分得过细时，可划复合地块，即将两种或两种以上不同利用现状的土地合并为一个地块，但在地块登记表中应将各不同利用现状分别登记，并在图上按其实际所处位置用相应符号标明，以便分别量算面积。为简便起见，复合地块内不同利用现状最好不要超过3个。第二，地块坡度。可在地形图上量测，或野外实测，有经验可目视估测。坡耕地的坡度可分为6级（0°~3、3°~5°、5°~8、8°~15°、15°~25°、>25°）或根据需要合并；宜林地的坡度也可分为6级[0°~5°（平）、6°~15（缓）、16°~25°（斜）、26°~35°（陡）、36°~45°（急）、>45°（险）]。第三，道路、河流（很窄时）属线性地物，常跨越几个地块以至小区，当其很窄，不便于单独划作地块时，它通过哪个地块，就将通过部分划入哪个地块中。

d. 调查结果的统计：地块勾绘完毕后，即可进行调查结果的统计计算。首先采用图幅逐级控制方法进行平差法计算，量测统计项目区→小区→地块面积。采用 GIS 软件时可由计算机统计。

在统计时应当注意：第一，道路、河流(很窄时)属线性地物，面积可不单独量测，而是折算从地块上扣除出来。第二，计算净耕地面积时应扣除田边地坎面积。第三，统计列出土地利用现状表(表格形式参照有关规范)，并对底图进行清绘、整饰，绘制成土地利用现状图。

②土地利用现状的分析。土地利用现状是人类在漫长的生产过程中对土地资源进行持续开发的结果，它不仅反映了土地本身自然的适应性，而且也反映了目前生产力水平对土地改造和利用的能力。土地利用现状是人类社会和自然环境之间通过生产力作用而达到的动态平衡的现时状态，有着复杂而深刻的自然、社会、经济和历史的根源。土地利用现状合理与否，是土地利用规划的基础。只有找到了土地利用的不合理所在，才具备提出新的利用方式的条件。

因此，对土地利用现状的分析是十分必要的，通常对土地利用现状可以从以下几个方面进行分析。

a. 土地利用类型构成分析：农、林、牧各部门土地利用之间比例关系的分析；各部门内部比例关系的分析，如林业用地各林种间用地比例的对比分析。

b. 土地利用经济效益的对比分析：即对相同类型的土地不同利用形式下的经济效益的分析，或不同类型土地同一利用形式下的经济效益的分析。

c. 土地利用现状合理性的分析：一般来说，一个地区土地利用方向由 3 个因素决定：土地资源的适宜性及其限制性(质量因素)；社会经济方面对土地生产的要求；该地区与周围地区的经济联系。

d. 土地利用现状图的分析：土地利用现状图分析主要指对现有土地利用形式在布局上是否合理的分析。因此，不要轻易地断言某个地区利用现状合理或者不合理，只有建立在全面、深刻分析之上的结论，才具有说服力，才是后来规划立论的依据。通过分析，找出当前土地利用方面存在问题，说明进行规划的必要性以及改变这种现状的可能性。

(3)土地利用规划

①农牧规划。根据土地资源评价，将一级和二级土地作为农业用地；如不能满足要求，则考虑三级或四级土地加工改造后作为农业用地。牧业用地包括人工草地、天然草地和天然牧场，规划中各有不同要求，根据实际情况确定，特别要注意封禁治理、天然草场(草坡、牧场)改良措施与林业的交叉重叠。农牧业(尤其是农业)在整个项目区的经济结构中占极大比重，所以它们与项目区域土地资源的利用密切联系，脱离农牧而单纯进行林业规划实际上是不现实的。因此，项目区林业生态工程规划设计应对农牧用地做粗线条规划，即只划出它们的合理用地面积、位置，对于耕作方式、种植作物种类等不做进一步规划。

②林业规划。林业用地规划是林业生态工程规划的核心，应根据前述的基本原理，在综合分析项目区自然、社会条件的基础上，结合项目区目前的主要矛盾及需要，做出规划。如山区、丘陵区水土保持林业生态工程(含有水土保持功能的天然林和人工林)的面积应占较大比重，一般可达 30%左右。经济林与果园则应根据土地资源评价和市场经济预测

确定。为了促进区域经济的发展，有条件的其面积应达到人均 0.07hm²。

林业生态工程规划内容和程序包括以下几点。

a. 对林业生态工程用地进行立地条件的划分，按地块逐一规划其利用方向。

b. 按土地利用方向统计计算规划后土地利用状况，计算规划前后土地利用状况变化的比率，规划后各类土地面积的百分比及总土地利用率等，并列出土地利用规划表(表的格式按规范绘制)。

c. 根据以上规划结果，按制图标准绘制土地利用规划图。目前，省级以上设计单位多采用计算机绘图。

#### 6.2.1.4　规划方案提纲编写

本小节列出了编写提纲时的常用内容，仅供参考，具体应用时，应依据不同的建设项目，参照此程序编写相应的提纲，并在此基础上，做出林业生态工程项目建设的规划方案。

(1)项目区概况

项目区概况包括地理位置、地理地貌特征、地质与土壤、气候特征、植被情况、水土流失状况和社会经济情况。

(2)土地资源及利用现状

该部分包括对土地资源、土地结构及利用现状的分析，以及存在的问题及解决的对策。

(3)林业生态工程建设规划方案

①指导思想与原则。

②建设目标与任务。

③建设规划包括土地利用规划、各单项工程(或林种)布局、造林种草规划、种苗规划、配套工程规划(农业、牧业、渔业、多种经营等)。

(4)投资估算

(5)效益分析

(6)实际规划措施

……

### 6.2.2　可行性研究

可行性研究是林业生态工程项目建设前期准备工作的核心内容和重要环节。项目规划完成后，就要着重于进行认真、负责的可行性研究工作，对项目进行技术经济论证，以确定所提项目的可行性；做多方案比较，选择最佳方案，指出可能存在的风险；编制项目可行性研究报告，以此作为项目初设的依据。

#### 6.2.2.1　可行性研究的任务

林业生态工程建设项目可行性研究的任务是，根据林业生态工程规划的要求，结合自然和社会经济技术条件，对该项目在技术、工程和经济上的先进性和合理性进行全面分析论证，通过多方案比较提出评价意见，为项目决策提供科学依据。通过可行性研究，必须回答本项目建设是否有必要、在技术上是否可行、推荐的方案是否最优；生态效益与社会效益如何；需要多少资金，如何筹集，建设所需物质资源是否落实；怎样建设和建设所需时间等问题，即必须回答项目是否可行的所有根本问题。

### 6.2.2.2　可行性的主要特点和作用

(1) 可行性研究的主要特点

①林业生态工程项目可行性研究的客体是一个区域空间概念。作为自然、经济、社会诸要素在一定地域范围内的有机组合体，区域分异性(一个区域内自然条件、生态系统和社会经济技术条件不尽一致)决定了研究客体是区域性项目，而其分析评价则主要是项目区域性、全局性、综合性的生态环境建设问题。

②林业生态工程项目可行性研究的对象具有系统整体性。它不是一个单项工程，而是一组具备内在联系的复合工程。在工程组合中，既有经营性的，可获得直接经济效益或见效快的项目，如经济林基地建设；又有非经营性的，只能取得生态效益或见效慢，但受益期长、受益面广、影响深远的项目，如水源涵养林。

③林业生态工程项目可行性研究的工作是一项复杂的多层次、多学科、多部门的综合论证工作。

④林业生态工程项目可行性研究的做法，是利用系统思想、辩证观点，实事求是、因地制宜地进行分析评价。

(2) 可行性研究的作用

①作为项目投资决策、编制和审批可行性研究报告的依据。可行性研究是项目投资建设的首要环节，项目投资决策者主要依据可行性研究的成果，决定项目是否应该投资和如何投资。它是项目建设决策的支持文件。在可行性研究中的具体技术经济研究，都要在可行性研究报告中写明，报告作为上报审批项目、编制设计文件、进行建设准备工作的主要依据。

②作为筹集政府拨款、银行贷款和其他资金来源的依据。世界银行等国际金融组织，都把可行性研究作为申请项目贷款的先决条件。我国的专业银行在接受项目建设贷款时，也首先根据可行性研究报告确认项目具有偿还贷款能力，不担大的风险时，才能同意贷款。政府审批立项、核拨项目建设资金，或由其他来源筹集资金也是如此。

③作为项目主管部门对外洽谈合同、签订协议的依据。根据可行性研究报告，项目主管部门可同国内外有关部门或单位签订项目所需的苗木、基础设施等方面供应的协议合同。

④作为项目初步设计的主要依据。在可行性研究中，对项目建设规模、技术选择、总体布局等都进行了方案比选和论证，确定了原则，推荐了最佳模式。可行性研究报告经过批准正式下达后，初步设计工作必须据此进行，不能另作方案比选和重新论证。

⑤对项目拟实行的新技术，也必须以可行性研究为依据。如引种、经济林改造、天然残次生林改造等必须慎重，经过可行性研究后，证明这些新技术确实可行，方能拟订实施计划，付诸实施。

⑥为地区经济发展计划，提供更为详细的资料和依据。林业生态工程项目的可行性研究文件，从技术到经济、从生态到社会的方方面面是否可行做了详细的研究分析，从而也

为经济发展计划和国民经济计划制订，提供了有关林业的详细资料和依据。

林业生态工程是一项长期建设任务，可行性研究一定要超前进行，并具有一定的储备；要舍得拿力量，舍得拿时间，舍得下功夫。只有未雨绸缪，才能避免临渴掘井；只有扎扎实实地做好可行性研究，才能保证工程项目严格有序地进行，取得良性高效的生态经济效果。

### 6.2.2.3　可行性研究的程序

林业生态工程项目的可行性研究，应以批准后的项目规划方案为依据，根据项目规划，对该项目在技术、经济、社会和生态各方面是否合理和可行，进行全面的分析论证，可行性研究的工作程序可分为以下 6 个步骤。

(1) 筹划准备

项目建议批准后，项目的主管单位(或业主)即可委托有资质的咨询设计单位进行可行性研究。双方通过签订协议或合同，明确规定研究任务和责任，阐明研究工作的范围、前提条件、速度安排、费用支付办法以及协作方式等。承担可行性研究的单位，在接受任务时，须获得有关项目背景及指标文件，摸清委托者或组织者目标、意见和要求，明确需要研究的内容及通过可行性研究解决的主要问题，制订工作计划。

(2) 收集资料

按照工作计划，技术咨询设计单位有步骤地开展工作。由于可行性研究必须在掌握详细资料的基础上才能进行，所以调查收集资料便成为可行性研究的首要工作。调查要以客观实际为基础，需了解和掌握有关的方针、政策、历史、环境、资源条件、社会经济状况以及有关建设项目的信息和技术经济情报等。要通过调查进一步明确项目的必要性和现实性，同时取得确切的与项目有关的各项资料。

(3) 分析研究

在收集到一定的资料和数据并加以整理的基础上，根据协议或合同规定的任务要求，按照可行性研究内容，结合项目的具体情况，开展项目规模、技术方案、组织管理、实施进度、资金估算、经济评价、社会效益和生态效益分析等研究工作。研究时要实行多学科协作，可设计几种可供选择的建设方案，进行多次反复的论证比较，从中对比选优。其间，涉及有关项目建设和方案选择的重大问题，要与委托或组织单位讨论商定。在分析研究中，常涉及许多决策问题。例如，决定目标和机会，决定资金的筹集与利用，判断方案的优劣，决定长期战略方向和短期战略措施等。这就需要运用专门的决策分析方法，进行正确的估算和判断，以便对所研究的问题做出科学的决定。

(4) 编制报告

经认真技术经济分析论证后，证明项目建设的必要性、技术上的可行性和经济上的合理性，即可编制提出合乎规格的可行性研究报告，交委托或组织单位作为项目投资决策的依据。

(5) 审定报告

委托或组织单位在收到可行性研究报告后，可邀请有关单位和专家进行评审；根据评审意见，会同可行性研究的承担者对报告修改定稿。

（6）决定选定

修改定稿后的可行性研究报告，由委托或组织单位再行复审，最后做出决策，决定可行或不可行。

### 6.2.2.4　可行性研究报告的编写

对林业生态工程项目进行认真的可行性研究后，即可编制可行性研究报告。可行性研究报告既要全面、系统，又要精练、实用。它对项目的科学决策，报请上级主管部门进行项目评审和批准，以至项目实施等都有重要意义。

（1）可行性研究报告编写的内容

可行性研究报告由承担项目可行性研究的单位编制。然后，由项目委托或组织研究单位评审，修改定稿。报告要与项目规模的大小和复杂程度相适应。大的项目报告可长一些，几万字甚至十几万字，小的项目报告的字数可适当减少。无论大项目还是小项目的报告，一般都应包括可行性研究的各项内容，编写时应注意掌握要点。

编制应根据相应规划、已批复的项目建议书或计划任务的要求编制。

主要内容应包括：项目建设条件调查和分析；项目建设目标、建设内容和建设规模；从技术、经济、管理、环境等方面对项目建设方案进行可行性研究、分析与评价。

编制深度：应能充分反映项目可行性研究成果，内容齐全，结论明确，数据准确，论据充分，满足审批项目方案、确定项目和据此开展项目初步设计的要求；选用的主要设备规格、技术参数能满足预定的要求；对重点项目及项目中的重大技术和经济方案，应进行两个（含）以上方案的比选；应附有评估、决策（审批）项目所必需的合同、协议、意向书、有关批准文件等。

编制单位和编制人员应严格遵守国家、行业有关法规、标准和本规定的要求，坚持独立、公正、科学、可靠的原则，对编制的报告的真实性、有效性和合法性负责。编制单位和主持编制人员应具有相应资质（资格）。

通常可按 9 个部分加 1 个附件的格式来编写。

①项目概要和目标。简要地介绍项目的背景、依据、目标、规模和设计思想，使审阅报告者得简明概括地了解项目。

②项目区环境资源条件。介绍项目所处的环境条件，包括地理位置及各项自然资源条件、社会经济技术条件、生态环境状况，从宏观上论述项目成立的理由。

③产品方案和供需研究。提出项目区主要产品方案，从社会需求、项目区条件进行论证，阐明为什么要投资发展这些产品。另对所需要的投入物，包括苗木、能源、生产设备等的选择与采供进行必要的分析。

④方案制订和技术评价。其是整个项目报告的中心，要求具体细致，切合实际，方向要明确，要进行多方案比较优化，措施要得力，安排要稳妥。要通过分析论证，做好技术评价。

⑤项目实施及其安排。根据制订的方案做好项目实施工程量的估算，安排好项目实施进度和施工量。

⑥项目组织管理。其是保证项目建设得以顺利实施并取得成功的关键。报告中要妥善处理好可绘制项目组织管理结构图。

⑦投资估算与资金筹集。是实现项目的基础。报告中需要分项估算，并列表加以说明。

⑧综合效益评价。实行定性和定量分析相结合，分别对项目的经济效益、社会效益和生态效益进行评价，注意数据可靠、符合实际。

⑨结论和建议。在三大效益评价的基础上，综观各方效益，集中做出判断，提出主要的结论性意见，做出项目的总评价，提出存在的问题及解决问题的建议。

报告除主体外，还需附件加以说明。附件主要有：林业生态工程项目建设布置图；项目可行性研究的各项基础数据；重点子项目的可行性研究报告。

(2)可行性研究报告编写的要求

在编写可行性研究报告时，必须实事求是，在调查研究的基础上，做多方案比较，按客观实际情况论证和评价，按自然规律、经济规律办事，以保证报告的科学性。编写可行性研究报告，基本内容要完整，数据要齐全，其深度应能满足确定项目投资决策的要求。

编制单位的总负责人以及经济、技术负责人应在可行性研究报告上签字，并对该报告的质量负责。可行性研究报告的审查主持单位，对审查结论负责。可行性研究报告的审批单位，对审批意见负责。若发现工作中有弄虚作假时，要追究有关负责人的责任。

### 6.2.2.5 可行性研究报告的报审

承担项目可行性研究的单位提交项目可行性研究报告和有关文件，经委托可行性研究的项目主管单位确认后，项目主管单位即可备文，连同报告向上一级主管部门申请正式立项。上一级主管部门对报来的项目可行性研究报告应及时审查，并组织专家小组进行项目评估。如果认为可行性研究报告有必要修改补充时，应在组织评估前向提交可行性研究报告的单位提出初审意见。对审查单位提出的问题，报告提出单位应与承担可行性研究的技术咨询、设计单位或专家组密切合作，提供必要的资料、情况和数据，并负责做出解释。

### 6.2.2.6 可行性研究报告编制规定及模式

编制可行性研究报告应有一定的规范及格式具体参见附录1，国家林业局2006年出台的《林业建设项目可行性研究报告编制规定》及相关编制模式。

## 6.2.3 初步设计

林业生态工程项目建设的初步设计，是继项目可行性研究报告批复并正式立项后，项目实施前的一个不可缺少的重要工作环节。它是根据批准的可行性研究报告，并利用必要的、准确的设计基础资料，对项目的各项工程进行通盘研究、总体安排和概略计算，以设计说明和设计图、表等形式阐明在指定的地点、时间和投资控制数以内，拟建设工程在技术上的可能性和经济上的合理性，对各项拟建工程做出基本技术、经济规定，并据此编制建设项目总概算。初步设计也是项目实施中编制年度工程计划，安排年度投资内容和投资额，检查项目实施进度和质量，落实组织管理，分析评价项目建设综合效益的主要依据。建设项目设计一般可划分为3个阶段：初步设计阶段——技术设计阶段(目前很多部门不做技术设计，而直接做招标设计，此阶段即为招标设计阶段)——施工图设计阶段。根据项目的不同性质、类别和复杂程度，初步设计和技术设计阶段通常又可合并为一个阶段，称为扩大初步设计阶段，简称初步设计。对于林业生态工程项目，若为园林或开发建设项目造林，则其设计工作可根据要求分 3 个或两个阶段进行，如项目实施招标制，则为 3 个阶段，即初步设计阶段—招标设计阶段—施工图设计阶段；否则，可采用两个阶段，即初步设计阶段—施工图设计阶段。若为一般荒山造林，可将 3 个阶段合并为一个阶段，即初步设计阶段。合并的初步设计，根据合并情况，确定设计深度，应比分阶段的初步设计更细，3 个阶段合为一个阶段的，要求能够指导施工。

为保证初步设计的严肃性、合理性和科学性，初步设计应由正式注册、有资质承担工程设计任务的，且在林业工程设计方面有较丰富经验的设计单位承担。未经国家正式注册、无资质证的设计单位或个人编制的初步设计是无效的。

### 6.2.3.1　初步设计的基本组成与要求

林业生态工程项目一般由若干个单项工程组成，初步设计文件一般应分为两个层次：第一个层次，项目初步设计总说明(含总概算书)及总体规划设计图；第二个层次，各个单项工程初步或扩大初步设计说明(含综合概算)及设计图。

初步设计文件要求：经过比选确定设计方案、主要材料(主要是种苗)与设备及有关物资的订货和生产安排、生态工程建设面积和范围、投资内容及其控制数额；据此，可进行第 2 阶段——施工图的设计和项目实施的准备。

### 6.2.3.2　初步设计文件的审批

按现行林业生态工程建设管理规定，各项目执行单位编制的初步设计，未经审批不得列入国家基建投资计划。各级管理机构对各项目执行单位报送的初步设计中的投资概算、用工用料等技术经济指标进行汇总审查，不得突破批准执行的可行性研究评估报告核定的有关指标。因特殊原因而有所突破的，必须按规定重新申报审议。初步设计文件经审定批准后，不得擅自修改变更项目内容。

### 6.2.3.3　总说明书基本内容

林业生态工程项目不同于一般的工业性项目，其涉及的区域面较大、项目分布较广。各工程项目密切相关，综合地构成区域性、综合性很强的有机整体。因此，其初步设计必须编制总体说明和总体规划设计图，用其明确各分项目、子项目或各单项工程之间的关系，以此指导各项工程的设计。总说明书中主要包括以下内容。

(1)项目简况

用最简练的语言，简要说明林业生态工程建设的依据、性质、建设地点和建设的主要内容及其建设规模等，以对项目总体有一个初步的了解。

(2)基本资料

主要介绍说明反映项目区域的自然、社会、经济状况和条件的基础资料或设计依据。有关区域自然条件的基础资料，一般包括：①反映现有地质、地貌状况的资料。②区域土壤调查资料。③区域内气象资料，内容包括降水、蒸发、气温、日照等。④水资源及可能涉及的水文与地质方面的资料。以上资料包括文字资料与图纸资料。应注意把已有的林业生态建设项目作为重要的基础资料。

(3)总体设计说明

总体设计说明是初步设计说明书的核心部分。主要包括以下几点。

①设计依据。包括主管部门的有关批文和计划文件,如生态建设规划、可行性研究报告批复文件等;已掌握的基本资料(简要说明其名目),通常包括地形测量资料、土壤资料、工程地质及水文地质资料、气象水文资料、工程设计规范或定额标准资料等方面。

②项目区自然、社会及经济概况。依据工程可行性研究报告提供的有关资料,在初步设计中进一步详细和具体化,并说明它们和设计的关系。

③项目建设指导思想、内容、规模、标准和建设措施。

④土地利用。一般应包括项目选址的依据;农、林、牧、副、渔业用地比例、面积和位置等;子项目区的划分及其规模;各类工程布局及用地方案的设计思路等。

⑤主要技术装备、主要设备选型和配置说明。包括主要设备的名称、型号及数量。

⑥种苗、交通、能源、化肥及外部协作配合条件等。主要说明项目区内交通运输条件,工程建设使用种苗、化肥等供应渠道和消耗情况等。

⑦生产经营组织管理和劳动定员情况。主要说明项目区所涉及的县、乡人口及劳力情况,根据项目区的生产规模和生产力水平,确定经营管理体制,确定劳动力、技术人员、管理人员及社会服务等各类人员的最佳配置和构成。

⑧项目建设顺序和起止期限。根据项目区各类项目的主次关系、轻重缓急和资金投放能力,初步确定各主要建设内容的先后次序和建设起止期限。

⑨项目效益分析。通过初步设计,进一步对项目的综合效益进行测算、分析和评价。

⑩资金筹措办法。说明项目建设资金来源,各项资金渠道的构成。

### 6.2.3.4 总体设计图基本内容

(1)基础资料图

这是对林业生态工程项目建设进行总体设计的基础资料图纸,是总体设计的重要依据,一般包括以下几种类型的图纸。

①项目区土地利用现状图。农、林、牧、水、渔各业用地状况,通常图纸的比例为1:100 000~1:10 000,整理图纸时要特别注重项目区荒地、滩涂等,可作为林业利用的土地分布。

②项目区林业资源分布图。森林、经济林、灌草坡等的分布情况,通常图纸的比例为1:100 000~1:10 000。

③区域土壤分布图。绘制各种类型土壤的区域分布情况,并绘制可反映各类土壤特性的说明表、各类型土壤面积统计表。图纸的常见比例为1:5000。

④其他图纸。根据不同项目的具体要求确定,如水资源图等。

(2)总体设计图

总体设计图是项目初步设计图纸中最重要的部分,各单项工程必须围绕着总体设计图进行设计。总体设计图通常包括以下几种。

①项目区林业生态工程总体布局。比例为1:1000,如涉及城市、工矿区绿化,可单独附大比例尺的建筑物分布及绿化总体设计平面图纸。

②土地利用总体设计图。主要反映林业生态工程建设后的土地利用状况,并要求在图纸上附土地利用面积分类统计表,常见图纸的比例有1:10 000~1:1000。

③其他图件。根据不同项目的要求确定,如与林业生态工程有关的水土保持、水利工

程布局图等。

#### 6.2.3.5  单项工程说明书及设计图基本内容

林业生态工程项目是一项系统工程，一般含有多个子工程，即单项工程。其都具有自身的特征，可独立成为一个单元。可根据实际需要给出单项工程的说明书、概算书和设计图。它们是对林业生态工程项目初步设计总说明及总体设计图的进一步分类、分项和明细化、具体化，是编制项目总概算书以及进行第 2 阶段设计——编制施工图或指导施工的依据。

#### 6.2.3.6  设计说明书编写

项目设计说明书一般分为 6 部分：项目区概况；自然条件；林业生态工程设计[包括总体布局、单项工程设计如造林(种草)地的立地类型划分、小班造林(种草)设计、所属工程设计等]；施工组织设计及施工进度安排；投资概算与效益分析；实施管理措施，附表、附图。

(1)项目区概况

简单叙述项目区的地理位置、经纬度、所属行政区划(省或直辖市或自治区、地域盟、县或旗、乡)、范围、面积；交通运输与通信条件；各项生产简况及农林牧副关系；林业生态工程建设的基础及历史，林业生态工程建设发展方向，林业生态工程效益，造林种草的经验教训；社会可提供的劳力及分布状况，种子苗木生产运输情况，以及上述条件与林业生态工程建设的关系及对工程运行的影响。

(2)自然条件

项目区的气候条件(年平均气温、1 月平均气温、7 月平均气温、极端最低气温、活动积温和有效积温、大风的次数、风力风向、平均风速、无霜期等)、土壤条件(母质、土类、物理化学性质、微生物情况、土壤利用历史等)、地形(大、中、小地形及特殊地形)、水文(降水量、蒸发量、相对湿度、地下水及含盐量、河流等情况)、病虫害等情况，主要是通过综合分析，找出该地区自然条件的特点与规律，指出在林业生态工程设计中应注意的问题。例如，某地区春季干旱多风，雨季集中于 7~9 月，对春季造林极为不利，设计中应抓住这一主要矛盾，采取抗旱保墒和雨季防涝等相应措施，以保障各项目区域的植被情况不被破坏，主要是林业资源情况，包括森林资源(树种、起源、年龄、组成、面积、生长量、蓄积量)、草地资源、宜林宜牧地资源等。

(3)林业生态工程设计

①林业生态工程布局。在可行性研究的基础上，根据项目区域生态经济分异规律及林业、草业、牧业的发展状况，分析确定林业生态工程布局的指导思想、原则、发展方向、任务等。据此，提出林业生态建设的主体工程及其他各类工程，在个别土石山地区还要有水资源涵养林业生态工程。在此基础上，进行立地类型小区划分，不同的小区确定不同的林业生态工程单项工程。

②林业生态工程单项工程的设计。分析造林(种草)地立地条件，划分立地条件类型，选择适宜的树种、草种，进行造林种草的设计(典型设计)。造林典型设计是单项工程设计的核心部分。如果有城市、工矿区林业生态工程，特别是园林工程设计，应根据国家有关

规范的规定，进行大比例尺平面图设计。一般的林业生态工程中的造林种草的设计(典型设计)主要包括：a.以造林或种草设计图(1：10 000～1：5000)的地形图为底图，在外业调绘的小班上设计，并在设计图上标明小班因子。b.各典型设计图式及说明，包括典型设计所适用的林班、小班号；造林整地时间、年份及季节；整地密度、带间距、带中心距；整地方法、整地规格、整地排列图式及整地图式、整地的具体技术措施、造林密度及株行距、造林图式、造林方法、混交方法、混交比例、树种组成、种植点、苗木年龄及规格，并说明造林树种的主要生物学特性及造林地、产地条件的主要特点及该典型设计的合理性、可行性。c.填写有关表格。

③计算工程量。对林业生态工程实际发生工程量进行计算，为概算做准备。计算内容主要包括：

a.种苗需要量：先按小班或造林种类型求出各树种、草种所需要的量，然后进行累加计算所依据的面积一律为纯造林、种草地面积。计算中应该注意整地方法、种植点配置及丛植等对种苗用量的影响。最后，把计算出的种苗量再加10%，作为造林时种苗的实际消耗量。

b.造林种草工程量：包括整地、挖穴、运苗运种、栽植或播种、浇水等的工程量(材料用量、土方量、机械的台班或台时等)。

c.其他附属设施工程量：道路、房建、灌溉、引水、苗圃建设等的工程量(土方量、材料用量等)。

d.计算分部工程量：根据上述工程量合计分部工程量，如油松造林工程、红枣造林工程、人工林下种草工程、砌石工程等的工程量。

e.计算单项工程量：合计分部工程量计算单项工程量，如天然林保护工程、水土保持林工程、果园灌溉工程等。

f.项目总工程量：合计单项工程工程量，即为项目总工程量。

(4)施工组织设计及施工进度安排

林业生态工程施工组织设计即确定如何组织施工，包括施工设备、施工场地、人员编制(指专业队伍)、劳力安排、施工程序、施工注意事项等。同时，根据计划任务、工程量安排施工进度，一般为年度进度，一些外资项目要求为季度进度或月度进度。

最后要进行施工设计。因林业生态工程建设期长及林业的特殊性(受气候限制、每年施工条件变动很大)，需每年做年度施工设计，在初步设计中只做简单安排。

以造林施工为例，年度造林施工设计的主要任务，就是在充分运用已有造林设计成果的基础上，按照下一年度的林木栽培计划任务量(或按常年平均任务量)，选定拟于下年度进行林木栽培的小班，实施外业复查各小班的状况，若各小班的情况与造林设计完全相符，则应根据近年来积累的林木栽培经验、种苗供应情况及小班的具体情况，对各小班原设计决定做全部或部分必要的修改，然后进行各种统计说明。确定年度施工的种苗需要量、用工量及支付承包费用时，计算的依据是将要施工的小班面积，因此一定要保证其精度。若外业调绘的小班面积精度不能满足要求，应该实测小班实际造林面积。通常在进行造林施工设计时用罗盘仪导线测量的方法实测小班面积和形状，也有在检查验收时才实测或抽样实测小班面积。需要注意的是，用罗盘仪导线测量的误差也比较大，因而在外业调绘的小班面积误差较小时，一般不再实测小班面积。

（5）投资概算与效益分析

①投资概算。首先，确定人工单价、材料单价、机械台班单价等，计算分部工程单价，再计算单项工程费用，最后汇总为项目总工程费用。其次，计算其他费用，应先确定费率，再根据建筑工程费用，即可计算出其他费用。再次，汇总计算项目总投资。最后，根据施工进度安排，计算分期（年度或季度）投资表。

②效益分析。

（6）实施管理措施

主要内容包括行政组织管理、法律管理、技术管理等，该部分还需附表、附图。

①附表。林业生态工程建设是在原工程造林的基础上发展起来的，迄今为止，全国尚无成套的、统一的设计表格。

②附图。包括土地利用现状与规划图、林业生态工程布局图、单项工程设计总图、个别工程或分部工程典型设计图、附属工程设计图等。

### 6.2.3.7　总概算书

总概算书是确定林业生态工程项目全部建设费用的文件，是根据各个单项工程和单位工程的综合概算及其他与项目建设有关的费用概算汇总编制而成的。它是项目初步设计文件中的重要组成部分之一，是控制项目总投资和编制项目年度投资计划的重要依据。

（1）总概算书的内容与程序

①总概算书的内容。总概算书一般应包括编制说明和总概算计算数表。

a. 编制说明：包括工程概况、编制依据、投资分析、主要设备数量和规格，以及主要材料用量等内容。

b. 工程概况：扼要说明项目建设依据、项目的构成、主要建设内容和主要工程量、材料用量（如种子苗木、化肥、水泥、木材、钢材）、建设规模、建设标准和建设期限。

c. 编制说明：项目概算采用的工程定额、概算指标、取费标准和材料预算价格的依据。概算定额标准有国家标准、部颁标准、省颁标准（有些地区还有地颁标准）之分，在编制说明中均应说明。

d. 投资分析：重点对各类工程投资比例和费用构成进行分析。如果能掌握现有同类型工程的资料，可对两个或几个同类型项目进行分析对比，以说明投资的经济效果。

②总概算计算数表。是在汇总各类单项工程综合概算书和整个项目其他综合费用概算的基础上编制而成的。其他综合费用包括勘察设计费、建设单位管理费、项目建设期间必备的办公和生活用具购置费等。

（2）总概算书编制程序

①收集基础资料。基础资料包括各种有关定额、概算指标、取费标准、材料、设备预算价格、人工工资标准、施工机械使用费等资料。

②编制表格。根据上述资料编制单位估价表和单位估价汇总表。

③计算工程量。熟悉设计图纸并计算工程量。

④编制单项工程综合概算书。根据工程量和工程单位估价表等计算编制单项工程综合概算书。

⑤编制总概算书。根据单项工程综合概算书及其他有关综合费用，汇编成总概算书。

（3）单项工程概算书

单项工程概算书是在汇总各单位工程概算的基础上编制而成的。单位工程又是由各分部工程组成，分部工程又是由各分项工程所组成。概算计算数表的基本单位一般以分部工程为基础。所谓单项工程，是具有独立的设计文件，竣工后可以独立发挥效益的工程；而单位工程是指具有独立施工条件的工程，是单项工程的组成部分。

### 6.2.3.8 《林业建设项目初步设计编制规定（试行）》

该规定是规范初步设计文件，保证初步设计质量，加强林业工程建设项目初步设计编制管理工作的文件，是林业行业编制林业工程建设项目初步设计的依据。

## 知识拓展

### 沿海地区防护林体系的规划设计

（1）指导思想

沿海地区防护林体系的建立，是以科学发展观为主要依据和指导方针，以增强沿海地区的抗自然灾害的能力为目的，大面积大范围地增加森林资源总量。要针对沿海地区的地形特点以及土壤特点制订出适合当地的防护林规划方案，将生态景观学、林学以及生态经济学的各种原理紧密地结合在一起，做出合理的规划和安排，购置合适的树种，才能建立一套功能完全的生态保护绿色屏障。沿海地区防护林体系的建成将有效促进经济的发展，营造良好的生态环境，推动可持续发展的进程，在全面推进美丽中国建设中发挥重要作用。沿海防护林规划的基本原则有以下几点。

①统筹规划、生态优先。我国的《森林法》和《森林法实施条例》中已经明确指出在保护自然森林资源的同时，要充分发挥出森林的生态功能。这要求设计者要从沿海地区的自然环境出发，对当地的生态资源和防护林进行全面而系统的规划，实现生态优先，一步一步地增加森林生态环境的承受力，直到实现整个沿海地区的全面可持续发展。

②创新机制、制度保障的原则。沿海地区的防护林体系建设涉及的领域和相关部门很多、十分复杂，容易产生多种问题，为解决这些问题就要将国家和地方的有关方针政策都落到实处，并在政策、制度和管理上不断创新，形成强有力的支撑和保障。

③科学合理的原则。沿海地区海岸线长，经济发展水平相差较大，不同地区的立地现状和群众的思想意识也有较大的差别，因此还必须根据各个地区不同的情况，因地制宜，严格执行有关技术标准和规程规范，将科学性、合理性、可操作性与前瞻性相结合，采用新观念、新技术和新方法，坚持求真务实的科学态度，充分采用符合当地实际情况的技术经济指标、参数、定额，对当地的防护林进行详细合理的规划和设计。

（2）沿海防护林总体规划设计

①沿海防护林的空间结构。沿海防护林体系按照防护灾害的种类和防护林的建造形式可以分为以下几类。

a. 消浪林：位于海岸线最前面的消浪林，大多是建造在潮上带和潮间带上，所用的植物大多是能够抵抗海水盐分侵蚀、耐潮湿、耐瘠薄的先锋植物，这些植物往往可以起到消除海浪，促进淤泥的沉积和保护堤岸的作用，如红树林。

b. 基干林带：位于最高潮水位以上的海岸基干林，这是整个沿海防护林体系中最重要的一环。海岸基干林的主要作用是保护堤岸的土堰，防止堤坝水土流失，抵御海潮、风暴潮，同时还可以抵抗大风、飞盐等气象灾害。

c. 商品林：商品林主要在靠近内陆的地区，这部分的园林是以丰产林、果园为主，在防风固沙、抵抗自然灾害的同时，又可以带来巨大的经济效益。

d. 农田林网：农田林网主要是为了改善农田整体的生态环境，保障农作物的丰收。其主要布局是利用农田内地沟、水渠、机耕路来建造林带，一般采用大苗小网的窄林带来布局，主林带的间距在 10～30m。

e. 围村树林：围村树林指的是居民居住的房屋周围的树林，这类树林一般是为了保护人们的财产安全，保障人们生活安定。

②结合沿海海岸分类的防护林建设重点。

a. 基岩海岸：基岩海岸是由花岗岩、玄武岩、石英岩或者石灰岩等各种不同的岩石成分组成的。其范围是从最高潮水位线到临海第一重山脊的临海坡面，普遍来说，这种海岸受海风、海水等影响，水土流失较为严重，立地条件也较差，所以在建设防护林的时候，该地区的树木选择要遵循以下原则，一是保水、固土、耐瘠薄，重点是保水、防止水土流失；二是抗风、萌芽力强，对大风适应强，受灾后自身恢复快；三是具较好的观赏和经济价值，由于基岩海岸是向内陆扩散的与所在地居民关系密切，所以基岩海岸的树木及林带还应当与当地供观赏的风景林、经济林相结合。

b. 砂质海岸：砂质海岸多由沙粒粗的风沙土组成，缺少由细小颗粒形成的毛细管等，不能很好地保持水土的肥料和水分，同时沿海地区的大风较多、光照强烈，大风造成堤岸表面的土壤稀薄植被稀少，很多树木都无法生存，所以能够种植的树木数量和品种十分有限。其范围是最高潮水线向陆地方向延伸 200m，大部分的土壤是红泥性风积沙土和泥炭性风积沙土，这种土质十分适合木麻黄的生长。防护林体系大多是以生命力顽强的灌草植物为主，灌草植物带、基干林带、农田林网、水土保持林、水土涵养林纵横交错，同时配备消浪林的防护结构，可以很好地避免砂质海岸的缺陷和不足，让防护林充分发挥其该有的作用。

c. 淤泥海岸：淤泥海岸积存了大量的淤泥，土壤的盐碱化程度较其他两种海岸来说非常高，而且该海岸的土壤质地十分黏重，缺少养分，所以在防护林树木的选择上应该选择盐碱度高、耐水湿的树种。把其主要的功能定位为对盐碱地的治理、对干旱和洪涝的预防以及对农田和湿地的保护，这样一来，选择的树木品种就更多、更明确了。所选用的树木主要有木麻黄、新银合欢、苦楝、大叶相思、台湾相思等，选择这些树种主要是针对淤泥海岸雨水多、蒸发旺的特点。对于由海边向内陆扩散的区域，要根据地下水的水位情况以及土壤的盐分情况来进行布局。在靠近海洋的一侧，采用消浪林带和灌草植物带；在向内扩散的区域，采用基干林带，再向内为农田林网，村镇绿化以及小片的经济林。这样的布局下所选用的植物主要是以红树林以及其他耐盐碱的灌丛和草甸植被为主，很好地解决了淤泥海岸的盐碱度高的问题，给当地带来经济效益。

2004 年印度洋海啸带来的巨大损失警示我们即使在经济日益发达的今天，也不能忽视生态环境建设，尤其是沿海地区这种多发自然灾害的区域，好的防护林体系将直接关系到国民经济的发展和人民的生命财产安全。沿海地区的防护林带，可以对风暴潮、海啸、台风、干旱、洪涝暴雨、风暴潮、赤潮等自然灾害起到一定的抵御和减轻作用，提高当地的减灾能力，提高当地的生态环境水平，竖立起绿色屏障，加快生态文明的进程；在建立防护林的同时还可将其与人文景观结合，建设起独特的休闲景观林带，有助于带动当地旅游业的发展，提升城市的整体形象。打造一道以生态林为主体的风景线，这对于城市的发展来讲，无疑是一项受益匪浅的工程设计。

## 6.3 林业生态工程项目施工和竣工验收

### 6.3.1 项目实施

林业生态工程项目完成初步设计报告，列入国家投资年度计划后，就进入了项目实施阶段。项目实施必须严格按照设计进行施工，加强施工管理，并在具体培育过程中采用科学、合理、先进的栽培、抚育技术措施。另外，项目建设单位必须严格按照下达的项目计划执行，不得擅自变更。项目实施过程中，因特殊情况确需变更的，须按项目申报程序逐级报批。各主管部门应加强项目实施的监督管理，建立健全项目管理责任制，建立项目跟踪检查管理制度，要及时将项目进度和总结上报主管部门。

### 6.3.2 竣工验收

竣工验收是林业生态工程项目管理的最后阶段。竣工验收后，必须编写项目竣工验收报告。

竣工验收流程如下。

①成立项目竣工验收小组。由经济、工程、技术、项目管理等方面的专家组成验收小组。

②申报开展项目竣工验收各级领导小组。在本级项目执行期满，各项建设任务完成之后，要向上一级验收小组提出开展项目竣工验收的申请报告，要求上级派出竣工验收小组对本级项目进行竣工验收。

申请报告的内容大致包括以下内容。

a. 项目名称，审批文号。

b. 项目验收周期，开工日期。

c. 项目建设的主要内容及其完成情况。

d. 项目效益的初步估算。

上级领导小组收到项目竣工验收申请报告后，应立即备案，并研究布置正式开展该项目竣工验收工作安排，把研究结果及时地告知申请单位。

③竣工验收小组进入该项目区进行全面验收。上级领导小组全面研究下属项目竣工验收申请报告之后，选择重点项目或者典型项目，决定派出项目竣工验收小组进入项目区开展全面验收或抽样复验工作。

④对项目实施中的问题进行分析探讨。基本调查工作完成后，把收集到的资料进行初

步分析，然后提出项目实施中关系重大的一些问题，以座谈会的形式，由项目竣工验收小组成员和该项目负责人、管理人员，以及具体执行人员共同深入探讨，进一步加以明确，寻找原因，商议决策。

⑤完成项目竣工验收报告编写。在全面调查研究的基础上，项目竣工验收小组独立完成并编写项目的竣工验收报告，并由竣工验收小组组长、副组长、各成员签署确认，具体内容包括姓名、职务职称、工作单位以及项目竣工验收报告的完成时间。

⑥项目竣工验收报告报送及审核。项目竣工验收报告完成之后，要立即报送上级项目管理部门或者委托验收部门。验收小组应对项目验收报告的科学性、真实性和准确性负技术责任。上级或委托验收部门审核批准项目竣工验收报告后，对合格项目发给竣工验收证书，由各级林业生态工程建设办公室立案存档，并向有关生产和管理部门办理固定资产交付使用转账手续，充分发挥工程效益。经验收不合格项目，要提出具体的完成期限或者其他处理意见。

### 6.3.2.1 竣工验收的特点

林业生态工程不同于其他建设工程。其他建设工程的竣工验收主要侧重于工程质量、外观，因此其验收相对比较简单，验收时主要是查看建设过程中的有关施工记录、资料，在现场查看外观，如资料外观能满足设计要求，工程也就顺利通过了竣工验收。林业生态工程施工阶段的竣工验收主要是侧重于工程造林的数量和质量。目前，部分地区的生态投资很大，每亩造林成本已达五六千元，甚至上万元，不同树种、不同规格的苗木造林成本不同，单株苗木造林投入从四五十元至二三百元不等，因此，林生态工程的竣工验收已由过去的面积验收逐步发展到对面积和株数的验收。由于林业生态造林施工场地极为复杂，有的是在荒山秃岭上造林，有的是在沟壑林立的荒山上造林，有的是在灌丛中造林，因此要想较为准确地计算施工作业面积、数清造林株数，其难度是可想而知的。相比其他建设工程，林业生态工程的竣工验收更为复杂。

### 6.3.2.2 验收程序

（1）制定造林成果管理办法

林业生态工程的造林地形复杂，作业设计较为粗放，小班施工作业面积往往小于小班设计面积，实际造林面积和株数往往达不到设计要求。根据多年的生产实践，施工单位虚报造林面积和株数的现象较为普遍，为防止施工单位虚报造林成果，业主有必要在竣工验收前制定有关防止不法施工单位虚报造林成果的管理办法，并与施工单位签订有关如实上报造林成果、虚报将予以处罚的约定，以防止施工单位虚报造林成果，避免在下一阶段的验收中出现麻烦，为工程竣工顺利验收打下一个好的基础。

（2）敦促施工单位必须搞好自检工作

施工单位在工程造林结束后，根据业主与施工单位签订的施工合同，监理单位应及时敦促施工单位做好自检工作，对不合格苗进行更正，遗漏栽植的空地应及时补植。经自检合格后，整理施工资料，绘制竣工示意图，同时向监理单位如实上报造林成果，并填写《施工阶段工程竣工汇总表》。

（3）认真审查施工单位上报的有关资料

监理单位对照施工单位在施工过程中的报验材料和监理人员验收的质量和数量材料，

认真审核施工单位上报的有关资料，确认上报材料是否真实可靠。

①上报造林的苗木规格、数量与报验数是否一致。在施工中进苗的数量应大于或等于造林植苗的数量，如果进苗量小，上报的植苗多，其原因可能有二，一是施工单位虚报造林成果；二是施工单位未按设计采购了不合格苗（未在设计指定地区进苗或苗木规格达不到设计要求），在进苗时未向监理单位报验，采用了不合格苗造林。

②上报造林的面积和株数与整地报验数、植苗报验数是否一致。如果上报造林的面积和株数大于整地报验的穴数和植苗报验的面积和株数，则可断定施工单位虚报造林成果。

（4）监理单位组织竣工预验收

监理单位在审核通过施工单位上报的有关资料后，便可组织施工阶段竣工预验收。监理单位组织施工阶段竣工预验收的目的：一是通过预验收，发现问题，及时通知施工单位进行整改；二是为业主组织施工阶段竣工验收提供依据。监理在预验收结束后，应完成预验收报告，报请业主组织施工阶段竣工验收。业主组织施工阶段竣工验收时，监理应参与验收工作。林业生态工程施工阶段具有造林面积大、分散、交通不便，针对这些特点，当前的预验收和验收通常采用以下两种方法进行。

①由监理单位组织，业主代表、施工单位技术负责人参加，组成预验收小组，到各施工单位(标段)现场进行抽查验收。此验收以质量验收为主，发现问题，由监理单位签发《监理工程师通知单》，责成施工单位整改。在抽查合格后，监理单位签发《工程竣工报验单》，提请业主组织竣工验收。竣工验收由业主组织，监理单位、施工单位参加，逐小班进行验收，验收的内容包括作业面积和植苗株数。

②由监理单位组织，业主代表、施工单位技术负责人参加，组成预验收小组，对施工造林现场进行逐小班验收。验收的内容包括作业面积和植苗株数、不合格苗数量。预验收结果报业主审查，业主在确认预验收程序规范、方法科学合理、资料齐全的前提下，对预验收结果予以确认，可将预验收结果视为竣工验收结果。

### 6.3.2.3 验收方法

林业生态工程的竣工验收，是根据施工单位上报的造林面积和株数，由业主代表、监理单位、施工单位联合组织到现场进行核实的过程。验收的基础是施工单位上报的造林面积和株数。如外业验收的误差在允许范围内，就应认可施工单位的上报数。

（1）计数法

林业生态工程造林投入相对较大，往往采用大苗栽植，苗高多在 1.5m 以上，株行距比较规整，针对这一特点，在验收时，通常采用计数法计算造林株数和面积。计数法分为以下 3 种。

①利用几何原理计数。计数前，在现场将施工单位绘制的竣工示意图与小班造林实际情况进行对照，将其分解为多个相对规整的几何形状，对于一些面积不规整的地块，可以凭经验采用切、补面积的方式，将其变为相对规整的矩形、梯形等几何形状，再计算出每一地块的株数，相加则可求出小班内的总株数。

②判读计数。在有条件的地方，可站在小班对面的山坡上，用数码相机进行拍照，然后在电脑上进行判读计数。

③直接计数。对一些面积不大，形状极不规整的地块，可直接计数。由于工程造林株

行距比较规整，计算小班作业面积，可用单位造林密度除总株数求出：

$$小班作业面积 = 总株数/造林密度 \qquad (6-1)$$

（2）样方法

在小班内设标准地计算造林平均密度，然后用小班面积乘以造林平均密度即可求出小班造林总株数：

$$小班造林平均密度 = \sum(样地内合格造林株数)/\sum(样地面积)\times 10\,000 \qquad (6-2)$$

$$小班造林总株数 = 小班面积\times造林平均密度 \qquad (6-3)$$

此种方法通常是在造林苗木较小，或灌丛较高、苗木不宜观测、造林株行距不规整的情况下采用。

### 6.3.2.4　验收结果的处理流程

对验收结果的分析处理，应按照投资控制的要求，认真做好计量工作，做到不超计、不漏计，在施工单位自身计量的基础上，只对符合设计、合同质量要求部分进行确认。外业调查验收结果填入《施工阶段工程预验收外业调查表》。

①根据施工合同约定，施工单位上报小班造林株数和面积与业主组织的竣工验收的小班造林株数和面积的误差为5%，且上报小班造林株数和面积小于或等于设计株数和面积，将对上报小班造林株数和面积予以确认。

②如某小班实测的造林株数大于设计株数，将按提交的《造林作业设计中》的株数计算造林株数。

③如某小班实测的造林面积大于小班设计面积，并超过允许面积误差，则为设计错误，责任在于业主，因此监理应与业主协商，所超的面积和株数应予计算。

④如某小班实测造林株数低于设计株数，并低于设计允许误差，施工单位按实际造林情况上报，经现场调查，并非设计有误，责任在于施工单位，监理单位应对其施工单位下达《监理工程师通知书》，限期整改，对该小班不予验收。

⑤如某小班实测造林株数低于设计株数，并低于设计允许误差，而施工单位却按设计造林株数上报，虽经现场调查，造成造林株数低于设计株数的原因是设计有误，如小班立地条件差，无法按设计的株行距施工等，对此业主应承担设计责任，但施工单位虚报造林成果，业主和监理单位应对其错误行为予以通报批评，并按签订的防止虚报造林成果的有关约定，对施工单位进行处罚。监理单位应责成施工单位重新如实上报，按实测株数验收。

⑥如某小班实测造林株数低于设计株数，并低于设计允许误差，且施工单位已如实按造林情况上报，经现场调查，是设计有误，如小班立地条件差，无法按设计的株行距施工，责任在于业主，监理单位应按实测株数验收，对于因单位面积造林株数减少，造成单株造林成本增加的情况，监理单位应与业主和施工单位协商，酌情适当予以补助。

⑦如发现某标段（施工单位）上报造林株数大于实际造林数，并超过允许误差，业主和监理单位应对虚报施工单位予以通报批评，并按签订的防止虚报造林成果的有关约定，对施工单位进行处罚。监理单位应责成施工单位重新如实上报，按实测株数验收。

## 6.4 林业生态工程后评价

林业生态工程后评价是指在林业生态工程建成投产并达到设计生产能力后，通过对林业生态工程前期工作、林业生态工程实施、林业生态工程运营情况的综合研究，衡量和分析林业生态工程的实际情况及与预测情况的差距，确定有关林业生态工程预测和判断是否正确并分析其原因，从林业生态工程完成过程中吸取经验教训和判断是否正确并分析其原因，为今后改进林业生态工程启动、决策、管理、监督等工作创造条件，并为提高林业生态工程投资效益提出切实可行的对策措施。林业生态工程后评价的主要任务可分为两个方面：一是总结、反馈。林业生态工程后评价对林业生态工程建设全过程进行总结、分析，并利用其反馈功能发挥效用，完善已建林业生态工程，指导在建工程，改进待建工程，提高投资决策水平。二是预测、判断。根据实际数据或实际情况重新预测的数据，对林业生态工程的未来发展和林业生态工程的可持续性进行判断。林业生态工程的评价体系实际上就是反馈控制法在林业生态工程管理中的具体运用。通过林业生态工程的执行结果与原定目标比较，检查目标决策是否符合实际，工程建设过程是否合理、效益是否最大等为新工程的决策与建设提供依据。

### 6.4.1 后评价特点

林业生态工程后评价应该实事求是地反映问题，辩证地分析问题，提供合理化建议，使后评价的结论具有权威性、通用性和科学性。相对于一般投资项目后评价而言，林业生态工程后评价具有以下特点。

(1) 多目标性

林业生态工程建设目标既包括政府根据国民经济和社会发展制定的宏观目标，也包括因建设区域不同的自然、经济和社会条件而制定的具体微观目标，而林业生态工程后评价的任务就是对这些目标的实现程度以及它们与工程建设本身的相互影响做出科学的判断和预测，所以对林业生态工程进行后评价时，涉及的目标多样、内容广泛、过程复杂。

(2) 独立性

林业生态工程后评价工作必须从机构设置、人员组成、履行职责等方面综合考虑，使后评价机构既保持相对的独立性又便于运作，独立性应自始至终贯穿于后评价的全过程，包括从内容的选定、任务的委托、评价主体的组成、工作大纲的编制，到资料的收集、现场调研、报告编审和信息反馈。只有这样，才能使后评价的分析结论不带任何偏见，才能提高后评价的可信度，才能发挥后评价在林业生态工程管理工作中不可替代的作用。

(3) 复杂性

林业生态工程建设周期长，在后评价时要同时考虑社会发展的近期、中期、远期目标，尤其要考虑工程建设综合效益的发挥，这是一个长远发展目标。可见，后评价更具有长期性。同时，在林业生态工程后评价过程中，综合效益是主要的衡量尺度，但不是唯一的尺度，由于后评价涉及的范围和内容非常广泛，许多社会因子、环境因子和经济指标在目前条件下难以量化，需要增加定性分析，这也导致了后评价的复杂性。

(4)不确定性

林业生态工程后评价虽然是在林业部门内进行，但林业生态工程建设跨地区、跨行业、跨部门，不同地区工程建设的目标和重点不同，比如沙区以治沙为主，水土流失区以涵养水源为主，农区以农防林建设为主，这就导致了无法设置精准统一的评价指标，而且也很难判别指标优劣的临界值，各指标因子间的相关性分析很难计算，所以以模糊综合评价与定性评价在林业生态工程后评价中运用较多，这也是林业生态工程后评价区别于其他投资项目后评价的特点。

(5)反馈性

林业生态工程后评价的最终目标是将评价结果反馈到决策部门，作为新项目立项的基础，作为调整投资规划和政策的依据，为今后宏观决策和工程建设提供依据和借鉴。因此，后评价的反馈利用机制、手段和方法便成了后评价成败的关键环节之一。

## 6.4.2　后评价遵循原则

(1)科学性与实用性相结合

林业生态工程后评价内容丰富、过程复杂，涉及社会经济、自然环境以及其他影响因素多样，在具体评价过程中，要针对不同的内容和指标体系选择不同的后评价方法。因此，就确定林业生态工程后评价方法体系而言，既要有科学依据，同时又要讲求简单实用，适合我国国情和林情，以便于操作和推广。

(2)定量分析与定性分析相结合

在林业生态工程后评价过程中，有些内容可以定量化分析评价，有些只能定性化分析评价，所以，对于目前有条件能够量化的因子尽量实行定量分析；不能定量的，要规范出定性分析的标准，并按要求进行定性分析；最终，定量分析和定性分析的结果均应纳入综合评价体系中。

(3)通用指标与专用指标相结合

林业生态工程时间长、范围广、内容多，为了兼顾不同地区之间的共性和特性，应该将工程建设的总体目标和分区目标分成不同类型，然后根据林业生态工程自然属性、经济属性和社会属性设置通用评价指标。此外，再根据不同林业生态工程的特性以及不同地区林业生态工程的特点设置专用指标。

(4)统一性与灵活性相结合

林业生态工程具有显著的生态、经济和社会效益，影响面广，涉及的问题非常复杂，即使发达国家目前应用的理论和方法也不成熟。在研究这些问题时，不可能做到面面俱到，在对林业生态工程进行后评价的过程中，既要从林业生态工程建设的全局出发，又要考虑林业生态工程建设内容的差异性；既要考虑林业生态工程后评价工作的统一性要求，又要考虑不同类型区实施条件的差异性，做到统一性与灵活性相结合。这样的评价方法有利于理论和方法不断完善，同时，最终的评价结果也更符合我国林业生态工程建设的实际情况。

## 6.4.3　后评价程序

林业生态工程后评价程序一般包括制订后评价计划、确定后评价范围、选定后评价机构、执行后评价过程、编写后评价报告以及反馈后评价结果等。

(1)制订后评价计划

每个林业生态工程都应重视和及早准备后评价工作，林业生态工程后评价计划制订得越早越好，最好是在工程可行性研究和执行过程中就确定下来，以便工程管理者和执行者在工程实施过程中就注意收集资料。因此，以法律或其他法规的形式，把林业生态工程后评价作为建设程序中必不可少的一个环节确定下来非常重要。国家层面的后评价更注重投资活动的整体效果、作用和影响；国家层面的后评价计划应从较长远的角度和更高层次上来考虑，合理安排项目的后评价，使之与长远目标结合起来，许多国家和国际组织均采用年度计划和2~3年滚动计划结合的方式来操作项目后评价计划。我国林业生态工程后评价计划可以年度计划为基础，以年度完成任务情况为依据进行。

(2)确定后评价范围

由于林业生态工程后评价的范围很广，一般后评价的任务是限定在一定的内容范围内。因此，在林业生态工程后评价实施前，必须明确后评价的范围和深度。后评价范围通常是在委托合同中确定，委托者把要评价任务的目的、内容、深度、时间和费用等，特别是需要完成的特定要求，在合同中具体体现；受托者根据自身的条件确定是否能按期完成合同。国际上以及我国国内常用的后评价委托合同通常包括以下主要内容：项目后评价的目的和范围、后评价所用的方法、所评项目的主要对比指标体系、完成后评价的经费和进度要求等。

(3)选定后评价机构并确定专家组成员

具体从事后评价的机构，可以是林业生态工程后评价的组织机构，也可以选定一些外部中介机构，如投资咨询公司、专职后评价机构等，选择这两类后评价机构各有优缺点。林业生态工程后评价的组织机构对工程建设了解较全面、工作难度小、信息反馈迅速且节省费用，但存在人力资源不足的问题，难以及时全面完成后评价任务，而且可能存在片面性和人为干扰，影响工程后评价结论的客观、公正性。由外部机构进行工程后评价，可以及时开展工作，程序明确，有利于保证工程后评价的客观、公正性，但对工程建设过程比较生疏，有时甚至会遭到工程管理、实施单位的抵制，也可能会出现敷衍现象。另外，请外部机构进行后评价的费用相对较高。一般情况下，林业生态工程后评价由这两类机构共同来完成，工程后评价组织机构负责组织工作，外部机构承担具体评价工作。林业生态工程后评价机构确定后，要确定一名项目负责人，该负责人不参与林业生态工程后评价具体工作，负责聘请和组织专家组去实施和完成后评价任务。专家组成员既可以包括组织机构内部的专家、外部机构的专家，也可以包括其他部门咨询专家。

(4)执行后评价过程

林业生态工程后评价过程主要包括以下几点。

①收集资料信息。林业生态工程后评价的基本资料包括工程资料、工程所在地区的资料、评价方法的有关规定手册等其中，工程资料包括：工程自我评价报告、工程完工报告、工程竣工验收报告；工程预算调整报告、工程决算审计报告及其批复文件；项目可行性研究报告、开工报告、作业设计及其批复文件等。工程所在地区资料包括：国家和地区的统计资料、物价信息等。评价方法的有关规定手册应根据委托者的要求进行收集。目

前，已经颁布项目后评价方法手册的国内外主要机构有：联合国开发署、世界银行、亚洲开发银行、经济合作发展组织、英国海外开发署、日本海外协力基金、中国国家发展和改革委员会、中国国际工程咨询公司和国家开发银行等，但专门针对林业生态工程后评价的方法手册目前还没有出台。

②调查工程建设。现场调查林业生态工程基本情况，包括工程实施情况、地区发展情况及目标的合理性等；调查目标实现程度，包括原定目标的实现程度、影响目标实现的关键因素等；调查工程效益及影响，包括工程产生的生态、经济、社会效益及其对地区社会经济可持续发展的作用和影响。

③整理分析，并做出结论。对收集的资料和现场调查的情况进行整理分析，主要对工程的目标、实施过程、综合效益、可持续性等进行分析评价，在做出评价结论的同时，要总结经验教训，对本工程或未来新建同类工程的建设和管理提出科学合理化对策建议。

（5）编写后评价报告

林业生态工程后评价报告是评价结果的汇总，应真实反映情况，客观分析问题，认真总结经验。同时，后评价报告也是反馈经验教训的主要文件形式，应该满足信息反馈的需要。

（6）后评价结果反馈和利用

反馈利用机制是林业生态工程后评价工作中的一个决定性环节，后评价作用的发挥，关键取决于通过后评价工作所总结的经验教训，以及相关对策建议在本工程或其他项目建设中被采纳和应用的效果。后评价反馈系统通过提供已完成工程的执行记录，增强了工程组织管理的责任制及建设过程的透明度。林业生态工程后评价结果反馈利用过程有两个要素：一是评价信息的反馈和扩散后评价的结果，要及时反馈到决策、计划规划、立项管理、监测评价和工程实施等机构和部门，使其真实了解工程建设的整体情况以及存在的问题；二是对后评价结果的利用，通过对后评价相关建议的采纳，完善现有政策和制度，进一步提高决策水平。在反馈利用程序里，需要在评价主体与应用者之间建立明确的联系机制，以保证林业生态工程后评价成果得到充分利用。

## 6.4.4　后评价报告

林业生态工程后评价报告，是林业生态工程后评价过程及结果的书面反映，是后评价的一个重要环节。因此，撰写好林业生态工程后评价报告是后评价工作的重要组成部分，后评价报告将成为全面反映评价林业生态工程建设整体情况的法律文书。

（1）撰写要求

林业生态工程后评价报告是以文件形式反映的林业生态工程后评价工作结果，对于报告的编写有以下几个方面的要求。

①要真实反映林业生态工程后评价的过程与结果，客观分析问题，认真总结经验与教训。

②后评价报告的文字要求准确、清晰、简练，评价结论要与未来的林业生态工程规划、设计以及相关政策相联系。

③为了满足信息反馈的需要，要便于林业生态工程后评价信息的总结、反馈与借鉴，

有助于后评价信息的自动化管理，林业生态工程后评价报告的编写需要有相对固定的内容与格式。

（2）内容

林业生态工程后评价报告应根据对林业生态工程实施与效益的评价结果，在内容上、时间上和空间上比较完整地反映林业生态工程实施与效益的实际情况。林业生态工程后评价报告的内容，一般应包括林业生态工程建设背景、后评价实施的计划与组织、后评价的过程与结论、结果分析与经验教训总结等几个部分。

①林业生态工程背景。是指对林业生态工程建设区域的社会经济环境及工程立项、资金、建设等方面进行概述，主要包括：林业生态工程的目标和目的，即林业生态工程立项时的社会、经济、生态环境等目标以及建设目的；林业生态工程建设的内容，即林业生态工程建设的范围、规模、数量、质量等要求；林业生态工程的进度，即林业生态工程原计划工期，实际发生的立项、建设、竣工的时间；林业生态工程的资金来源与安排，即林业生态工程立项时所安排的主要资金来源；林业生态工程可行性研究及立项评价等。

②林业生态工程后评价实施的计划与组织。具体包括：林业生态工程后评价的目标与任务，描述后评价所要达到的目标，即将进行哪些内容的后评价，达到什么精度等；林业生态工程后评价的计划，包括后评价的时间、经费等方面的计划安排；林业生态工程后评价的组织部分，具体描述后评价工作是以什么组织形式开展工作的，评价的主体、客体及其人员分工情况如何等。

③后评价工作的过程与结论。指林业生态工程后评价工作开展的过程及每个过程取得什么结果，具体包括：林业生态工程后评价通过哪些方式，收集了哪些方面的资料，资料是否具有全面、可靠性，是否能满足后评价工作开展的基本要求；后评价的过程与结果描述后评价的内容、评价方法、过程与思路，列出各项内容后评价的综合性结果；根据对具体内容的后评价结果，对林业生态工程后评价的综合结论进行描述。

④结论分析与经验教训总结。林业生态工程后评价报告的最后一部分内容，应包括林业生态工程的评价结论分析、经验教训、建议对策等。另外，在林业生态工程后评价报告的该部分内容中，还应指出后评价结论的反馈途径及重点反馈部门。

（3）基本格式

①林业生态工程后评价报告封面。包括编号、密级、后评价客体名称、主体名称、日期等。

②报告摘要。介绍后评价的目的、意义、内容、资料来源、数据处理办法等。

③报告正文。

林业生态工程概况（介绍工程背景、目标、范围、内容、工期、资金来源等基本情况）；

目标后评价（规划目标的实现情况）；

实施过程后评价（工程决策、实施进度、任务完成、计划变动、基础工作等内容的评价）；

综合效益后评价（生态、经济、社会效益综合评价）；

可持续性后评价（可持续性的能力、影响因素等方面的评价）；

综合后评价(对工程整体建设情况进行综合后评价);

结论和建议(包括对工程进行后评价的结论、工程建设的经验、存在的问题、对策建议等)。

④附件。

林业生态工程自评价报告;

林业生态工程后评价专家组意见;

林业生态工程后评价依据、基础资料清单以及相关附件、附表、附图等。

## 知识拓展

### 石灰石矿业开采废弃迹地林业生态工程规划设计

矿区位于辽宁省本溪市火连寨长条沟—花尖山一带,隶属于本溪市溪湖区火连寨镇。区内交通极为方便,沈丹公路从矿区西部及矿区东北部通过,东南方向1.5km与彩北村相邻,东北方向2.5km与火连寨相邻。本溪市周围环山,中部为台子河冲积区,是较为平缓的河谷盆地,地形由东向西倾斜呈螺旋状,是一座典型的山区城市。矿区地处千山山脉东北端,属浅切割中低山区,地形地貌条件比较复杂,沟谷纵横,切割较深,海拔达424.66m,矿区地层因受构造及常年侵蚀风化,多成悬崖峭壁,基岩大多裸露。

(1)方案制订的基本原理和原则

林业生态工程建设是一项综合性、区域性,开拓性很强,规模宏大,结构复杂的系统工程。制订林业生态工程方案必须运用林业生态经济原理、生产力合理配置原理、生产要系统化组合原理等。同时,在方案设计中,必须坚持做到统筹规划、择优建设,因地制宜、发挥优势,综合治理、综合投入,论证先行、科学决策,经营式建设、开放式建设等,力求设计出完善的方案。

(2)方案的指导思路及设计原理

本方案根据施工特点和工程总体布局,分为5个区,分别是采场、弃渣场、排土场、道路和厂区,采取分区治理原则。方案所运用的措施包括植物措施和工程措施两类。其中,植物的选择应严格根据"适地适树"的原则,强调树种的多样化,使乔木和灌木混植并与草本植物搭配,符合自然生长规律,以便形成生长期稳定的生态群落;在树种和植物选择上,还要充分利用植物的茎、叶、花、果实等,既美化了场区及道路沿线的自然景观,又起到消尘、吸废、降噪等作用。工矿区是指工程建设区、工厂和矿区。工矿区,特别是矿区污染严重,林草植被恢复的条件尤其恶劣,必须采取特殊措施才能成功。工程建设程序如下:首先,分析立地条件,寻找限制林草生长的因子;其次,采取措施进行改良并选择合适树种,达到要求后再进行造林种草;此外,在配置和种植技术上还应采取特殊对策。方案的具体目标是,①对矿山原有的水土流失进行治理;②在工程实施过程中必须采取措施保护水土资源,并尽量减少对原有植被的破坏;③使矿区的生态环境得到明显改善。

(3)防治方案

①采场。本矿区采用的是自上而下的分层开采方法，因此斜面和平台均应采取措施治理。又由于开采后的平台和斜面多为裸露岩石，因此应先挖坑，然后填土种树。

②弃渣场。必须坚持"先挡后弃"的原则实施相关工程措施，即先修建挡土墙和截水沟。弃渣场选址应选在地势比较平坦的地方，建设弃渣厂同时要在场区四周修建截水沟，并在弃渣场外围撒草种。

③排土场。应选择在地势平坦的平地。工程措施主要为修建排水沟。在实施植物措施时，因排土场地压实严重，植物根系穿透阻力大，应该选择根系穿透能力强的树种，如杨树、沙棘、刺槐、沙打旺等。

④厂区作为工矿区生产活动的场所，绿化配置上应以防止"三废"、噪声和有毒气体等环境污染因素为主，配置防风、防烟尘、防噪声林带和其他相应的绿地。以场内道路两侧条带地段及场地边坡绿化为主，车间四周空地绿化为辅。

⑤道路绿化。总的原则是转弯处不得遮挡司机视线，保证车辆正常运行。植树选择耐干旱、耐贫瘠的树种，如辽东栎、沙棘、小叶杨等，再种草补充。工程措施以道路两侧修建排水沟为主。

⑥周围边坡。树种选择刺槐、紫穗槐、沙棘、柠条等，采取乔灌混交的方式。

(4)工程量及投资

采场面积为 49.50 万 $m^2$，绿化面积约为 9.90 万 $m^2$，需苗木量 17 250 株，草种 1000kg，玉米 1500 株。弃渣场面积 5.07 万 $m^2$，草种 500kg。排土场苗木 3000 株，草种 200kg。厂区面积 26.90 万 $m^2$，绿化面积 5.38 万 $m^2$，绿化系数 20%，毛白杨 576 株，油松 350 株，榆叶梅 100 株，小叶丁香 100 株，榆 250 株，草种 100kg。道路长度 7593m，苗木量 3796 株。排水沟长度 7600m。截水沟长度 7365m。植物措施投资预算 25.35 万元，工程措施投资预算 265 万元，其他费用 20 万元，投资总计 310.35 万元。

## 思考题

1. 如何编制林业生态工程规划报告?
2. 林业生态工程项目竣工验收报告的主要内容有哪些?
3. 可行性研究报告的主要内容有哪些?
4. 林业生态工程初步设计的主要内容有哪些?
5. 林业生态工程后评价遵循的原则有哪些?

# 单元7 其他林业生态工程知识

## 7.1 碳汇

碳汇(carbon sink),一般是指从空气中清除二氧化碳的过程、活动、机制。《联合国气候变化框架公约》(UNFCCC)的《京都议定书》于1997年在日本京都召开的UNFCCC缔约方大会第三次会议上达成。它包含除UNFCCC之外法律上所需承担的义务。议定书附件中列出了参与缔约的各国(多数国家属于经济合作和发展组织及经济转轨国家)同意减少温室气体(二氧化碳、甲烷、氧化亚氮、氢氟碳化物、全氟化碳和六氟化硫)排放量,在第一承诺期内(2008—2012年)减少的排放量使其整体排放水平至少比1990年降低5%。

### 7.1.1 碳汇与森林的关系

碳汇主要是指森林吸收并储存二氧化碳的多少,或者说,是森林吸收并储存二氧化碳的能力;是指森林植物吸收大气中的二氧化碳并将其固定在植被或土壤中,从而减少该气体在大气中的浓度。森林是陆地生态系统中最大的碳库,在降低大气温室气体浓度、减缓全球气候变暖中,具有十分重要的独特作用。

有关资料表明,森林面积虽然只占陆地总面积的1/3,但森林植被区的碳储量几乎占到了陆地碳库总量的一半。树木通过光合作用吸收了大气中大量的二氧化碳,减缓了温室效应,这就是通常所说的森林的碳汇作用。二氧化碳是林木生长的重要营养物质。它把吸收的二氧化碳在光能作用下转变为糖、氧气和有机物,为生物界形成枝、叶、茎、根、果实、种子,提供最基本的物质和能量来源。这一转化过程,即是森林的固碳效果。森林是二氧化碳的吸收器、贮存库和缓冲器;若森林遭到破坏,则变成了二氧化碳的排放源。

碳源(carbon source)是指产生二氧化碳之源。它既来自自然界,也来自人类生产和生活过程。碳源与碳汇是两个相对的概念,即碳源是指自然界中向大气释放碳的母体,碳汇是指自然界中碳的寄存体。减少碳源一般通过二氧化碳减排来实现,增加碳汇则主要采用固碳技术实现。

### 7.1.2 碳汇发展目标

为缓解全球气候变暖趋势,1997年12月由149个国家和地区的代表在日本京都共同通过了《京都议定书》,2005年2月16日在全球正式生效。由此形成了国际"碳排放权交易制度"。旨在减少全球温室气体排放的《京都议定书》是一部限制世界各国二氧化碳排放量的国际法案。它规定，所有发达国家在 2008—2012 年必须将温室气体的排放量较 1990 年削减 5.2%。同时规定，包括中国和印度在内的发展中国家可自愿制定削减排放量目标。在此后一系列气候公约国际谈判中，国际社会对森林吸收二氧化碳的汇聚作用越来越重视。《波恩政治协议》《马拉喀什协定》将造林、再造林等林业活动纳入《京都议定书》确立的清洁发展机制，鼓励各国通过绿化、造林来抵消一部分工业源二氧化碳的排放，原则同意将造林、再造林作为第一承诺期合格的清洁发展机制项目，这意味着发达国家可以通过在发展中国家实施林业碳汇项目抵消其部分温室气体排放量。2003 年 12 月召开的《联合国气候变化框架公约》第九次缔约方大会，国际社会就将造林、再造林等林业活动纳入碳汇项目达成了一致意见，制定了新的运作规则，为正式启动实施造林、再造林碳汇项目创造了有利条件。

#### 7.1.2.1 森林碳汇

森林碳汇是指森林植物通过光合作用将大气中的二氧化碳吸收并固定在植被与土壤当中，从而减少大气中二氧化碳浓度的过程。林业碳汇是指利用森林的储碳功能，通过植树造林、加强森林经营管理、减少毁林、保护和恢复森林植被等活动，吸收和固定大气中的二氧化碳，并按照相关规则与碳汇交易相结合的过程、活动或机制。

1997 年，通过的《京都议定书》承认森林碳汇对减缓气候变暖的贡献，并要求加强森林可持续经营和植被恢复及保护，允许发达国家通过向发展中国家提供资金和技术，开展造林、再造林碳汇项目，将项目产生的碳汇额度用于抵消其国内的减排指标。

所谓碳汇，是指从空气中清除二氧化碳的过程。简单地说，就是捐资造林，让自己出资培育的森林消除自己因工作、生活而排放的二氧化碳。

#### 7.1.2.2 草地碳汇

国内仍没有学者对草地碳汇进行界定，大多数学者认为草地的固碳具有非持久性，很容易泄漏。尽管草地固碳容易泄漏，但是随着我国退耕还林、还草工程的实施，草地土壤的固碳量在增加，因此从增量角度看草地还是起到了固碳的作用。

#### 7.1.2.3 耕地碳汇

耕地固碳仅涉及农作物秸秆还田固碳部分，原因在于耕地生产的粮食每年都被消耗，其中固定的二氧化碳又被排放到大气中，而秸秆的一部分在农村被燃烧了，只有作为农业有机肥的部分将二氧化碳固定到了耕地的土壤中。

#### 7.1.2.4 海洋碳汇

海洋碳汇是将海洋作为一个特定载体吸收大气中的二氧化碳，并将其固化的过程和机制。地球上超过一半的生物碳和绿色碳是由海洋生物（浮游生物、细菌、海草、盐沼植物和红树林）捕获的，单位海域中生物固碳量是森林的 10 倍，是草原的 290 倍。

### 7.1.3 碳汇造林与交易

碳汇造林是指在确定了基线的土地上，以增加碳汇为主要目的，对造林及其林木（分）生长过程实施碳汇计量和监测而开展的、有特殊要求的造林活动。与普通的造林相比，碳汇造林突出森林的碳汇功能，具有碳汇计量与监测等特殊技术要求，强调森林的多重效益。

联合国政府间气候变化专门委员会在其评估报告中指出,林业具有多种效益,兼具减缓和适应气候变化双重功能,是未来 30~50 年增加碳汇、减少排放成本较低且经济可行的重要措施。据相关资料表明,林木每生长 $1m^3$ 蓄积量,大约可以吸收 1.83t 二氧化碳,释放 1.62t 氧气。我国政府曾在联合国气候大会上庄严承诺:大力增加森林碳汇,争取到 2020 年森林面积比 2005 年增加 4000 万 $hm^2$,森林蓄积量比 2005 年增加 13 亿 $m^3$。

相比传统林业,碳汇林业具备交易的潜质,蕴藏着巨大的商机。森林通过光合作用吸收二氧化碳,相对工业手段,碳汇成本较低,有"绿色黄金"之称。业内专家、学者对林业碳汇前景表示看好。2011 年年底,国家林业局在浙江华东林业产权交易所正式启动林业碳汇交易试点,阿里巴巴集团以 18 万元人民币的价格购买了 1 万 t 林业碳汇指标,成为国内购买林业碳汇的第一笔交易。据了解,截至 2021 年我国已确定了 7 个碳汇试点。

企业和个人捐资碳汇,可以积累碳信用指标,在未来国内碳交易市场成熟后,不仅能够抵减一定量的碳排放,而且有望进入碳市场进行交易,获得高收益的机会。对于企业,这是一种长远投资,为企业储存了更大的发展空间。

碳汇交易对于创新林业发展机制,建立森林生态效益市场化的新机制也十分有利。集体林改后,农民获得了林地和林木所有权,虽然短期内难以从中获得经济收益,但如果能使森林的生态服务功能价值化,就可以弥补森林经营周期长、短期没有经济收益的问题。同时,企业通过捐资碳汇帮助农民造林或者搞好森林经营,将来树的延伸产品价值就可以归农民所有,而企业可以从中积累碳信用指标,为企业未来发展储存了更大的生存空间。

## 7.1.4  碳汇经济

### 7.1.4.1  碳汇经济的概念

碳汇经济,是指由碳源碳汇相互关系及其变化所形成的对社会经济及生态环境影响的经济,即碳资源的节约与经济、社会、生态效益的提高。通俗地说,碳汇经济就是一种低碳排放经济,或者就称为低碳经济。

### 7.1.4.2  碳汇经济的发展趋势

碳汇市场呈现扩大趋势。自《京都议定书》生效以来,整个国际市场的碳汇价格呈上涨的趋势。这种变化趋势,有助于碳汇项目的开展。

(1)森林碳汇

我国政治、经济环境稳定,森林资源的所有制形式和经营模式有利于森林碳汇项目的开展,在亚洲地区开展此项目更具有竞争力。

通过森林碳汇项目,实现碳交易,并实现生态效益的部分补偿,进而促进森林碳汇经济和林业经济的发展,这也是一个新的发展趋势。

此外,开展森林碳汇的研究,并促进向碳汇经济的转变,是通过市场化的手段来解决全球气候变暖问题的重要途径。因此,要持续进行森林碳汇的有关理论研究,完善与之配套的管理政策和法律法规。

(2)农业碳汇

农业既是全球重要的温室气体排放源,又是一个巨大的碳汇系统。截至 2020 年,我国耕地面积 19.18 亿亩，居世界第 3 位。据保守估算，我国农业每年可吸收二氧化碳 20 亿 t，这还不包括免耕、机灌、农村沼气和秸秆等专门的农村减排项目的贡献。例如，按照每吨 9.5 美元的清洁发展机制（CDM）价格计算，我国农业减排量总价值大约 190 亿美元，农业碳汇直接效益十分可观。

发展农业碳汇可为我国农业发展开辟新的融资渠道，也为缓解我国愈来愈严峻的排放压力开辟了新的思路，并推动了我国农业生产方式转变。

（3）海洋碳汇

我国渔业具有高生产效率、高生态效率的特点，海洋碳汇在生物碳汇扩增战略中具有显著地位，在发展低碳经济中具有重要的实际意义和很大的产业潜力。发展海洋碳汇是一项一举多赢的事业，不仅为百姓提供更多的优质蛋白，保障食物安全；同时，对减排二氧化碳和缓解水域富营养化有重要贡献，并有望形成新的经济增长点。

（4）草原碳汇

据统计，我国草原面积约 60 亿亩，居世界第 2 位，我国草原植被通过光合作用年均吸收二氧化碳约 21.7 亿 t，年均碳汇约 1300 万 t，草原碳汇功能明显，是一个巨大的固碳库。发展草原碳汇，既改善了牧区草原生态环境，又为草原经济带来新的增长点。

### 7.1.4.3　碳汇经济产业分析

（1）林业碳汇

林业碳汇经济开发主要表现为造林和再造林。在开发碳汇林业经济的同时要避免以提供低价值初级产品为主的经营模式，转向深度挖掘林业经济新的增长点、提高林业产品的附加值、开发具有高附加值的林业产品的经营模式。开发林业生物质能源产业，就是林业一个很有潜力的新产业链的一部分。发展林木生物质能源，是在发挥生态效益的同时，采集林下枯落物和木材加工剩余物支撑生物质能源产业。通过合理设计，发展混交林，加强林下养殖、林业管理，甚至发展生态旅游，都是挖掘森林附加经济价值的良好途径。这样就能形成一个完整的产业链：集苗圃培育→植树造林→木材加工→家具、地板→生物质能源→化工等。

（2）农业碳汇

发展农业碳汇产业主要通过农业资源—农业产品—农业废弃物再利用这种循环机制进行。通过循环农业，减少对高碳生产资料的投入和废弃物的排放。按照减量化、再利用、资源化的原则，大力推进节能、节水、节药、节肥，加强牲畜粪便、作物秸秆等资源的再利用，减少农业生产资料的投入和废弃物的排放，实现农业生产的低资源消耗、低废弃物排放、高物质能量利用。改变传统耕作方式，通过合理耕作，部分实行减免耕的方式减少对土地有机碳稳定性的破坏，防止土壤侵蚀，减少土壤有机质的流失，减缓土壤有机碳分解，增加农业碳汇。

（3）海洋碳汇

海洋碳汇产业主要表现为生态养殖：一是发展经济藻类养殖，建立人工藻礁增殖区，修复藻床及生物环境，有效地利用海水资源，适当开辟大型经济藻类的养殖区域；二是发展以贝藻养殖为主的碳汇渔业，建设贝藻养殖、增殖区，推广贝藻复合、多营养层级的生态增养殖技术和模式，呈现多营养及养殖种类并存的形式，实现碳的汇集、存储和固定的系列化；三是把不同营养级的种类组合到一起实现低碳养殖，开发海洋循环经济的新模式；四是增加投放可促进固碳作用的人工鱼礁数量和相应的渔业资源增值放流数量，选择适宜增值品种，充分利用现有种苗繁殖场、驯养场，通过低播增值、人工增值放流等手段全力推进海洋牧场的建设。通过生态养殖，在提高经济效益的同时，还能实现海洋清洁生产。

(4)草原碳汇

草原碳汇产业主要表现为草地管理：一是在草原牧区落实草畜平衡和禁牧、休牧、划区轮牧等草原保护制度，控制草原载畜量，遏止草原退化；二是在草原生产过程中通过合理放牧、灌溉、施肥和品种改良等措施管理好草地；三是推动荒漠化土地的种树种草；四是通过扩大退牧还草工程实施范围，加强人工饲草地和灌溉草场的建设，不断增加草原碳汇。

我国森林植被总碳量达78亿t，年价值产量达到10万亿元，林业碳汇已建成了全国林业碳汇计量监测体系，交易市场渐成气候。草原年碳汇量超过1亿t，折合二氧化碳近4亿t，按每吨5美元计算，草原年碳汇额度为20亿美元。农业每年可吸收二氧化碳20亿t，按照每吨9.5美元计算，农业年碳汇额度大约190亿美元。渔业每年可吸收二氧化碳440万t，按林业使用碳的算法计量，相当于年造林50万hm$^2$以上，价值40亿元。

林业碳汇走在了其他碳汇行业的前端，但随着农业、渔业、草原在碳汇行业的快速发展，碳汇市场将迎来新的挑战和发展机遇。

### 7.1.4.4 碳汇经济发展存在的问题

(1)森林碳汇问题

森林碳汇评价的计量方法不统一，尤其在碳汇计量的具体项目上还未达成共识。例如，对森林碳汇实物量评价的方法主要有生物量法、蓄积量法、生物量清单法、涡旋相关法、涡度协方差法，对价值量评价的方法主要有成本效益分析法、造林成本法、碳税率法、碳税法和造林成本均值法等，但目前还没有一种方法为世界各国所公认，也没有被我国所公认。另外，在计量的项目上，是否对农业土壤、森林管理等活动抵消减排承诺量作某种限制等也没有达成共识。当然，这需要在国际范围内进行协调，但计量的具体目的、方法的不统一和不严格，会过高估计森林碳汇的潜力，对我国在气候谈判中是十分不利的。

对森林碳汇的有关问题研究不够，家底不清。我国在对森林碳汇的研究，如森林碳循环、碳汇、碳汇潜力等问题研究上投入不够，对家底还不十分清楚。尤其对森林碳汇的时空变化、碳循环的调控等研究不够，使我国在环境谈判中缺少技术支撑。因此，加强对森林碳汇等有关问题的研究，为我国社会经济可持续发展和生态系统管理及碳汇经济的发展提供科学依据和技术支撑需求十分迫切。

缺少从国家生态安全的高度考虑森林碳汇评价、市场化和碳汇经济的发展。碳汇市场化到碳汇经济的发展已成为一种趋势。我国目前还处在森林碳汇项目的试点实施阶段，距真正的森林碳汇市场化和碳汇经济的发展还有很大的差距。但我们应该全面认识气候变化问题的国际背景，认真研究气候变化及有关公约对林业可能产生的影响，从战略高度把握气候变化给林业带来的机遇与挑战，尤其从国家生态安全角度考虑未来气候变化对林业的影响，即从生态安全角度考虑森林布局、树种分布等，这样才能在森林碳汇研究、碳汇经济发展中处于主动地位。

缺乏对森林碳汇项目及碳交易政策的研究。《京都议定书》签订后，通过CDM机制发达国家可以向发展中国家提供与减排事业有关的资金或技术转让，这为实现我国林业可持续发展提供了良好的机遇。但目前我国还缺乏对碳汇项目及碳汇交易政策的相关研究，无法从政策上保证碳汇交易和市场化的顺利发展。因此，我国要重视森林碳汇项目及碳汇交易的政策研究，在《气候变化框架公约》及《京都议定书》进程的大背景下，重视碳汇政策，尤其要重视森林碳汇产权化的相关政策研究，使森林碳汇市场有形化，为森林碳汇交易、市场化和碳汇经济发展提供政策保障。

（2）农业碳汇

农业碳汇没有国际或国内统一的碳汇标准，国际上存在的农业碳汇交易都是在当地政府立法的情况下进行的。因此，我国需要利用市场化配置资源的手段，积极寻求发展低碳农业的经济途径，分析现有农业碳汇的经济属性，研究建立以农户、企业、农村专合组织为主体的碳汇交易机制。结合国内外碳交易政策和认证减排量的交易规则，分析农业可认证减排量的计算方法，建立农业可认证减排量的计算模型。

（3）海洋碳汇

目前海洋碳汇标准在国际上还处于空白，未形成海洋碳汇交易规则，海洋碳汇研究不深入，科研投入力度不够。因此，我国需要深入研发海洋碳汇，更深刻地认识和理解海洋碳汇的机制，并在此基础上去研发相应的技术与方法，建立起一整套完备的操作规程；率先建立海洋碳汇标准体系，包括海洋碳汇标准的总体框架以及各个专业方向的要求和水准，形成海洋碳汇交易规则；主导国际海洋碳汇发展走向，把握海洋碳汇话语权和主动权。

（4）草原碳汇

无论是在国际还是国内，草原碳汇还没有形成一套完整的评价标准和体系，草原的碳汇功能大多停留在定性的判断和初步的估算上，这些在一定程度上影响了草原碳汇功能的开发。因此，我国需要充分提高对草原碳汇功能重要性的认识，进一步加快草原碳汇功能的研究步伐，积极开展草原碳汇贸易的研究，变生态优势为经济优势。

## 7.1.5 国内法规

《清洁发展机制项目运行管理办法》（以下简称《管理办法》）于2011年8月3日由国家发展和改革委员会、科技部、外交部、财政部令第11号联合发布。该《管理办法》包括总则、管理体制、申请和实施程序、法律责任、附则5章39条，同时附有可直接向国家发展改革委提交清洁发展机制项目申请的中央企业名单，自发布之日起施行。详见附录3。

## 7.1.6 碳汇基金会

中国绿色碳汇基金会，经国务院批准，于2010年7月19日在民政部注册成立，现业务主管单位是自然资源部，并作为国家林业和草原局直属单位管理。本基金会是中国第一家以增汇减排、应对气候变化为目的全国性公募基金会。

宗旨：致力于推进以应对气候变化为目的的植树造林、森林经营、减少毁林和其他相关的增汇减排活动，普及有关知识，提高公众应对气候变化意识和能力，支持和完善中国森林生态补偿机制。

理念：绿色基金，植树造林，增汇减排，全球同行。

倡议：参与碳补偿，消除碳足迹，保护野生动植物。

承诺：高效的捐款利用，专业的项目执行，完善的监督管理。

主要工作：开展以应对气候变化为目的的公益活动，以增汇减排为目的的造林、森林经营和森林保护，促进林地、湿地及生物多样性等保护，促进项目区农民就业和增收，加强应对气候变化知识的普及和宣传，倡导低碳生产和生活，支持增汇减排的科学技术研究和教育培训，制定碳汇生产、计量、监测、核证、生态效益补偿等标准，加强碳汇事业的国际交流与合作。

## 7.1.7 碳汇行业展望

遏制全球气候变暖，已成为各国发展经济必须考虑的问题，主要通过两种途径实现，一是通过节能减排，二是固碳增汇。节能减排已被大众广泛认知，固碳增汇的关注度也在逐渐被大众所认知，具体到我国而言，固碳增汇主要通过发展林业、农业、海洋、草原四类碳汇资源实现。

林业碳汇已在应对全球气候变化中达成共识，是目前碳汇行业中发展比较好的项目，但随着碳汇项目的进一步开发，其他可固碳增汇的资源将很快被人们所熟悉，海洋、草原、农业以其巨大的碳汇潜力，被多方研究，准备开辟新的碳汇市场。

根据《京都议定书》，2020 年后全球全面进入强制性减排市场，我国已承诺 2020 年后进入有法律约束力的碳减排市场。随着林业碳汇越来越成熟，我国碳汇项目的重点将移向海洋碳汇、农业碳汇、草原碳汇，同时在低碳经济升温的背景下，海洋碳汇、农业碳汇、草原碳汇功能将日益凸显。

碳汇交易作为新兴的金融市场，近年来全球碳交易发展迅猛，平均以每年翻一番的速度增长。2005 年，国际碳交易市场成交总额为 100 亿美元，2008 年全球共有近 50 亿 t 二氧化碳减排量成交，市场规模达到 1260 亿美元。碳交易市场成交价格稳步攀升，市场主体价格预期逐步显现。从国内来看，上海碳排放交易市场自启动以来，日均成交量超过 5000t，更是创下了 2.73 万 t 的单日最高成交量。

目前，国际上和国内所说的碳汇交易仅仅停留在林业碳汇层面上，我国碳排放权交易主要是依托 CDM 项目产生的交易。我国已经成为最大的 CDM 供应方，是全球 CDM 项目认证数量最多的国家。截至 2009 年末，全球累计签发二氧化碳当量 3.58 亿 t，其中我国的签发量占比为 47.78%，几乎占了全球的一半。到 2010 年 3 月初，共有 752 个 CDM 项目成功注册，并获得了联合国执行理事会核查认证的减排量证书（CER），占全球获认证项目总数的 36.3%。从需求方看，欧洲买家占据了绝大部分的 CDM 市场份额。我国 CDM 项目主要集中在西南地区的一些省份。据国际能源署预测，中国二氧化碳交易量以每年近 1 亿 t 的速度增长，市场前景非常广阔。

作为未来新兴的碳汇交易项目，海洋、农业、草原碳汇目前在国际上还没有统一的标准。我国拥有其丰富的资源，正在积极研究其标准、交易规范、计量及监测方法。随着人们对减排固碳的需求增加，未来碳汇交易的种类将增多，海洋、农业、草原碳汇也将进入交易市场。

## 7.1.8　碳汇行业发展建议

目前，碳汇经济已取得了一定的突破，但从长期发展来看，仍面临许多的问题：对碳汇经济是未来经济发展转型升级的制高点认识不足，未能在全社会真正培育低碳生产、低碳消费、低碳生活的理念；总体技术水平落后是发展碳汇经济的严重阻碍。作为发展中国家，我们的能源效率低和技术相对落后，单位国内生产总值的碳排放往往高于发达国家；经济发展与资源环境之间的矛盾日益凸显。目前，大部分地区经济发展还没有完全摆脱"先发展、后治理"的传统发展模式，经济发展与资源环境之间的矛盾日益凸显，经济的可持续发展正面临着严峻的挑战。

针对以上问题，要从政府超前规划入手，建立健全资源、环境有偿使用制度，开征环境税，构建发展碳汇行业的长效机制；出台有关政策，引导和鼓励碳汇经济的发展，建立有利于发展碳汇的保障体系与激励机制；设立碳基金，推进碳排放权交易；鼓励各类资本下乡，共同推动碳汇经济发展。

提升信息化技术对碳汇经济发展的支撑，推动信息化与碳汇经济的融合，提高碳汇经济价值。一是通过信息化手段建立碳汇研究分析与估算模型，提高碳汇研究水平；二是运行信息化手段，提高碳汇监测手段，解决碳汇资源计量感知；三是将信息化与新型工业化技术及思想进行有机融合，提高碳汇资源产业化开发过程中的知识管理水平，实现管控一体化；四是将信息化与碳汇市场发展融合，建立市场仿真、服务信息化系统，提高碳汇市场服务能力。

### 知识拓展

### 国内森林碳汇实现第一笔交易

2013年，中国绿色碳汇基金会与伊春市政府、伊春林管局在北京举行伊春森林经营增汇减排项目(试点)成果发布会。会上，伊春市与河南勇盛万家豆制品公司签订碳汇认购协议，实现了国内购买森林经营碳汇的第一笔交易。

时任国家林业局副局长张永利参会并讲话，加强森林经营，提高森林质量效益，促进森林资源和经济社会可持续发展是林业工作的永恒主题。近年来，我们积极采取措施，加强林业建设，增加森林碳汇，为减缓全球气候变化作出了重要贡献，受到国际社会的广泛赞誉。进一步做好森林经营工作，不断增强森林生态系统固碳能力，既可为我国参与国际气候谈判争取主动权和话语权，为国家经济社会发展争取应有的排放空间，也是实现林业"双增"目标、落实中国政府承诺的自主控制温室气体排放行动目标的实际行动。

张永利指出，通过森林可持续经营，实现增汇减排和森林的多功能目标，在全世界还处于探索阶段，至今还没有形成全球统一的、可操作性强的森林经营碳汇项目方法学。早在2009年，国家林业局造林司(气候办)就组织中国林业科学研究院(以下简称林科院)森林生态环境与保护研究所等单位，开始着手研究开发森林经营碳汇方法学，目前正在进一步修改完善。碳汇基金会在这方面也做了很多有益的探索和尝试。2010 年，碳汇基金会组织技术力量，基于温州森林经营增汇试点项目，编制了温州森林经营碳汇项目方法学。在此基础上，2012 年，在伊春汤旺河林业局实施了 926 亩森林经营增汇减排试点项目。在试点过程中，结合项目地区森林资源特点和实践，对温州森林经营碳汇项目方法学进行了修改、完善和应用，形成了目前的伊春森林经营增汇减排项目方法学。应该说，该方法学是伊春项目的一个重要的阶段性成果。但这个成果还是初步的，还需要在今后试点工作中进一步完善。希望造林司(气候办)继续加强宏观指导，组织中国绿色碳汇基金会、中国林科院、国家林业局调查规划设计院等单位，边试点、边探索、边总结，尽快形成既符合国际规则，又符合我国实际，能够指导面上工作的森林经营增汇减排项目方法学。

张永利说，伊春试点项目在充分考虑带动林农就业增收、保护生物多样性、提高林分生产力和改善林分健康状况等多重效益的基础上，产出了重要的生态产品——项目净碳汇量。尤为可喜的是，今天就有企业自愿出资购买碳汇用于碳中和，这是企业履行社会责任的自觉行动，是推进实现生态产品货币化、价值化、市场化的有益探索，为我国相关领域的改革探索了一条新路。

## 7.2　巡护管理

### 7.2.1　巡护管理的含义

#### 7.2.1.1　"巡"和"护"

"巡"有巡查、巡视的含义，指来往重复的行动。巡护管理中的"巡"字，有巡回、巡逻两个词组所包含的意思。巡回是指按一定路线到各处(活动)；巡逻指巡查警戒。"护"有保护、保卫的含义。在巡护管理中的"护"主要是指保护的意思。

#### 7.2.1.2　巡护

把"巡"和"护"的意思融合起来就是巡护。巡护一词包含了形式和内容两方面，是既反映内容又有表体形式的一种活动。其内容是"护"，形式是"巡"。通过"巡"这样的形式来完成"护"的内容。也就是说，保护区各级机构的工作人员，采用巡回与巡逻的方式、形式，来完成保护自然保护区内的自然资源、自然环境、自然景观的工作内容。

#### 7.2.1.3　管理

管理的含义有 3 层。一是负责某项工作，二是保管和料理，三是照管并约束(人或动物)。巡护管理这项工作中的管理的内容和含义同样包容了上面的 3 层意思，即管理负责的是巡护这项工作，保管巡护的相关设备、形成的资料和料理巡护事务，而照管并约束的人有类："巡护工作人员""巡护涉及的对象(就是进入保护区从事合法、违法活动的一切人员)"；先约束的动物主要指在保护区内放牧的牛、羊、骡马、猪等家畜。

#### 7.2.1.4　巡护管理

从现代汉语的语法角度来理解，巡护管理可以是一个并列组，即巡护和管理，巡护和管理的内容是平行并列。巡护管理也可以是一个偏正词组，有修饰和被修饰的成分。修饰成分是巡护，为偏的部分，被修饰的成分是管理，为正的部分，有巡护的管理之意。

在培训中和从事保护区的管理中，对巡护管理的字文界定，应该从偏正词组的结构方面去理解，就是说巡护管理只是巡护的管理这方面的含义。

#### 7.2.1.5 巡护管理的内容

从管理的角度来理解与认识巡护，巡护管理应包含以下主要内容：为什么要开展巡护类型的管理(巡护的理由、目标)；怎样开展巡护管理(巡护的计划、制度、路线、内容、人员、方法、知识、设备)；如何对巡护工作进行管理。

### 7.2.2 开展巡护管理的必要性

目前对自然保护区的管理有很多方法，并且包含很多方面的内容。巡护管理，既是对保护区进行管理的一种方法，也是保护管理的一个重要组成部分。

#### 7.2.2.1 巡护管理的作用

①及时发现问题。通过开展巡护管理工作，保护区各级管理机构的工作人员和护林员，能够经常性地进入保护区，及时地发现来自周边社区由人类造成的对自然资源、自然环境、自然景观构成的威胁情况、产生的问题，也能及时地发现来自自然界本身对自然保护区管理带来的威胁和影响(如病虫害，气候干燥带来的森林火灾隐患)。

②制定管理策略有依据。经过巡护管理工作，可以收集到人类社会、自然界自身对保护区管理产生影响(正、负面的影响)的多种信息、数据，为制定保护区管理策略提供科学依据。

③完善保护区管理措施。通过巡护工作的途径，可以检验包括巡护管理在内的保护区管理各种方法的实效性、针对性，可以监测保护区管理各项工作内容的完成情况，便于有的放矢地改进，完善保护区管理的各项措施。

④有效处理不断出现的新情况、新问题。在开展巡护工作中，保护区工作人员、护林员既能够发现情况和问题，也能有效地对新情况、新问题进行分析和判断，并做出处理。总之，巡护管理工作经常性、制度化地开展，能够推进自然保护区的有效管理。

#### 7.2.2.2 巡护管理的目标

发现、制止偷砍盗伐、偷捕盗猎、放牧、开荒、采药等违法活动，确保自然保护区各项制度的有效执行；监测周边村庄人畜到保护区的活动情况，及时发现和制止非法活动；开展护界工作，确保自然保护区界桩的完好，确保边界的完整性；制止外来人员违反保护区的有关规定，保证保护区的重要区域(如核心区)不遭人为破坏；在巡护中宣传森林保护、自然保护区管理的法律法规，传授森林火灾预防和扑救知识，进行环境保护的意识教育；监测保护区生态系统、动植物种的变化情况，为保护区的管理提供决策信息和科学依据。

## 7.2.3　怎样开展巡护管理

### 7.2.3.1　制订巡护计划，建立巡护制度

开展一项工作，办理和完成一件事情，首先应拟订计划。而要把某项工作做出成效来，除了有较好的计划性，还应有一系列应当遵循的制度。巡护管理工作同样不会例外，也需要制订计划，并建立相关制度，从而按照制度去完成。

巡护计划应作为保护区年度工作计划的一个重要的组成部分，保护区的各级管理机构要根据各自管辖范围内的保护目标、保护对象确定年度巡护、季度巡护的内容和任务，制订出切实有效的巡护计划。

（1）巡护计划的内容

①建立保证巡护计划实施的巡护制度。

②设计巡护线路。

③确定巡护内容。

（2）巡护制度

①巡护工作制度。

a. 巡护区域的划分与调整。

b. 巡护频度的确定（时间安排）。

c. 现地填写《巡护工作登记表》，现地制作《野外工作笔记》。

d. 汇总与整理巡护所得的信息、资料，逐级上报巡护报告。

e. 建立巡护管理数据库，妥善保管巡护工作资料。

f. 制定巡护工作激励措施。

g. 对巡护工作进行年终评比。

②巡护员的职责。巡护员由保护区各级机构的工作人员和护林员两部分组成。

③保护区工作人员的职责。

④护林员的职责。

### 7.2.3.2　确定巡护路线

巡护路线的确定，应遵循下列原则。

①所设巡护路线应该覆盖保护区的绝大部分区域。

②巡护路线要穿越偷砍盗伐、偷捕盗猎活动频繁发生的区域。

③每条巡护路线的长度最好做到巡护的当天能够返回住地或中途的夜宿哨卡。

④较长的巡护路线可分割成若干段，逐段实施巡护。

⑤巡护路线上应有两个巡护片区的交会地点，便于相互监测和互通信息，相互支援来共同处理突发性事件。

⑥巡护路线应该设置固定路线和临时路线两种形式，使日常巡护和稽查巡护有机地结合起来。

⑦在巡护路线上，应设计可观测视线角度。在可观测视点要能较清晰地看到另一点或者某几个点；能够在居高点看清所在区域的植被类型。

⑧巡护路线应该构成闭合回路，尽量不走重复的回头路。

⑨设计巡护路线应考虑到人员、时间、设备、经费支撑的可能性。

### 7.2.3.3 确定巡护内容

巡护内容应包含以下 4 个方面。

①基本情况。包括巡护时的天气(小雨、大雨、晴、多云、微风、大风)，河流、小溪水位的升降情况，草叶的湿润程度、森林火灾、多雨水、干旱造成的痕迹等。

②人畜活动情况。包括盗伐树木和偷猎野生动物的种类、地点、人数、脚印、帐篷以及所使用的工具、设备，放牧的牲畜种类、数量、放牧地点、采食植物，对生境的破坏程度及其存在的隐患等。

③遇见野生动物的情况。包括种类、数量、痕迹、尸体、幼仔的数量与身体状况等。

④发现的问题及处理措施和意见。首先应对巡护中遇到或者发现的问题，进行记录。接着分析对问题进行处理的可能性，能够进行现场处理的问题，应立即采取措施给予及时处理；如果现场处理难度较大，应提出意见报告相关负责人、管理机构，接受负责人和管理机构的指令。

## 7.2.4 对巡护工作进行管理

### 7.2.4.1 填写《巡护工作登记表》

巡护表格是巡护员在野外巡护中，填写和报告巡护工作成果的原始性重要资料。填写要求有以下几点。

①一般采用 HB 铅笔填写，如果使用钢笔填写时，应该使用不易溶于水的墨水，以保证巡护表上所写的字迹清晰。

②文字要规范，尽量做到少用错字和别字；使用代号和符号必须是统一规定的，不要自创代号和符号，这样才能便于其他人查看。

③保持巡护表格清洁整齐。在野外巡护时，应佩戴工具包，使用防水硬本夹将巡护表格夹住，切勿搓揉巡护表格。

④巡护内容的填写应该实事求是，不要主观性随意编造。

⑤巡护表格的填写应该在巡护现地完成。边巡护、边填写，不要将巡护表格放在家里，靠"回忆"的方法来填写巡护表格。如果这样，很多信息会遗失，辜负了辛勤的巡护工作。

⑥巡护表格填写的好坏，应该作为评价巡护员工作好坏的重要指标之一。

### 7.2.4.2 制作巡护工作笔记

巡护员在野外开展巡护工作时，除填写巡护工作登记表外，还应随身带一本小笔记本，弥补巡护表填写内容的有限性。巡护工作笔记本，可以记录巡护员在巡护中遇到的一切信息；可以随时记录巡护员的瞬时想法和优秀意见；可养成勤练笔的好习惯，不断提高文字表达能力；在野外勤记笔记，可以在较好地完成巡护表格填写的前提下，满足、培养和发展个人的兴趣爱好，如对野生动物感兴趣的巡护员，可以对野生动物的活动情况做详细的观察记录，日积月累，笔记本上记的资料越来越多，这些珍贵的笔记可以用于提炼工作经验，为创作科普作品和文学作品提供翔实有用的素材。

### 7.2.4.3　整理巡护资料，编写巡护报告

把巡护资料及时整理出来，对于保护区的有效管理有着非常重要的作用。及时整理资料可以及时发现问题，及时采取措施。编写巡护报告是整理巡护资料的一种方法。

巡护员对巡护过程中遇到的所有情况，进行汇总分析，提炼成巡护报告，是非常必要和重要的。巡护报告是巡护员工作情况的重要证明；能为将来制定和实施某个法律程序提供依据；可能为未来保护计划和管理策略的制定，以及评价管理效果和监测生态环境、动植物种变化趋势提供信息；巡护报告所提供的信息是构成生物资源清查和监测信息的重要组成部分。

(1) 巡护报告的层级构成

一般自然保护区设置的管理层级有管理局、管理所、管理站 3 级机构。3 级管理机构的管理策略制定，都必须建立在大量的准确信息之上，准确信息的首要来源就是巡护报告。信息收集者要对巡护报告进行分类，保护区的巡护报告由巡护员的巡护报告、管理站的巡护报告、管理所的巡护报告 3 个层级构成。

①巡护员的巡护报告。工作在管理站的人员和全体护林员是一线的巡护员，他们是保护区巡护工作的直接承担者，是保护区队伍的主体。来自保护区的各种信息的第一手资料是由巡护员收集和提供的。站员和护林员应该对自己每月的巡护记录的资料进行整理、分析，提炼出巡护报告。站员和护林员是分片区进行巡护管理的，他们每月向管理站提交的巡护报告，是他们所管辖区域各种真实情况的反映，是所属管理站管辖范围内其他片区无法代替的，也不能代替其他片区的巡护情况。各个片区的巡护报告是本片区的真实信息，是整个保护区巡护信息不可忽视的组成部分。各管理站的工作人员和护林员应该做到一个月一次，对自己所填写的《巡护工作登记表》和制作的野外巡护工作笔记，进行分析和汇总，编写出巡护报告提交管理站。

②管理站的巡护报告。管理站编写巡护报告，是在综合地分析、汇总本站全体巡护员的巡护报告的基础上完成的。一个月一次上报管理所。管理站的巡护报告，应该全面地反映本站管辖区域内各个巡护片区的情况。管理站在编写巡护报告的过程中，应根据每位巡护员提供的各种信息，采用统计学原理制作一系列直观性的动态图表。这些图表应反映出本站每个片区每月、每季、半年和全年人为非法活动的痕迹和频率、家畜活动痕迹和频率、野生动物的活动痕迹和频率以及一些具有生物学兴趣的现象，如反映植物物候的树木的开花与结果、病虫害的发生等。

③管理所的巡护报告。管理所应根据下设各管理站提交的巡护报告，进行分析、汇总，编写出反映保护区全面情况的巡护管理的季度报告，上交管理局。季度巡护报告中，也应该附有反映保护区各种情况的动态图表。

(2) 巡护报告的使用与保存

①巡护报告的使用。巡护报告给管理站、管理所、管理局 3 级管理机构的决策人员提供决策信息，是制定保护管理策略、管理措施的依据。要认真对待不同层级的每一份巡护报告，如果因层级低而不被重视、无人查看，那么巡护员就会感到他们辛辛苦苦地去收集的信息是一些无用的东西，编写报告的人员(指站、所巡护报告编写者)同样会认为，认认真真编写出来的巡护报告是一堆无用的废纸。这样，将极大地挫伤巡护员收集信息，报告

编写者分析、汇总信息的积极性。

保护区管理站、所、局的领导者和决策人员，应珍惜巡护员、报告编写人的劳动成果，在决策和管理工作中综合使用各层级提供的巡护报告。从而保护和提高巡林员、报告编写人的工作积极性。全面使用巡护报告的常用途径之一，是在管理站、管理所、管理局办公区建立信息墙报或专栏，利用巡护报告中提供的各种信息反映保护管理工作的动态情况。

②巡护报告的保存。管理站要对巡护员填写的《巡护工作登记表》、编写的巡护报告进行妥善保管，建立巡护档案和数据库。管理所、管理局同样应该保存好管理站、管理所上交的巡护报告和巡护资料，并对巡护报告和巡护资料中提供的各种信息进行分类汇总，建立分类数据库，为领导层能够及时地决策提供科学依据。

### 7.2.4.4 巡护报告的基本内容和格式

（1）基本内容

①综述报告期内的巡护工作。

②保护区内人为活动情况。

③保护区重点保护野生动植物情况。

④巡护工作中存在的问题。

⑤结论与建议。

⑥下一阶段的工作计划。

⑦下一阶段巡护工作所需的经费、人员、设备等。

（2）基本格式（表7-1）

表7-1　巡护报告

| |
|---|
| ×× 自然保护区　　　　管理站 ××<br><br>片区　　月<br><br>巡护报告<br><br>报告人： |
| ×× 自然保护区<br><br>管理站　月<br><br>巡护报告 |
| ×× 自然保护区<br><br>×× 管理所　　　季度<br><br>巡护报告 |

(3)巡护管理的流程循环(图 7-1)

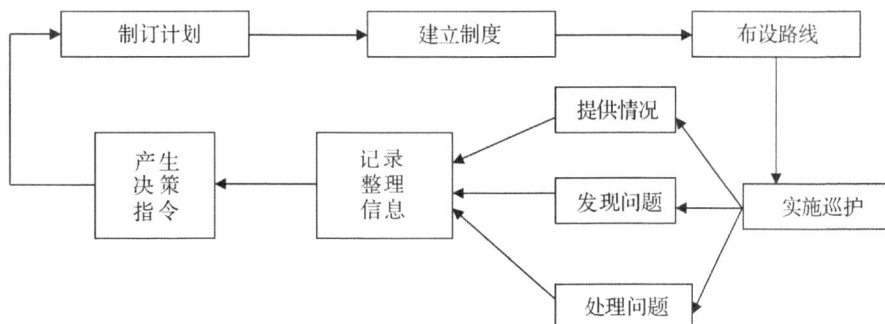

**图 7-1　巡护管理的流程循环**

(4)自然保护区巡护工作登记表(表 7-2)

表 7-2　自然保护区巡护工作登记表

| 日期 | 年　　月　　日 | | 天气： | |
|---|---|---|---|---|
| 路线 | （起点） | （中点） | （末点） | |
| 经过的地名 | 1. | $H(m)$ | 2. | $H(m)$ |
| | 3. | $H(m)$ | 4. | $H(m)$ |
| 巡护中的观察情况　地貌 | | | | |
| 植物 | | | | |
| 动物 | | | | |
| 发现的问题　偷砍盗伐 | | | | |
| 偷捕乱猎 | | | | |
| 毁林开荒 | | | | |
| 采集非木质林产品 | | | | |
| 放牧 | | | | |
| 野生动物肇事 | | | | |
| 其他 | | | | |
| 处理措施和意见 | | | | |
| 备注 | | | | |

巡护员(签名)：　　　　　　组长(签名)：　　　　　　站长(签名)：

注："经过的地名"一栏应记录通过地名点所需时间。

## 知识拓展

### 我国自然保护地现状

　　自然保护地是由各级政府依法划定或确认，对重要的自然生态系统、自然遗迹、自然景观及其所承载的自然资源、生态功能和文化价值实施长期保护的陆域或海域。自然保护地是生态建设的核心载体、中华民族的宝贵财富、美丽中国的重要象征，在维护国家生态安全中居于首要地位。截至 2021 年，我国自然保护地体系已经基本形成，各级各类自然保护地占到陆域国土面积的 18%，提前实现了联合国《生物多样性公约》"爱知目标"要求。90% 的陆地生态系统类型、65% 的高等植物群落和 71% 的国家重点保护野生动植物种在保护地内得到有效保护。

　　①森林生态系统的保护。我国森林生态系统的保护工作开展最早，20 世纪 50 年代和 60 年代建立的自然保护区多是森林生态系统类型。我国已建的森林类型保护区不仅数量较多，且为全国自然保护区主体；分布较广，遍布全国所有林区和生物地理区域，代表着各种森林植被类型。但依然有不合理的地方，如亚热带常绿阔叶林分布比较集中的福建、湖北、浙江、广东等省，自然保护区面积与其森林资源拥有量还不相适应，有待加强；此外，大兴安岭林区和黄土高原、太行山地区水源涵养林区的自然保护区建设也有一定差距。

　　②草原与草甸生态系统的保护。我国草原资源十分丰富，现有草地约 17 300 万 hm²，占国土面积 18%。已建的草原与草甸生态系统类型保护区不仅数量偏少（仅占保护区总数的 2%），而且面积也很有限（仅占保护区总面积的 2%），有些典型的草原和草甸生态系统至今尚没有建立自然保护区。另外，从草地资源保护的角度看，现有保护区也远远不能满足我国草地资源保护与持续利用的要求。

　　③荒漠生态系统的保护。我国荒漠面积约 19 200 万 hm²，占国土面积的 30% 左右。该类型保护区始于 1983 年建立的新疆阿尔金山自然保护区，现有保护区占我国荒漠总面积的 18.58%。我国已建的荒漠生态系统类型自然保护区虽然数量不多，仅占保护区总数的 1%，但面积很大，占全国自然保护区总面积的 45%。由于荒漠地区自然条件恶劣，荒漠生态系统十分脆弱，一旦破坏，很难恢复。特别是西北地区，将是 21 世纪我国能源和经济建设的重点区域，因而更要注重荒漠类型保护区的建设，尽可能多地划定一些保护区。

　　④内陆湿地和水域生态系统的保护。内陆湿地和水域总面积 3800 万 hm²，占国土面积的 4%。现有保护区占我国内陆湿地和水域总面积的 20%。湿地生态系统具有滞纳洪水、抗旱排涝、净化水质和调节气候等功能，并且还是许多珍禽和水生野生动植物的重要栖息与繁衍场所。但是湿地生态系统比较脆弱，易受污染影响。目前湿地类型保护区的数量和面积都偏少。我国河湖众多，类型丰富，流域面积在 100km² 以上的河流有 5 万多条，面积在 1km² 以上的天然湖泊有 2800 多个，因此此类型保护区的发展潜力很大。

　　⑤海洋和海岸生态系统的保护。我国是一个海洋大国，近海海域面积相当于陆地面积的 1/2。近海水域纵跨暖温带、亚热带和热带，有渤海、黄海、东海和南海四大海区。面积超过 470 万 km²。大陆岸线余 1.8 万 km，近海有 5100 多个岛屿。我国近海因地域差异形成许多不同类型的生态系统，如河口、港湾、红树林、珊瑚礁、岛屿和海流等多种生态

系统类型。随着海洋国土意识的不断加强，对海洋资源的开发利用将逐年增加，海洋环境的污染也日益加剧。与其他生态系统类型相比，海洋和海岸生态系统类型自然保护区建设存在较大差距，无论在数量上还是在面积上都有待于进一步发展。

⑥野生动物的保护。我国野生动物资源就地保护已取得很大成就，但仍有相当数量的野生动物种处于濒临灭绝的危险之中，如华南虎、东北虎、白颊长臂猿、白掌长臂猿、朱鹮等种群数量均在 100 只以下。以往的保护主要集中在珍稀濒危动物种，而忽略了一些常见野生动物种的保护，继而使这些种类也走向濒危，如黄羊、狼、黑熊等。以往的保护偏重脊椎动物，特别是大型哺乳动物，而忽视了无脊椎动物，如昆虫、贝类的保护；对水生动物的保护也重视不够，这些物种都是生物多样性的重要组成部分，应该得到重视。

⑦野生植物的保护。虽然绝大多数国家重点保护植物已在自然保护区得到保护，但由于有些物种种群不集中，在保护区内的种群比较有限，相当部分散生在保护区之外未受到保护，应以建立自然保护点的方式加强对保护区外种群的就地保护。当前存在的主要问题如下，有些经济药材植物极易遭受人为破坏，即使在保护区内，也遭到偷采偷挖，如人参、杜仲、天麻等植物；此外，以往的植物就地保护比较偏重大型木本植物，常常忽视对草本及灌木植物的保护，在今后的保护区发展规划中，应注意这些方面。

⑧自然遗迹类的保护。由于世界遗产里地质遗迹数量较少，联合国教科文组织地学部提出建立世界地质公园的，中国是最早响应的国家之一。2004 年，中国成功申报的世界地质公园有五大连池、嵩山、云台山、黄山、庐山、张家界、石林和丹霞山。截至 2004 年底，国土资源部共审批了三批 85 个国家地质公园并组织建设，全国并在全国范围内着手地质公园法规体系的建设和完善。当前主要存在以下问题，已批准的国家地质公园在区域上分布南方多于北方，东部多于西部，同时省级地质公园的评审和建设跟不上国家地质公园的步伐。地质遗迹类型也主要集中于古生物产地、丹霞和峰林地貌、火山地质遗迹几类，其他类型地质遗迹少。

## 思考题

1. 什么是碳源？
2. 什么是碳汇？
3. 什么是森林碳汇？
4. 什么是林业碳汇？
5. 什么是巡护？
6. 什么是巡护管理？
7. 什么是碳汇经济？
8. 什么是碳汇交易？
9. 为什么要开展自然保护区的巡护与管理？
10. 自然保护区巡护与管理的目标是什么？
11. 怎样系统地开展自然保护区的巡护与管理？
12. 普通人如何节能减排、低碳生活？

# 参考文献

曹新孙，1985. 农田防护林学［M］. 2 版. 北京：中国林业出版社.

常学礼，赵爱芬，李胜功，1999. 生态脆弱带的等级与尺度特征［J］. 中国沙漠，19(2)：115-119.

程鹏，曹福亮，汪贵斌，2010. 农林复合经营的研究进展［J］. 南京林业大学学报：自然科学版(3)：151-156.

国家林业和草原局，2016. 林业发展"十三五"规划［EB/OL］. ［2020-05-27］. http://www.gov.cn/xinwen/2016-05/20/contoent_5074981.htm.

胡少伟，周跃，2004. 铁矿山土地复垦研究初探［J］. 矿业安全与环保，31(1)：34-37.

李博，2000. 生态学［M］. 北京：高等教育出版社.

李世东，1999. 中国林业生态工程建设的世纪回顾与展望［J］. 世界环境(4)：41-43.

李世东，翟洪波，2002. 世界林业生态工程对比研究［J］. 生态学报(11)：1976-1982.

李欣峰，2014. 石灰石矿业开采废弃迹地林业生态工程规划设计［J］. 北京农业(18)：347.

刘豹，顾培亮，张世英，1987. 系统工程概论［M］. 北京：机械工业出版社.

马彦卿，1999. 矿山土地复垦与生态恢复［J］. 有色金属工程(3)：23.

唐克丽，2004. 中国水土保持［M］. 北京：科学出版社.

陶清，张余田，2021. 森林营造技术［M］. 3 版. 北京：中国林业出版社.

王百田，2010. 林业生态工程学［M］. 3 版. 北京：中国林业出版社.

王克勤，涂璟，2018. 林业生态工程学(南方本)［M］. 北京：中国林业出版社.

王治国，张云龙，刘徐师，等，2000. 林业生态工程学：林草植被建设的理论与实践［M］. 北京：中国林业出版社.

文剑平，计文瑛，张壬午，1993. 试论我国典型生态脆弱带生态环境的治理与保护［J］. 农业环境保护，12(3)：131-133.

肖笃宁，李秀珍，高峻，等，2003. 景观生态学［M］. 北京：科学出版社.

阎敬，杨福海，李富平. 1999. 冶金矿山土地复垦综述［J］. 河北联合大学学报：自然科学版(S1)：43-49.

余祈晓，毕华兴，2013. 水土保持学［M］. 3 版. 北京：中国林业出版社.

张金池，2004. 水土保持林学［M］. 沈阳：辽宁大学出版社.

张志达，1999. 我国生态环境问题及林业生态工程建设的历史重任［J］. 中国林业(8)：4-5.

赵跃龙，刘燕华，1996. 中国脆弱生态环境分布及其与贫困的关系［J］. 人文地理，11(2)：5-11，72.

中国可持续发展林业战略研究组，2002. 中国可持续发展林业战略研究［M］. 北京：中国林业出版社.

中国农业百科全书总编辑委员会林业卷编辑委员会，中国农业百科全书编辑部，1989. 中国农业百科全书·林业卷：下[M]. 北京：中国农业出版社.

中国水利百科全书第 2 版编辑委员会，2004. 中国水利百科全书[M]. 2 版. 北京：中国水利水电出版社.

中国水利百科全书第 2 版编辑委员会，2006. 中国水利百科全书[M]. 2 版. 北京：中国水利水电出版社.

# 附录1　林业建设项目可行性研究报告编制规定

## 1　前引部分

### 1.1　封面

内容包括项目名称、项目编号(可选)、编制单位(加盖公章)和日期；如封面材质不宜加盖公章可增加扉页，内容同封面，并在扉页编制单位上加盖公章。

### 1.2　资质证明页

《林业建设项目可行性研究报告》(以下简称《可研报告》)编制单位资质证书，可为复印或扫描等复制件。

### 1.3　职签页

《可研报告》编制单位职签页内容包括，项目名称、项目编号(可选)、编制单位(加盖资质证书专用章，可选)、编制单位法人代表(签字或签章)、编制单位总工程师或技术质量负责人(签字或签章)、编制单位主管领导(可选)、《可研报告》编制处(科、室)处(科)长(主任)(可选)、编制处(科、室)主任工程师或技术质量负责人(可选)、编制项目负责人或项目经理(签字或签章)。

### 1.4　编制人员名单页

按编制单位内部管理要求顺序列出编制人员名单。

### 1.5　前言(可选)

### 1.6　目录

应列出二级以上目录；二级以下目录，根据需要取舍。

## 2　正文部分

### 2.1　《可研报告》编制大纲

#### 2.1.1　总论

1)项目提要

2)依据

3)重要参考文献(可选)

4)关键术语定义与说明(可选)

5)项目主要技术经济指标

6)可行性研究结论

#### 2.1.2　项目建设的必要性

1)项目建设背景与由来

2)应用(或市场)需求(营造林项目为项目区生态环境、自然灾害现状及生态需求)与项目必要性分析

2.1.3　项目建设条件

2.1.4　建设目标

1)项目建设目标

2)指导思想与原则

3)主要建设任务

2.1.5　项目建设方案

1)非营造林项目

——项目功能(或产品、规模)方案

——项目选址方案

——项目技术方案

——项目工艺流程与设备选型

——项目主体工程建设方案

——辅助设施及公用工程建设方案

——项目功能分区与总平面布置

——项目可行性分析

2)营造林项目

——项目建设总体布局

——项目区区划

——项目建设内容

——营造林技术措施

——项目可行性分析

2.1.6　消防、安全、卫生、节能节水措施

1)消防

2)劳动安全与职业卫生

3)节能

4)节水

2.1.7　环境影响评价

1)生态环境现状

2)项目对环境影响

3)环境保护措施

4)环境影响评价

2.1.8　招标方案

1)招标范围

2)招标组织形式

3)招标方式

2.1.9　项目组织管理

1)建设管理

2)经营(运行)管理

2.1.10　项目实施进度

2.1.11　投资估算与资金来源

1)投资估算编制说明

2)投资估算与项目运行(管理)年费用估算

3)项目资金来源

2.1.12　综合评价

1)项目风险评价

2)项目影响分析

3)项目财务分析(可选)与项目评价

2.1.13　结论与建议

2.2　编制大纲的说明

①编制大纲中的细节可进一步细化。

②当大纲中部分内容没有选择时,后续相应的顺序号可依次调整。

③大纲和以下"正文编制要求"中部分内容可根据项目实际建设内容进行选择。

④《可研报告》部分内容如篇幅过长,可另作附件,并在文中注明见附件××(附件编号)。

2.3　正文编制要求

2.3.1　总论

1)项目提要

应包括项目名称、项目建设地点(或项目区范围)、项目法人(建设单位)名称、项目法人代表、项目主管单位、项目建设技术依托单位(可选)、项目性质、项目建设目标、项目主要建设内容及规模、项目建设期及进度、项目投资规模与资金来源、项目效益、编制单位等。

2)依据

包括项目前期规划或项目建议书的审查、审批文件,引用的国家标准、行业标准、地方标准和国际标准等。

3)重要参考文献

包括《可研报告》编制引用的主要参考文献(可选)。

4)关键术语定义与说明

汇集《可研报告》中使用的专门术语的定义和外文首字母组词的原词组(可选)。

5)主要技术经济指标

主要包括项目建设用地规模、产品方案与规模、主要建(构)筑物数量、主要机械设备数量、人员编制、投资估算指标、总投资及构成、投资来源;营造林项目还应包括营造林单位综合成本,人工造林、飞播造林、封山育林单位成本,人工造林用苗指标,飞播造林用种指标,造林用工量指标,种苗基地供苗(种)指标,造林成活率、保存率指标,林木生长量指标。

6）可行性研究结论

概要描述项目建设方案、投资规模以及可行性研究结论与建议。

2.3.2　项目建设的必要性

1）项目建设背景与由来

2）应用(或市场)需求与项目必要性分析

非营造林项目在充分调查分析需求的基础上，描述项目拟解决的主要问题；营造林项目在初步调查分析项目区生态环境、自然灾害现状及生态需求的基础上，描述项目拟解决的主要生态问题；进行项目必要性分析。

2.3.3　项目建设条件分析

1）建设区相关自然地理

行政区划、地理位置、地形地貌、河流水系、水文、气象、土壤、植被等。

2）社会经济

面积、人口及其结构，工农业生产情况及人均产值、收入，生活水平及经济发展水平等。

3）林业生产经营管理

林业生产、经营管理机构、人员、技术力量，营林生产情况及森林资源管理水平，森林保护与管护设施条件，生态公益林建设成就、经验及问题等。

4）土地资源

各类土地面积，营造生态公益林的土地资源分布状况，造林地数量及立地条件分析。

5）劳力资源

项目区劳动力就业情况分析，可供营造林生产的劳动力数量及技术素质分析等。

6）种苗供应

现有种苗供应能力及潜力，外调种苗的可能性及经济合理性分析等。

7）基础设施

交通、运输、通信、供电、灌溉、排水等。

8）现有相关项目

社会及有关部门对项目支持、配合的可能性及程度等。

9）其他需要分析的项目建设条件

2.3.4　建设目标

1）项目建设目标

根据项目建设规模及时间要求，可将建设目标分为总目标和分阶段目标；营造林项目可包括森林资源增长目标，改善生态环境与防灾减灾目标等。

2）项目建设指导思想与建设原则

3）建设任务

描述项目建设的主要内容。

2.3.5　项目建设方案

1）非营造林项目

——项目功能或产品方案、建设规模。

——项目建设地点选址方案及相关条件分析(资源、原材料、燃料及公用设施情况)。

——项目技术方案:说明项目工艺流程或技术路线、物料平衡等。

——项目主要建设内容或主体工程建设方案。

——项目辅助设施及公用工程配套方案。

——功能分区或总体布置:说明项目组成及总平面布置、分项工程组成及平面布置、项目内外部运输等。

——项目可行性分析:分别描述2个或2个以上比选方案,对方案进行投资估算。从方案技术特点、建设投资、效益等方面进行分析比较,论证推荐建设方案的可行性。比选方案的详细内容宜作为报告的附件;单一建设方案的,应说明选择单一方案的理由,从该方案技术特点、建设投资、效益等方面进行分析和论证该建设方案的可行性。

2)营造林项目

——项目建设总体布局:项目布局的依据,项目布局方案。

——项目区区划:重点(骨干)营造林工程布局,一般营造林工程布局,种苗基地建设布局,其他建设项目布局。

——项目建设内容。

①营造林工程:包括林种划分;造林方式及规模,人工造林、飞播造林、封山(沙)造林;重点(骨干)生态公益林建设工程,重点工程区范围及森林植被、生态环境现状、林种划分及比例确定、营造林规模及不同造林方式比例的确定。

②种苗基地建设工程:包括项目区种苗生产现状;种苗需求量测算;种苗基地建设,种苗基地新(改扩)建数量、规模及内容,种苗基地建成后种苗供应量预测。

③森林保护与管护工程:包括森林防火、林业有害生物防治及森林管护。

④项目基础设施及附属配套工程:包括信息管理、科技推广、森林生态环境监测、附属配套工程等。

——营造林技术措施:包括树种选择、种子、苗木、整地、树种配置、造林方法、初植密度、幼林抚育、幼中林抚育间伐等。

——项目可行性分析:分别描述2个或2个以上比选方案,对方案进行投资估算。从方案技术特点、建设投资、效益等方面进行分析比较,论证推荐建设方案的可行性。比选方案的详细内容宜作为报告的附件;单一建设方案的,应说明选择单一方案的理由,从该方案技术特点、建设投资、效益等方面进行分析和论证该建设方案的可行性。

2.3.6 项目消防、劳动安全与职业卫生、节能措施

按国家有关要求和相关标准编制。

2.3.7 环境影响评价

1)环境现状调查

2)项目建设对环境影响分析

营造林项目主要描述整地方式对水土流失的影响,施用化肥、农药对环境的影响,营林方式及树种配置对环境的影响,栽植密度、株行距对森林防护功能的影响,项目建设对野生动植物栖息环境的影响等。

3)环境保护措施

4)环境影响评价

2.3.8 招标方案

应根据国家有关法律法规，按下列内容和顺序编写。

1)招标范围

2)招标组织形式

3)招标方式

2.3.9 项目组织管理

1)建设管理

按照国家有关建设管理要求，拟定项目建设管理的组织机构(项目法人)，对项目的计划管理、工程管理、资金管理、信息(档案)管理等提出管理方案。

2)经营(运行)管理

根据项目特点，拟定项目经营(运行)管理模式(机制)、保障措施及人员编制(或劳动定员)。

3)对实行代建制的项目应拟定项目的代建方案

2.3.10 项目实施进度

说明项目按建设阶段的任务安排和按建设内容分年度的任务安排。

2.3.11 投资估算与资金来源

1)投资估算编制说明

说明投资估算的原则、依据和取费标准等。

2)投资估算

——投资估算应按财政部《基本建设财务管理规定》(财建〔2002〕394 号)等文件的要求编制。

——政府投资或政府投资为主的林业工程项目投资估算包括建筑安装工程投资、设备投资、工程建设其他费用及基本预备费。

——建筑安装工程投资是指项目建设内容发生的建(构)筑物工程和安装工程的费用；建筑安装工程投资宜按单位建筑工程投资估算法或单位实物工程量投资估算法进行估算。

——设备投资是指项目建设内容发生的各种设备的费用。包括需要安装设备、不需要安装设备和为生产(项目)准备的不够固定资产标准的工具、器具的费用；设备费用由设备原价和设备运杂费构成；国产标准设备原价宜按市场询价或有关部门提供的价格，国产非标准设备原价宜按全国统一非标准制作工程预算定额所在地区估价表或市场询价及有关部门提供的价格，进口设备原价宜按相关进出口公司的进口设备价格或国外承制(经销)厂(商)报价；设备运杂费包括设备采购、运输装卸、保管等费用。国产设备宜按不高于设备原价的 5%计算，进口设备宜按不高于设备到岸价的 2%计算(进口设备的进口税费按国家规定)。

——工程建设其他费用是指项目建设内容从筹建到竣工验收交付使用所发生的，不形成工程实体的各种费用。主要包括建设单位管理费、土地征用及迁移补偿费、土地复垦及补偿费、可行性研究费、勘察设计费、工程质量监理费、招投标费、研究试验费、生产职工培训费、办公及生活家具购置费、临时设施费、设备检验费、联合试车费、项目评估费、社会中介机构审计(查)费、环境影响咨询服务费、工程保险费、劳动安全卫生评审费、城市基础设施配套费、人防地下室异地建设费、施工图审查费等。

工程建设其他费用估算应按项目建设性质、建设地点(地区)和建设内容等,选择、确定以上费用内容;各项费用计算方法与标准应符合国家有关规定。如无国家规定属地方取费的,可按所在地区的有关规定计算,但需在投资估算编制说明中加以说明,并提供相应的证明资料。

2.3.12 综合评价

1)风险评价

描述项目的主要风险因素、风险程度及规避和降低风险的对策与措施。

2)影响分析

描述项目建设过程中和项目投入运行后预期可能带来的影响因素、影响程度及负面影响的解决对策。

3)项目财务分析(可选)与项目评价

——生态效益包括涵养水源与水土保持效益,庇护农田牧场效益,防风固沙效益及调节气候效益,改善生态环境、净化空气效益,保护生物基因库效益等。

——社会效益包括提高人类生存环境质量,保障国民经济和社会发展,项目建设带动社会增加就业人员、繁荣经济、提高社会福利、精神文化生活等。

——经济效益包括直接经济效益和间接经济效益。

——有收益(产品)项目应进行项目财务分析。

2.3.13 结论与建议

1)结论

归纳可行性研究的结论。

2)建议

对项目可行性研究中主要争议问题和未解决的主要问题提出解决办法或建议。

3 附表

3.1 要求

①《可研报告》应按营造林项目或非营造林项目附表,并按附表1、附表2、附表3……顺序编号。

②营造林项目,以及非营造林项目中的自然保护区建设项目、林木种苗建设项目和森工非经营性项目、国家林业和草原局直属单位基础设施建设项目等涉及建设用地的附表,必须落实到具体山头地块(是林地的落实到林班)。

3.2 营造林项目

营造林项目附表包括项目区各类土地面积现状统计表、项目区域森林面积蓄积统计表、项目建设内容、进度一览表、项目区各类土地面积综合利用规划表、营造林任务量与布局表、种苗需求平衡量表、营造林成本费用估算表、项目建设投资估算表。

3.3 非营造林项目

非营造林项目基本附表为项目建设投资估算表、主要设施设备清单(可选)。同时根据项目的不同，按以下附表：

——森林防火治理和森林公安建设项目：项目区森林防火治理区、森林公安建设现状（森林防火和森林公安队伍、装备、设施、林火阻隔系统）统计表，森林火灾统计表，森林防火治理和森林公安建设项目内容、任务一览表（森林防火队伍和森林公安队伍建设、队伍装备、基础设施和设备、林火阻隔系统等）。

——林业有害生物防治建设项目：项目区森林面积统计表，项目区近 3 年各类林业有害生物危害情况统计表（分年度），项目区现状表（组织机构、人员素质、队伍装备、基础设施、设备等），项目区工程建设内容、任务一览表。

——自然保护区建设项目：保护区各类土地面积现状统计表，保护区森林面积蓄积统计表，保护区各类生物资源统计表（动、植物名录），保护区现状统计表（组织机构、人员素质、队伍装备、基础设施、设备等），保护区各类土地面积综合利用规划表，保护区工程建设内容、任务一览表。

——林木种苗建设项目：项目区各类土地面积统计表，项目区各类林木种苗生产能力及基础设施现状情况统计表，项目区造林任务及种苗需求情况统计表，项目建设现状情况统计表（管理组织机构、人员素质、基础设施、设备等），林木种苗工程建设内容、任务一览表。

——森工非经营性项目：建设单位现状情况统计表（组织机构、人员素质、队伍装备、基础设施、设备等），建设项目建设内容、任务一览表。

——国家林业和草原局直属单位基础设施建设项目：建设单位现状情况统计表（组织机构、人员素质、队伍装备、基础设施、设备等），基础设施建设项目建设内容、任务一览表。

——其他类别的建设项目：根据项目建设的实际情况，主要有建设单位现状情况统计表（组织机构、人员素质、队伍装备、基础设施、设备等），建设项目建设内容、任务一览表。

——有收益（产品）建设项目：总成本费用估算表，固定资产折旧及其他费用摊销估算表，产品销售收入和销售税金及附加估算表，损益表，现金流量表（全部投资），资金来源与运用表，资产负债表，流动资金估算表。

——无收益（产品）建设项目：年运行（经营）费用估算表。

3.4　项目（工程）指标计量单位

1）营造林地

（小班面积）以 hm² 计。

2）造林苗木数量

单位以万株计。

3）防火线、防火林带

长度以 km 为单位，宽度以 m 为单位。

4）围栏长度

以延米计，单位 m。

5）苗圃、母树林、种子园面积

以 hm² 为单位。

6）林道

长度以 km 为单位，宽度以 m 为单位。

7）灌溉管线、排水渠

按延米计，单位为 m。

8）建筑物

以 m² 计，多层建筑物按各层面积总和计算。

9）露天堆置场按堆置场面积

以 m² 为单位。

10）电气动力设备

以 kW 为单位。

11）变电、配电设备

以 kVA 为单位。

12）输电线路按线路长度

以 km 为单位。

13）肥料

以 kg 为单位。

4　附件

4.1　要求

《可研报告》应按项目类别提供附件，并按附件1、附件2、附件3……顺序编号。

4.2　《可研报告》的附件

1）词汇表

2）特殊技术说明

3）参考文献

4）项目法人相关证明文件

中华人民共和国机关法人代码证书或中华人民共和国组织机构代码证或企业法人营业执照或上级主管部门批复的项目法人组建方案文件。

5）项目土地、房屋使用相关证明文件

自有土地的，需附中华人民共和国国有土地使用证或林权证；需征地或租地的，需附土地(林地)使用协议(合同)，以及土地所有方的土地使用证或林权证；涉及城市用地的，需附(出具)城市规划管理部门对建设方案阶段的审查意见和项目所在地有关部门对土地使用的预审意见；涉及林业用地且需改变使用用途的，需附(出具)林业主管部门同意使用林地的证明文件。

6）项目配套投资承诺文件

地方财政或发改委配套投资承诺文件(原件)。

7）建设方案论证报告

资源调查、选址、原材料、试验等专项报告。

8) 水、电、气、辅助材料等

附使用协议及国有资源使用(开采)批复文件等。

9) 改、扩建项目

原资产情况报告或资产评估报告,房屋及大型设施、设备的报废批准文件(危房鉴定书)。

10) 购置(转让)资产的项目(含)

购置(转让)资产(包括林地、林木)的协议(意向书、合同)书、资产评估报告等。

11) 分期建设项目

按程序批复的上一期竣工验收文件。

12) 限上项目

项目立项申请文件和项目建议书批准文件。

13) 按国家有关规定应提供的环境影响评价文件。

14) 国有林区管理局以上行政事业单位、森工企业的学校项目

上一级教育主管部门关于新建或扩建学校的批复文件。

15) 国有林区管理局以上行政事业单位、森工企业的医院扩建项目

上一级卫生主管部门的意见和项目建设标准、购置大型医疗设备专题报告。

16) 国有林区管理局以上行政事业单位、森工企业的林业局生活用水项目

水源地的水文地质勘察报告、水质检验报告等内容材料、县级以上卫生防疫部门近两年水质检验(抽查)报告和结论、当地水资源管理部门的"水资源开采许可证"。

17) 国有林区管理局以上行政事业单位、森工企业的科研、调查规划、设计、公检法、新闻、出版、博物馆等单位建设项目

管理机构对新建设项目的批复文件、上一级主管部门对扩建项目的意见。

18) 自然保护区建设项目

建立保护区的批准文件、地方编委对保护区人员编制的批准文件、保护区总体规划批准文件。

19) 林木种苗建设项目

项目法人组建方案或地方编委对种苗基地人员编制的批准文件(可选),项目建设条件(自然地理、社会经济、基础设施、市场等)专题分析报告。

20) 国家林业和草原局直属单位基础设施建设项目

建设单位基础设施总体建设方案,建设单位单位基本建设现状(固定资产、人员、设备仪器等)说明材料。

21) 其他有关专业调查和勘测报告

22) 项目审查部门(单位)或评估机构要求提供的其他附件

5　附图

5.1　要求

①《可研报告》应按项目类别提供附图,并按附图 1、附图 2、附图 3……顺序编号。

②《可研报告》附图应按有关制图标准绘制。

5.2 《可研报告》的附图

1）项目（区位）位置图

2）国有林区管理局以上行政事业单位、森工企业非经营性建设项目及学校、医院、科研、调查规划、设计、公检法、新闻、出版、博物馆等单位建设项目

现状平面图，总平面布置图，主体建筑平、立、剖面方案图；林业部门生活用水项目需附井位及供水管网（长度、管径）布置图。

3）林业有害生物防治建设项目

项目区森林资源现状图，项目区林业有害生物危害情况现状分析图，项目区总体建设布局图。

4）森林防火治理和森林公安建设项目

项目区森林火险情况现状分析图、森林防火治理项目总体建设布局图、森林公安建设项目布局图。

5）自然保护区建设项目

自然保护区动、植物资源分布现状图，自然保护区基础设施现状图，自然保护区功能分区图，自然保护区总体建设布局图，自然保护区局（处）、站（点）址总平面布置图。

6）林木种苗建设项目

工程区林木种苗生产及基础设施现状布局图，林木种苗建设项目功能分区图，林木种苗建设项目总体布局图。

7）国家林业和草原局直属单位基础设施建设项目

建设单位基本建设现状平面图，建设单位基础设施建设总体布局图或总平面布置图，主体工程（建、构筑物）平、立、剖面图。

8）营造林项目

项目区森林资源现状图，营造林项目建设总体布局图，主要造林模型典型设计图。

# 附录2 国家林业建设项目初步设计编制规定(试行)

本规定是为加强对《林业工程建设项目初步设计》(简称《设计》)文件的管理,规范《设计》文件的编制,确保《设计》的质量和完整性,根据国家投资体制改革精神和有关法规及相关标准,结合林业建设项目的特点制定。

以下摘录了《国家林业建设项目初步设计编制规定(试行)》中对于《设计》总说明书的具体编制要求。

(1)总论

①项目提要。应包括项目名称、项目建设地点(或项目区范围)、项目法人(建设单位)名称、项目法人代表、项目主管单位、项目性质、项目建设目标、项目主要建设内容及规模、项目建设期及建设进度安排、项目投资总概算与资金来源等。

②设计依据。包括项目前期规划、项目建议书、可行性研究报告的审查、审批文件;设计的气象、水文、地质以及主要原料来源和储量报告等设计基础资料;设计引用的国家标准、行业标准和国际标准等。

③项目基本情况概述。根据不同项目的需要,简要描述以下基本情况。

a. 项目建设地区相关的自然地理和社会经济概况。行政区划、地理位置、地形地貌、河流水系、水文、气象、土壤、植被及面积;人口及其结构,工农业生产情况及人均产值、收入、生活水平及经济发展水平等。

b. 项目建设单位生产经营管理概况。经营管理机构,人员,技术力量,设施设备,建设成就、经验及问题等。

c. 与项目建设相关的有关其他概况。如营林生产情况、土地资源与森林资源、劳力资源、种苗供应、生态保护、森林防火、林业有害生物防治等。

④项目建设规模与产品(功能)方案。简要描述项目产品(或功能)方案,建设规模,项目选址,项目主要建设内容(或主体工程建设方案)及主要辅助设施及公用配套工程。

⑤设计的指导思想。表述项目设计的指导思想、原则、目标。

⑥项目总工艺流程(或技术路线)。描述项目总的工艺流程或技术路线。

⑦环境保护。依照《建设项目环境保护设计规定》进行环境保护设计。

⑧职业安全卫生。针对不同项目需要,对用电设备安全、野外防火作业、仪器设备操作安全、职业疾病防护等提出安全防护措施。

⑨消防。根据建(构)筑物的消防保护等级,考虑必要的安全防火间距,设置消防道路、安全出口、消防给水和防烟排烟等措施。

⑩节约能源。根据项目实际情况,叙述能耗情况及主要节能措施,包括建设物隔热措施、节电、节水和节燃料等措施,说明节能效益。

⑪抗震防灾与人防。提出项目建(构)筑物的抗震防灾与人防措施等。

⑫项目组织与经营管理。设计的管理机构、项目定员(人员编制),提供项目年总运营

费用(或经营成本)。

⑬项目总指标。主要包括项目建设用地规模、产品规模、主要建(构)筑物数量、主要机械设备数量、人员编制、主要建(构)筑物数量、投资测算指标、总投资概算及构成、投资来源等。

⑭提请初步设计审批时注意(或需解决)的问题及对下阶段设计的要求(建议)。根据项目实际情况提出。

⑮初步设计文件组成。表述初步设计文件的组成。

⑯重要参考文献。包括《设计》文件引用的主要参考文献(可选)。

⑰关键术语定义与说明。汇集《设计》中使用的专门术语的定义和外文首字母组词的原词组(可选)。

(2)项目总平面设计(功能区划)

针对不同建设项目,描述总平面(或功能区划)设计的主要内容。

①营造林建设项目。描述土地落实及其他土地资源变动材料情况,小班核实与补充调查,营造林用地数据精度与可靠性分析,土地资源分布特点与利用现状,可用于营造林的土地资源数量,分布及其特点等营造林用地及森林资源调查情况;应用的经营区划系统并说明经营区划结果;说明项目建设的总体布局情况。

②自然保护区建设项目。说明自然保护区边界的确定,自然保护区内部功能区区划,与外部的衔接条件,区内原有的工程设施、居民点、资源利用项目的标注等;对自然保护区管理局、管理站、管理点、苗圃、码头、瞭望塔(台)、动物救护站、检查站、哨卡等工程项目建设地点的确定(含比较方案);描述交通运输路网、防火路网、防火隔离带网等布局(含比较方案)。

③林木种苗建设项目。说明基地(场址)及周边环境状况、基地地形地貌、气象及水文地质条件;说明基地(场址)供水、供电、给水、排水、消防、环境以及交通等外部条件情况;说明基地(场址)分区布置情况、周边布置及扩建方案、仓库设施、消防安全保卫设施、土石方量计算及填挖方量平衡等;设计基地(场址)内外部运输、灌溉、排水、防洪及竖向布置等。

④林业有害生物防治建设项目。分别说明营林基础设施的示范林地道路的规模、等级和布置;设计简易观测记录站、监测预警的预测预报中心、区域预警中心、中心测报点、测报点、林业有害生物风险评估中心、检疫检验中心实验室、检疫检验站、检疫除害设施、森林病虫害防治培训中心、森防物资储备中心、防治设施及主要附属设施的组成、级别确定、规模、选址布局和总体布置。

⑤森林防火建设项目。分别说明森林火险预测预报系统的林火气象站,火险瞭望监测系统的地面巡护站、巡护道路、瞭望塔(台),林火阻隔系统的防火隔离带、防火林带、防火道路,林火信息及指挥系统,航空护林的停机坪、油库、道路,防火专业队伍营房等及其主要附属设施的组成、级别确定、规模、选址布局和总体布置。

(3)各专业(单项工程)生产(功能)工艺(或技术路线)设计及工程设计

针对不同建设项目(或专业、单项工程),说明其生产(功能)工艺(或技术路线)设计及工程设计。

①营造林建设项目(工程)。

——建设任务量与建设期。根据项目布局，以小班统计表的方式确定建设任务量、项目的建设期。前3年的建设任务落实到具体建设地点。

——营造林设计。应包括立地类型划分及质量评价，划分林种并确定各林种面积、比重等内容的林种设计，选择树种的原则、造林树种及树种面积及比重等内容的树种设计，产品方向、造林技术、造林模型等内容的造林设计，中幼龄林培育(确定森林经营模型)、经营周期内产量预测等内容的森林经营设计，新造林前3年的抚育设计、造林施肥设计、抚育追肥设计，种苗需求量测算、种苗供应方案等内容的种苗供应方案设计，营造林用工量测算及构成、机械台班数量测算、劳力与机械台班分配和年度安排等内容的劳力与机械台班需求量设计。

——森林保护设计。包括防火线和防火林带，防火林带的造林树种、配置方式、造林方式及防火线维护、防火林带抚育管理措施等设计；森林防火和森林有害生物防治包括瞭望塔(台)位置、个数，瞭望塔(台)的建筑结构与高度、通信设备、交通工具、人员组织等；森林病虫兽害防治设计包括确定病虫鸟兽害发生面积、地点、种类，设计检疫、预测预报、防治措施、仪器设备、组织形式等；护林点设计，确定护林点位置、个数、护林员的数量、通信方式、建筑物与设备等；在围栏设计中确定围栏的位置、样式、材料、长度等。

②生态保护项目(工程)。

——说明自然保护区(生态保护项目)的边界确定、自然保护区(生态保护项目)内部功能区区划、与外部的衔接条件、区内原有的工程设施、居民点、资源利用项目等；对自然保护区(生态保护项目)管理局、管理站、管理点、苗圃、码头、瞭望塔(台)、动物救护站、检查站、哨卡等工程项目的建设地点确定(含比较方案)；说明交通运输路网、防火路网、防火隔离带网等布局(含比较方案)。

——保护与恢复工程设计。确界立标的界碑、界桩、标牌的数量和规格，碑、桩、牌的刻写内容等；保护管理站(点)的布局、建设规模和结构等。检查站(哨卡)的布局、建设规模和结构等。为摩托车道和巡护步道设计的路的规模、路面宽度、等级及最大纵坡、平曲线半径和纵坡坡度等；林(草原)防火工程设计的林火微波监控台、瞭望塔和防火隔离带的建设地点、数量、结构等设计；围栏建设地点、规模、种类和规格等设计；野生动物及栖息地保护工程的野生动物救护站(点)的位置、结构、规模和具体建设内容等设计。动物笼(棚)舍的布置、规格、材料和规模等；围网的规格、材料和规模等设计；食物、饮水补充点的布置；生态廊道的布置、类型和规模；动物信道的布置、规模，鹰墩的布置、材料和规模等；隐蔽地/生物墙的位置、规格和规模；留放枯倒木的布置；人工洞穴的布置、分布密度和结构等。

——野生植物及生境保护工程设计。包括天然林资源保护工程的建设地点、规模、保护措施和方法等；植物病虫害防治检疫站的结构、规模和组成等；珍稀植物苗圃的设计(参照相关设计规范)；树木园的设计(参照相关设计规范)。

——植被恢复工程设计。包括封山(沙、滩、湖)育林(草)的建设地点、封育方式和封育设施的设计等；人工辅助自然恢复区域和恢复措施等；防沙治沙的范围和具体措施。

——栖息地与生境改善设计。包括外来有害生物种类、发生情况和具体的控制措施；

生境改善的区域、具体措施和方法等。

——湿地保护与恢复设计。包括湿地水源保护工程设计，其蓄水、引水和提水工程设计按照国标《灌溉与排水工程设计规范》执行；蓄水堰、缓坡水塘的建设地点、规模和结构型式；主退水汛道疏浚建设地点、流向、截面等；管护码头选点、斜坡码头坡道的坡度、宽度等；防护林带的种类、植物配植方式、具体建设地点和规模。

——科研与监测工程设计。科学研究中心包括科研中心(站)的选址、结构、组成、设施设备配置等；生态、资源与环境监测设计包括各种监测站(点)的选址、结构、规模和监测对象；固定样地的位置、数量、形状、规格设计；固定样线的位置、数量、规格设计；鸟类环志站的设计依照《鸟类环志技术规程》进行。

——宣传与教育工程设计。包括宣教中心和陈列馆的选址、结构和规模等。

——局、站址工程设计。包括管理局、分局和管理站选址、结构、规模、内容等。

——环境绿化工程设计，环境绿化的布置、植物配置方式和树种选择等。

——生态旅游工程设计。包括容量设计；布局设计主要包括功能区划分、出入口设计、游览道路系统设计、游览河湖水系设计和建筑布局设计等；游览线路设计主要有道路的路面宽、平曲线、竖曲线的线形及路面结构等；生态旅游建筑工程及其他设计有设施的位置、朝向、高度、体量、空间组合、造型、材料、色彩及其使用功能等。

③林木种苗建设项目(工程)。

——苗木培育方式与生产规模设计。确定产品方案，各类苗木的产量、苗龄、苗木种类、育苗方式和育苗地点等。

——种子处理与储藏设计。说明设计原则、设计规模、工艺流程特点、处理方法、车间组成及主要工艺设备的选择和布置。

——工厂化苗木培育设计。说明设计原则、设计规模、工艺流程特点、生产方式方法、车间组成及工艺设备布置；原料、燃料和辅助材料、成品和废弃物的数量、规格及去向，其中包括苗木生产所需原料的来源、供应方式，拟定原料准备(如基质等)方案；主要操作指标和能源消耗指标；主要设备的选择和配置。

——大田苗木培育设计。说明设计原则、设计规模、工艺流程特点和生产方法；培育前准备，包括整地、土壤改良、消毒和作垄；苗木培育，包括苗木来源、移植、嫁接、经营管理、出圃和再移植等设计；主要机械设备选型。

——温室工程设计。说明温室建设用地位置和现状、设计依据、设计原则；温室功能设计，包括覆盖材料选择、温度调节系统设计、湿度调节系统设计、灌溉及施肥系统设计和自动控制系统设计；温室主体结构及配套设备，包括温室外接参数(包括供电、总热负荷、供水等)、基础及地面工程、主体结构(包括型式、性能指标、结构及覆盖材料、顶部排水等)、内遮阳幕的技术参数和性能、灌溉系统的配置形式和设计要求，以及施肥、苗床、湿帘/风扇、喷灌机、计算机控制、供热和配电等的设计。

——灌溉、排水工程设计。说明基地用地现状、用地结构、土壤性质和水源状况；灌溉、排水系统设计原则和依据；井位和灌溉范围确定、灌溉方式选择、灌溉面积划分、灌溉系统管线平面布置、田间排水工程和灌溉自动控制系统设计；主要设备的选择和配置。

——种质资源保存与良种示范设计。资源保存设计包括种质资源的来源、种类、数量及保存位置确定、整地方式、土壤改良、苗木种类确定、栽植时间和密度确定、抚育方式；良种示范设计包括试验示范测定，优良品系展示。

——环境绿化工程设计。包括环境绿化的布置、植物配置方式和树种选择等。

④林业有害生物防治建设项目(工程)。对监测预警项目、测预报中心、域预警中心、测报站、中心测报点、测报点、检疫御灾、林业有害生物风险评估中心、检疫检验中心实验室、检疫除害设施、隔离处治、森防物资储备中心及防治设施等进行设计。

⑤森林防火建设项目(工程)。对森林火险预测预报系统、火险瞭望监测系统、瞭望监测系统、林火阻隔系统、林火信息及指挥系统、扑火机具、航空护林工程、防火专业队伍营房等进行设计。

(4)设备选型

说明主要仪器设备的选型、规格和技术参数。

(5)建筑设计

按原建设部《建筑工程设计文件编制深度规定》的有关规定执行。

(6)结构设计

按原建设部《建筑工程设计文件编制深度规定》的有关规定执行。

(7)供电与通信设计

按原建设部《建筑工程设计文件编制深度规定》的有关规定执行；说明设计依据、设计范围、外部电源情况及各工程对电源的要求、负荷等级、备用电源的运行方式项目、供电负荷计算、电源电压、供电电压、供配电系统的确定及变电室设置情况；室外供配电线路布置、敷设方式选择、主要电气设备、线材的选择；防爆等级，防雷、防静电要求及设施；继电保护和功率因数补偿；电力拖动、控制和信号；照明电源、电压、容量、标准及配电系统形式；通信系统形式。

(8)给排水设计

按原建设部《建筑工程设计文件编制深度规定》的有关规定执行；说明各工程生产、生活、消防用水部位及水量明细表及水量平衡方案；水源取水方案的选择和确定，参考城市供水时说明的接管点位置、水压、水量；对生活用水、生产用水、消防用水、循环水、直流水和制冷水系统分别进行介绍；对消防用水量计算原则、消防水池及消防泵选择应予以说明；室外给水管道材质、水工计算、管网压力、管网平面布置的确定；室外排水(包括雨水)系统划分及管道平面布置；各工程污水量及其成分、性质；污水处理方案及流程、处理深度及达到的标准以及污水处理的主要设备，以及构筑物的选择。

(9)采暖通风设计

按原建设部《建筑工程设计文件编制深度规定》的有关规定执行；说明锅炉、制冷、空调以及水处理等附属设备的能力、选型，说明选定设备的规格、技术参数、台数；室外管道平面布置、敷设方式确定，水工计算，管道材质及保温防腐措施选择等。

(10)说明书附表

对设计说明的有关表格。

(11)设计说明书附件

设计依据批复文件：批准的可行性研究报告、厂(场)址选择报告(建设项目选址方案)、资源报告、环境影响报告书(表)、设计合同及上级有关批复文件；设计基础资料；项目有关协议；资金来源证明材料等。

# 附录3　清洁发展机制项目运行管理办法

## （2011年修正本）

（2011年8月3日国家发展和改革委员会、科学技术部、外交部、财政部令第11号公布　自公布之日起施行）

### 第一章　总则

第一条　为促进和规范清洁发展机制项目的有效有序运行，履行《联合国气候变化框架公约》（以下简称《公约》）、《京都议定书》（以下简称《议定书》）以及缔约方会议的有关决定，根据《中华人民共和国行政许可法》等有关规定，制定本办法。

第二条　清洁发展机制是发达国家缔约方为实现其温室气体减排义务与发展中国家缔约方进行项目合作的机制，通过项目合作，促进《公约》最终目标的实现，并协助发展中国家缔约方实现可持续发展，协助发达国家缔约方实现其量化限制和减少温室气体排放的承诺。

第三条　在中国开展清洁发展机制项目应符合中国的法律法规，符合《公约》《议定书》及缔约方会议的有关决定，符合中国可持续发展战略、政策，以及国民经济和社会发展的总体要求。

第四条　清洁发展机制项目合作应促进环境友好技术转让，在中国开展合作的重点领域为节约能源和提高能源效率、开发利用新能源和可再生能源、回收利用甲烷。

第五条　清洁发展机制项目的实施应保证透明、高效，明确各项目参与方的责任与义务。

第六条　在开展清洁发展机制项目合作过程中，中国政府和企业不承担《公约》和《议定书》规定之外的任何义务。

第七条　清洁发展机制项目国外合作方用于购买清洁发展机制项目减排量的资金，应额外于现有的官方发展援助资金和其在《公约》下承担的资金义务。

### 第二章　管理体制

第八条　国家设立清洁发展机制项目审核理事会（以下简称项目审核理事会）。项目审核理事会组长单位为国家发展改革委和科学技术部，副组长单位为外交部，成员单位为财政部、环境保护部、农业部和中国气象局。

第九条　国家发展改革委是中国清洁发展机制项目合作的主管机构，在中国开展清洁发展机制合作项目须经国家发展改革委批准。

第十条　中国境内的中资、中资控股企业作为项目实施机构，可以依法对外开展清洁发展机制项目合作。

第十一条　项目审核理事会主要履行以下职责：

（一）对申报的清洁发展机制项目进行审核，提出审核意见；

（二）向国家应对气候变化领导小组报告清洁发展机制项目执行情况和实施过程中的问

题及建议，提出涉及国家清洁发展机制项目运行规则的建议。

第十二条  国家发展改革委主要履行以下职责：

（一）组织受理清洁发展机制项目的申请；

（二）依据项目审核理事会的审核意见，会同科学技术部和外交部批准清洁发展机制项目；

（三）出具清洁发展机制项目批准函；

（四）组织对清洁发展机制项目实施监督管理；

（五）处理其他相关事务。

第十三条  项目实施机构主要履行以下义务：

（一）承担清洁发展机制项目减排量交易的对外谈判，并签订购买协议；

（二）负责清洁发展机制项目的工程建设；

（三）按照《公约》《议定书》和有关缔约方会议的决定，以及与国外合作方签订购买协议的要求，实施清洁发展机制项目，履行相关义务，并接受国家发展改革委及项目所在地发展改革委的监督；

（四）按照国际规则接受对项目合格性和项目减排量的核实，提供必要的资料和监测记录。在接受核实和提供信息过程中依法保护国家秘密和商业秘密；

（五）向国家发展改革委报告清洁发展机制项目温室气体减排量的转让情况；

（六）协助国家发展改革委及项目所在地发展改革委就有关问题开展调查，并接受质询；

（七）企业资质发生变更后主动申报；

（八）根据本办法第三十六条规定的比例，按时足额缴纳减排量转让交易额；

（九）承担依法应由其履行的其他义务。

### 第三章  申请和实施程序

第十四条  附件所列中央企业直接向国家发展改革委提出清洁发展机制合作项目的申请，其余项目实施机构向项目所在地省级发展改革委提出清洁发展机制项目申请。有关部门和地方政府可以组织企业提出清洁发展机制项目申请。国家发展改革委可根据实际需要适时对附件所列中央企业名单进行调整。

第十五条  项目实施机构向国家发展改革委或项目所在地省级发展改革委提出清洁发展机制项目申请时必须提交以下材料：

（一）清洁发展机制项目申请表；

（二）企业资质状况证明文件复印件；

（三）工程项目可行性研究报告批复（或核准文件，或备案证明）复印件；

（四）环境影响评价报告（或登记表）批复复印件；

（五）项目设计文件；

（六）工程项目概况和筹资情况说明；

（七）国家发展改革委认为有必要提供的其他材料。

第十六条  如果项目在申报时尚未确定国外买方，项目实施机构在填报项目申请表时必须注明该清洁发展机制合作项目为单边项目。获国家批准后，项目产生的减排量将转入中国国家账户，经国家发展改革委批准后方可将这些减排量从中国国家账户中转出。

第十七条　国家发展改革委在接到附件所列中央企业申请后，对申请材料不齐全或不符合法定形式的申请，应当场或在五日内一次告知申请人需要补正的全部内容。

第十八条　项目所在地省级发展改革委在受理除附件所列中央企业外的项目实施机构申请后二十个工作日内，将全部项目申请材料及初审意见报送国家发展改革委，且不得以任何理由对项目实施机构的申请作出否定决定。对申请材料不齐全或不符合法定形式的申请，项目所在地省级发展改革委应当场或在五日内一次告知申请人需要补正的全部内容。

第十九条　国家发展改革委在受理本办法附件所列中央企业提交的项目申请，或项目所在地省级发展改革委转报的项目申请后，组织专家对申请项目进行评审，评审时间不超过三十日。项目经专家评审后，由国家发展改革委提交项目审核理事会审核。

第二十条　项目审核理事会召开会议对国家发展改革委提交的项目进行审核，提出审核意见。项目审核理事会审核的内容主要包括：

（一）项目参与方的参与资格；

（二）本办法第十五条规定提交的相关批复；

（三）方法学应用；

（四）温室气体减排量计算；

（五）可转让温室气体减排量的价格；

（六）减排量购买资金的额外性；

（七）技术转让情况；

（八）预计减排量的转让期限；

（九）监测计划；

（十）预计促进可持续发展的效果。

第二十一条　国家发展改革委根据项目审核理事会的意见，会同科学技术部和外交部作出是否出具批准函的决定。对项目审核理事会审核同意批准的项目，从项目受理之日起二十个工作日内（不含专家评审的时间）办理批准手续；对项目审核理事会审核同意批准，但需要修改完善的项目，在接到项目实施机构提交的修改完善材料后会同科学技术部和外交部办理批准手续；对项目审核理事会审核不同意批准的项目，不予办理批准手续。

第二十二条　项目经国家发展改革委批准后，由经营实体提交清洁发展机制执行理事会申请注册。

第二十三条　国家发展改革委负责对清洁发展机制项目的实施进行监督。项目实施机构在清洁发展机制项目成功注册后十个工作日内向国家发展改革委报告注册状况，在项目每次减排量签发和转让后十个工作日内向国家发展改革委报告签发和转让有关情况。

第二十四条　工程建设项目的审批程序和审批权限，按国家有关规定办理。

<h3 style="text-align:center">第四章　法律责任</h3>

第二十五条　本办法涉及的行政机关及其工作人员，在清洁发展机制项目申请过程中，对符合法定条件的项目申请不予受理，或当项目实施机构提交的申请材料不齐全、不符合法定形式时，不一次告知项目实施机构必须补正的全部内容的，由其上级行政机关或者监察机关责令改正；情节严重的，对直接负责的主管人员和其他直接责任人员依法给予

行政处分。

第二十六条　本办法涉及的行政机关及其工作人员，在接收、受理、审批项目申请，以及对项目实施监督检查过程中，索取或者收受他人财物或者谋取其他利益，构成犯罪的，依法追究刑事责任；尚不构成犯罪的，依法给予行政处分。

第二十七条　本办法涉及的行政机关及其工作人员，对不符合法定条件的项目申请予以批准，或者超越法定职权作出批准决定的，由其上级行政机关或者监察机关责令改正，对直接负责的主管人员和其他直接责任人员依法给予行政处分；构成犯罪的，依法追究刑事责任。

第二十八条　项目实施机构在清洁发展机制项目申请及实施过程中，如隐瞒有关情况或者提供虚假材料的，国家发展改革委可不予受理或者不予行政许可，并给予警告。

第二十九条　项目实施机构以欺骗、贿赂等不正当手段取得批准函的，国家发展改革委依法处以与项目减排量转让收入相当的罚款，罚款收入按照《行政处罚法》等有关规定，就地上缴中央国库。构成犯罪的，依法追究刑事责任。

第三十条　项目实施机构在取得国家发展改革委出具的批准函后，企业股权变更为外资或外资控股的，自动丧失清洁发展机制项目实施资格，股权变更后取得的项目减排量转让收入归国家所有。

第三十一条　项目实施机构在减排量交易完成后，未按照相关规定向国家按时足额缴纳减排量交易额分成的，国家发展改革委依法对项目实施机构给予行政处罚。

第三十二条　项目实施机构伪造、涂改批准函，或在接受监督检查时隐瞒有关情况、提供虚假材料或拒绝提供相关材料的，国家发展改革委依法给予行政处罚；构成犯罪的，依法追究刑事责任。

### 第五章　附则

第三十三条　本办法中的发达国家缔约方是指《公约》附件一中所列的国家。

第三十四条　本办法中的清洁发展机制执行理事会是指《议定书》下为实施清洁发展机制项目而专门设置的管理机构。

第三十五条　本办法中的经营实体是指由清洁发展机制执行理事会指定的审定和核证机构。

第三十六条　清洁发展机制项目因转让温室气体减排量所获得的收益归国家和项目实施机构所有，其他机构和个人不得参与减排量转让交易额的分成。国家与项目实施机构减排量转让交易额分配比例如下：

（一）氢氟碳化物（HFC）类项目，国家收取温室气体减排量转让交易额的65%；

（二）己二酸生产中的氧化亚氮（N20）项目，国家收取温室气体减排量转让交易额的30%；

（三）硝酸等生产中的氧化亚氮（N20）项目，国家收取温室气体减排量转让交易额的10%；

（四）全氟碳化物（PFC）类项目，国家收取温室气体减排量转让交易额的5%；

（五）其他类型项目，国家收取温室气体减排量转让交易额的2%。

国家从清洁发展机制项目减排量转让交易额收取的资金，用于支持与应对气候变化相关的活动，由中国清洁发展机制基金管理中心根据《中国清洁发展机制基金管理办法》收取。

第三十七条　国家发展改革委已批准项目 2012 年后产生的减排量，须经国家发展改革委同意后才可转让，项目实施按照本办法管理。

第三十八条　本办法由国家发展改革委商科学技术部、外交部、财政部解释。

第三十九条　本办法自发布之日起施行。2005 年 10 月 12 日起实施的《清洁发展机制项目运行管理办法》即行废止。